30天App开发从0到1

APICloud移动开发实战

邹达 李德兴◎著

人民邮电出版社
北京

图书在版编目（ＣＩＰ）数据

30天App开发从0到1 : APICloud移动开发实战 / 邹达，李德兴著. -- 北京 : 人民邮电出版社，2018.6(2023.8重印)
ISBN 978-7-115-48273-0

Ⅰ. ①3… Ⅱ. ①邹… ②李… Ⅲ. ①移动终端－应用程序－程序设计 Ⅳ. ①TN929.53

中国版本图书馆CIP数据核字(2018)第075994号

内 容 提 要

本书围绕 APICloud 平台，全面、系统、细致地讲述了 App 开发的相关内容，涉及平台工作原理、内部实现机制和应用开发技巧。本书涵盖了 APICloud 应用开发的必备知识，包括基础知识、关键技术、开发技巧和行业方案，并从实践角度出发，通过大量的实例代码、详细的操作步骤和丰富的开发截图，帮助开发者迅速掌握 APICloud 应用开发，有能力制作出好的 App。本书是 APICloud 开发者的最佳入门指南，并配有免费的讲解视频，适合各种层次的 APICloud 学习者和开发者阅读。

◆ 著　　　邹　达　李德兴
　责任编辑　杨大可
　责任印制　马振武
◆ 人民邮电出版社出版发行　　北京市丰台区成寿寺路 11 号
　邮编　100164　　电子邮件　315@ptpress.com.cn
　网址　http://www.ptpress.com.cn
　三河市君旺印务有限公司印刷
◆ 开本：800×1000　1/16
　印张：20.25　　　　2018 年 6 月第 1 版
　字数：431 千字　　　2023 年 8 月河北第17次印刷

定价：69.00 元

读者服务热线：(010)81055410　印装质量热线：(010)81055316
反盗版热线：(010)81055315
广告经营许可证：京东市监广登字 20170147 号

对本书赞誉

一项技术价值的高低在于其能帮助客户弥补多大的技术差距。移动 App 已逐渐成为企业业务的基础设施，但移动开发人员的稀缺，导致大量的企业无法组建自身的研发队伍。雪上加霜的是，移动 App 距离客户更近了，还需要更快速地迭代。APICloud 正是为弥补这个缺口而诞生的。尽管 APICloud 采用 HTML5 和 JavaScript 技术降低了开发难度，但仍需要开发者慢慢摸索。本书的出版解决了困扰开发者的问题，进一步弥补了传统企业与优秀互联网公司之间的技术差距。

——林路，北极光创投合伙人

本书是程序员写给程序员的，其中充满了程序员的风格——平实、纯粹，还有理性的乐观。我与本书的作者从各自创业开始，就持有一个共同的理念：App 开发平台（乃至操作系统）应该高效、开放、跨平台、功能丰富。本书是这一理念最为具体的说明，而 APICloud 和中科创达这两家公司，也是该理念的见证者。我会将本书推荐给我的同事、朋友、合作伙伴和客户阅读。事实上，我已经在这么做了。

——邹鹏程，中科创达 CTO

和 APICloud 的小伙伴们相识好几年了，一直在用他们的平台做各种智能硬件相关的 App，也和他们一起举办过面向开发者的社区活动。APICloud CEO 刘鑫在用户体验和服务上对细节的无限追求，APICloud CTO 邹达在技术上精湛的造诣，让大家用上了一款优秀的产品。早就觉得他们应该出一本书了，所以这次收到样书一点也不意外，更是几乎一气呵成地读完，感觉这本书应该叫“30 天 App 开发从 0 到 100”。本书的内容丰富翔实，包含了 App 的规划、开发、调试、性能优化、上架等方方面面，还有数个不同行业的应用范例。无论是 App 开发的新手，还是“老鸟”，本书都会给你带来全新的知识和视角。在智能设备端，跨平台 App 已经成为一个不可逆的趋势，而 APICloud 则是我们的首选！

——刘琰，机智云 CTO

这是一本面向初学者但同时又会让有经验的开发者快速晋级的书。我在大学里接触最多的就是新入学的“初级码农”，通过本书可以让他们迅速成长为可以交付 App 产品的开发者。这种学习体验，对他们重新理解开发的含义以及建立对 IT 学习的自信心都有极大帮助。另外，以 App 实现为导向的面向 API 的编程方法也是我个人非常推崇的一种开发趋势。

——梁震鲁，齐鲁工业大学网络信息中心副主任，国家高级职业指导师，APICloud 社区优秀讲师

我一向认为一本计算机类图书的作者，如果能够务实地站在 App 设计者的角度去思考问题，深入理解问题之间的相互关系，并且会针对程序员经常遇到的关键知识做通俗易懂的阐述和丰富的实例验证，那么他给读者带来的不仅是知识，还有良好的程序员思维。希望本书的读者能够从中领会作者的良苦用心。

——孙增斌，英特尔在线业务平台总监

本书是一本很好的开发入门教程，通俗易懂、由浅入深，并提供了丰富的实际案例，详细介绍了如何使用前端开发语言和丰富的 APICloud 平台扩展模块来跨平台开发移动 App。相信每位读者都能从本书中汲取相应的知识，它也将帮助我们的开发团队更好地开发移动 App！

——丁美玲，泛亚汽车技术中心高级主任工程师

APICloud 平台以独有的快速 App 开发方式，将移动开发中的软件复用提升到一个新的高度，可以帮助企业在短期内打造出满足业务需求的 App，这一点我在实际使用中有切身的体会。本书语言平实流畅、实例内容丰富，是对 APICloud 生态的又一巨大贡献，也是我们移动开发人员的福音。读读本书，相信你一定会喜欢的!

——刘殿兴博士，中信证券信息技术中心高级副总裁

移动互联改变了人们的生活，更给企业带来经营模式的转变和新的商机。在这一过程中移动 App 发挥了重要的作用。但是，对一般的非 IT 企业而言，高效建立 App 并不断地更新、维持运行，会使企业担负很高的成本。直到有一天，我偶然发现 APICloud，它让我非常欣喜。APICloud 是中国领先的“云端一体”移动应用云服务开发平台，能够满足移动创新者和传统企业移动化这两个市场的 App 开发需求，并可以为开发者提供高效 App 开发和平台管理的一站式服务，包括开发、API 集成、测试、渠道打包、运营管理的 App 全生命周期等。它已有数以万计的成熟开发接口、多个行业的应用模板以及一些优秀开发者提供的快捷功能组件。APICloud 已经服务于很多行业的企业客户，并为客户带来省心、安心的 App 定制开发服务。如果你还在为企业的 App 开发而烦恼，那就试试 APICloud 吧，一定会让你取得事半功倍的效果。

——周伊丽，光大银行电子银行部副总经理

APICloud 平台是目前开发 App 最高效的平台之一，本书详尽地讲述了如何通过 APICloud 平台快速开发一款优质的 App，里面有大量的图文案例并配合实战讲解，通俗易懂，容易上手，非常适合初学者学习。

——朱亮，春秋航空运营总监

作为最早一批 APICloud 的使用者，还记得当初相识的关键字“30 天从 0 到 1”，这句话并没有吹牛，我们用 APICloud 很快就完成了“战旗”的开发，并且经受住了百万日活用户的挑战。我已经好久不写代码了，翻阅本书发现许多当初期望的功能都被逐一实现，只能感慨现在的 APICloud 用户太幸福了。请记住，当你有想法时，一定要用 APICloud 启航。

——潘长煌，全民直播 CEO

序

可能很多人不知道，规模大的企业和IT预算多的企业的移动App大部分都是基于混合模式开发实现的。

很多做App开发的技术人员会存在一种偏见，觉得“采用混合模式，基于HTML5技术开发出来的App，体验以及功能会和原生模式开发的存在差距”，所以更愿意使用原生模式开发App。

其实市场上主流的App，绝大部分是基于混合模式开发的。最典型的就是微信，除了聊天功能以外，包括公众号、小程序等都是由混合模式开发技术实现的。再比如电商领域的淘宝、京东等，旅游领域的携程，教育领域的VipKid，信息分类的58等不同应用范围的App，混合模式开发技术使其商品展示及线上市场活动的运营管理都变得非常灵活。此外，在航空、保险、银行等行业中，无论是服务客户的toC模式App，还是对员工进行管理的toE和toB的App，多是使用混合模式开发的，混合模式开发技术成为了绝对主力。

人们不禁要问“为什么这些公司和企事业单位，有着足够的预算和开发资源，还要选择混合模式App开发技术作为企业互联网化的支撑？”答案其实和企业的互联网化及数字化的需求有着直接的联系。以下4个方面，决定了越有实力的企业越需要混合模式App开发技术；同时，也是混合模式App开发技术形成不同行业解决方案的根本优势和企业选择的必要性所在。

速度的要求

“试错”这个词不但在互联网公司中广为流传，在传统公司的互联网化过程中也被广泛接受。

越来越多的CIO在谈各自企业移动战略的时候，都会提到“能否根据业务部门的一个想法，先在一周之内做个原型，快速实现，拿出去让大家看看，然后基于这个原型再修改”。这种快速发起、快速验证、快速调整的方法，已经非常流行。之所以要在短时间内先把业务从想法落到现实，哪怕 App 粗糙些，也要先实现出来，原因在于具有鲜明企业个性的业务的创新想法可能没有先例可循，很难考虑得特别完整。与其花费三五个月不停地思考业务需求，还不如用一两个星期先把基础的想法落实。哪怕短时间内做出的 App 并不能真正满足业务的需要，但是可以让业务人员的想法在这个过程中变得有据可依、有的放矢，从而为实现更完整且更切实可行的业务方案先行探索。

“业务部门的一个想法，IT 部门一两周就做出来了！”这对于企业的信息化负责人而言，是很重要的褒奖。这种对速度的要求，恰恰是混合模式开发技术最明显的特长和优势，一套代码可同步生成 iOS 与 Android 两个平台的 App，甚至还能部分兼容微信公众号和小程序。一套代码，并不代表偷懒或工程技术的简化，而更多的是因其不仅节省了代码编写的时间，还避免了多个技术团队之间跨知识结构的协同问题，不再需要 iOS 与 Android 工程师们开会讨论差异性问题，更是大幅节省了 App 与服务器端联机调试的时间成本。但如果同样的功能，同样从零开始，使用传统的原生开发技术基本没有办法在一两个星期内完成有价值业务需求的实现，因为这个时间可能连不同终端碎片化和差异化的问题都不足以解决。所以，CIO 为了满足业务发展的需求和数字化速度的要求，在移动战略中往往都会规划使用跨平台的混合模式 App 开发技术。

业务灵活性的要求

在 PC 时代的 B/S 架构中，想要实现 IT 系统的更新并不需要过多地考虑用户端的影响。因为作为用户入口的浏览器一直处于访问网络的状态，只要网络连通，用户随时访问网站都会获得最新的功能和业务。对用户而言，并不真正地存在版本的概念。只要访问服务器，服务器的任何更新都可以随时展示到用户界面上，出现使用问题时，往往只需要清空一次浏览器 Cookie 基本就可以解决。

但是在移动时代，用户对版本的概念变得越发敏感。而对 App 的版本管理也成了 CIO 头痛的问题。通常因为软件开发商能力的制约，或者一些无法避免的 bug，让一些已发布的 App 变得难用甚至会崩溃。此外，一些临时的市场活动、很少但重要的功能、一些不在规划内的产品需求调整等情况，都会直接引出同一个问题“用户必须更新一个版本，重新下载安装，才能满足上述需求”。这种看似日常的版本发布和用户更新，恰恰是传统企业信息化过程中面临的全新问题。

“能否像传统浏览器那样，用户打开的永远是最新的服务和功能？”很多企业的 CIO 问出了相同的问题，于是大量的、不合规的软件服务商和 IT 程序员想出了一个“偷懒”的模式。在 App 中嵌入一些 WebView，将一些功能采用传统网页的模式，访问服务器，动态获取。虽然表面上解决了版本更新的问题，实则产生了大量体验很差的 App。

企业对业务灵活性的要求，本质是希望像微信小程序一样，可以随时发布一些新的功能，随时动态增改一些功能的入口，让用户任意使用，同时让用户的体验更好。这种对业务灵活性的需求其实需要像小程序一样有强大的混合模式 App 开发技术来支撑。从而达成“增量更新”“静默更新”“打开获得新功能和新体验”，而不是嵌套 WebView，用网页模拟 App 的方法，以较差的用户体验的代价换取业务灵活的可行性。

当然，目前传统模式开发的 App，特别是用 Android 开发的 App 也开始部分支持动态更新。这也恰恰说明，业务灵活性是企业互联网化、数字化进程的刚需。只是由于传统技术的制约以及软件开发团队或者服务商能力的限制，真正的原生动态更新始终没有办法大规模进入企业，实现商用。这也让企业对混合模式 App 开发技术的需求更为迫切，成为每个 CIO 的必备选项。

集中管理的要求

业务部门的互联网化意识是因为互联网的广泛普及被带动起来的。所以，传统的由 IT 部门主导企业信息化的态势发生了微妙的变化。过去，都是由 IT 部门发起信息化需求，但现在的 IT 部门越来越像“服务部门”。因为业务团队在不停地发起各种各样“业务 + 互联网”的信息化需求。这个时候，很多传统企业的 IT 部门领导，没认识到自己角色的转变，如果还存有拖延、不管不问、你们自己搞不定等类似的想法，就会导致当下很多企业的信息化面临的“各种移动 App 的彻底碎片化”“各个业务部门自己找软件开发商实现各自的需求”等问题。这不但架空了 IT 部门的信息化主导地位，更麻烦的是，让后续的集中管理变得艰难无比。几十家甚至上百家不同标准的服务掺杂在企业的核心系统中，甚至有些业务部门为了快速满足自己的需求而脱离了 IT 部门主导的传统 PC 核心系统，这些操作都是非常危险的。

IT 部门在被业务部门要求满足业务的互联网化需求时，往往发现心有余而力不足。IT 部门人手有限，实在没办法逐一满足所有业务部门的移动化需求。如果不管，就会产生前面所提到的“技术栈、开发商”碎片化的问题。这个时候，基于混合模式 App 开发技术的移动应用平台，就很好地解决了这二者之间的矛盾。

定标准，从而实现“集中管理”。如果企业能够制订一套统一的混合模式 App 开发技术和移动平台标准，各个业务部门就可以独立寻找自己的软件开发商，用各种方法满足自己的移动业务需求。平台的一致性可以带来标准化的统一。这其中包括技术标准化、开发流程标准化、代码管理标准化、项目管理标准化、验收标准化、管理和运营标准化等。

既要放，也要抓。这就是互联网时代企业信息化的要求，更是 IT 部门的职责。混合模式

App 开发技术，有望成为实现企业移动战略的利器之一。

信息化安全的要求

企业互联网化带来的最根本转变就是，内网的信息化变成了外网的互联网化。

传统信息化一般包括内网、固定场所、固定网络环境和固定的设备等关键词。而移动战略背景下的企业互联网化，则同时包括外网、随时、随地、员工个人设备、4G 和 Wi-Fi 等关键词。这些不起眼的变化，给企业的业务带来的却是天翻地覆的调整。

移动设备管理软件（Mobile Devices Management，MDM）曾风靡一时，但是购买了 MDM 的企业几乎无一例外地发现其很难推进。因为 MDM 伴随着员工自带设备（Bring Your Own Device，BYOD）。如果用企业的管理软件来管理员工个人设备，肯定会有很多人反对。所以，大部分的 MDM 最终草草收场，只是管理了企业自己购买的一些移动设备。

企业移动化、互联网化的安全怎么保障？ 这要满足 3 个层面的安全，即设备安全、传统安全和云端安全。

混合模式 App 开发技术可以实现类似于企业应用商店（如微信公众号）的动态权限绑定和授权模式，能够支持特定设备、特定的人，也可以选择不同的子应用。此外，还可以实现随着用户工作内容的调整，根据设备编码和用户权限来实时分配全新子应用的功能。

这种基于企业移动应用商店的“子应用”模式，也是混合模式 App 开发技术成为企业移动战略支撑的关键。因为做得好的企业应用商店，不仅能够满足传统原生模式开发的 App 所不能赋予企业的、对各种安全性的需求，还实现了对业务灵活性的管理目的。

APICloud 作为中国主流的混合模式 App 开发技术服务提供商，一直在以布道者的身份推进混合技术在国内的发展和应用。我们不仅提供技术，也提供商业服务，因此会更多地深入到大量的商业用户中去，如海尔、春秋航空、英特尔、中信证券、上汽等。我们的团队结合不同的商业场景和实际的商业客户需求，编写了本书，希望能够为不同规模的企业在移动信息化和互联网化进程中提供有价值的参考，同时也能够让从事 App 开发的技术人员有更多可借鉴的实战经验。

刘鑫

APICloud 创始人兼 CEO

2018 年 3 月于美国硅谷

前言

时光荏苒，转眼间 APICloud 上线已经有 3 年多的时间了，在这 3 年多的时间里，APICloud 凭借自身的技术优势和坚持做好开发者生态的信念已经聚集了众多的 APICloud 开发者。多年开发者的经历让我们理解开发者，也深刻认识到任何一个平台或技术都不是三言两语能说清楚的，要想让开发者快速掌握 APICloud 应用开发、少走弯路，我们需要编写出一套全面、系统、细致的开发指南。这个想法一直都有，但是随着平台完善、引擎优化、API 扩展和生态产品研发等工作的开展，开发指南的编写工作迟迟未能完成。这里也向广大开发者表达歉意。

自从 2014 年 9 月 15 日 APICloud 平台上线以来，APICloud 开发团队一直坚持每周更新一个版本，快速迭代，3 年多时间从未间断。现在 APICloud 平台稳定，功能齐全，生态繁荣，社区活跃，开发者越来越多，要写出好 App 的需求也越来越迫切，这些让我们感到兴奋的同时，也备感压力。我们必须把自己的设计思想、意图和经验写出来，以满足开发者对技术的热情和渴望，节省开发者宝贵的学习时间，同时也能指导开发者制作出优秀的 App。

APICloud 是一个功能强大的开发平台，涉及的技术范围很广，虽然是自己亲手设计的产品，也非常清楚开发者需要获知的核心知识，但是，想要把书写好也并非易事。作为官方出品的第一本介绍 APICloud 的书，如何合理安排内容，如何能够由浅入深、循序渐进地展开，如何才能最快地帮到开发者，这些都让我们反复思考，一遍遍地梳理各个知识点之间的关联。章节的编排确实让我们很费脑筋，这也许就是理想与现实之间的差距吧。本书的作者都是 APICloud 一线开发工程师，均为纯粹的程序员出身，编码水平稍有自信，但是文学情调基本为零。在本书中，我们力求用通俗的语言来讲述原理和机制，用简洁平实的语言来描述使用流程。但是，本书内容编排上可能还存在不足，用词可能还不够准确，文笔可能还不那么优雅和流畅，这些还请广大读者谅解。

APICloud 以新的思想、新的技术、新的模式和新的工具来加速移动应用开发，并且让广大的 Web 开发人员能够快速成为 App 开发专家。在本书中，我们会尽可能地通过详细的操作步骤、平实的语言、大量的实例代码和丰富的插图来讲清楚每一个知识点，并且给出大量的开发技巧以适应不同的场景，迅速提高开发者水平。除了介绍应用层开发外，我们还通过增加对原理的剖析，让开发者了解平台的内部工作机制，理解 APICloud App 设计的原理，从而掌握 APICloud 的 App 开发方式和设计原则。

APICloud 团队是国内较早进行 Web 与 Native 技术融合的实践者，10 多年来见证了混合开发技术在国内“悄悄地、慢慢地”火起来的全过程。APICloud 拥有行业领先的高性能 App 混合渲染引擎，APICloud 模块 Store 汇集了目前 App 开发需要使用的几乎所有主流 API，并一直在持续更新。我们希望能把一切好的功能加入到 APICloud 平台，目的就是能真正帮助开发者提高效率，降低成本，解决问题。

访问 APICloud 平台官网，注册成为 APICloud 开发者，开始 APICloud 的开发之旅吧！

如何阅读本书

本书分 3 个部分，一共包括 16 章和 2 个附录。

第一部分是基础教程，适合 APICloud 初学者。通过第一部分的学习初学者可以了解 APICloud 平台，熟悉 APICloud 云控制台操作和开发工具的使用，掌握开发一款 App 必须具备的核心知识点、常用 API 和基础开发技巧，可以有能力独自完成一款简单 App 的开发。读者在学习过程中可以跟随示例代码一步步自己练习，再结合视频讲解学习 APICloud 应用的设计思想，理解 APICloud 开发模式，从而找到理解 APICloud App 开发的正确方法和学习模式，为以后有能力开发大型的复杂 App 打下基础。

这一部分以一款实际案例的开发过程为例，所涉及的核心知识和编码技巧是开发一款优 APICloud App 的必备技能，初学者一定要深刻掌握。有一定 APICloud 开发经验的读者也可以通过这一部分的学习，加深对 APICloud 应用设计思想和开发模式的理解，对 APICloud 知识体系有一个更全面的认识，巩固 APICloud 核心知识点的使用。

这一部分共 7 章。第 1 章是一个非常全面的初学者入门教程，对 APICloud 平台、APICloud App 开发流程、学习方法、学习资源做了全面的介绍。第 2 ～ 7 章详细讲解如何从零起点开发一款 App，以一个电商 O2O App 为例，从创建 App 开始，一步步为其丰富功能，直到开发出一款完整的 App。在这个过程中演示了一个 APICloud App 开发的标准流程，贯穿讲解了 APICloud App 开发过程中需要使用的所有核心知识点，包括界面布局、网络通信、数据存储、模块扩展和开放服务调用等。

虽然这一部分的内容是根据“APICloud 7 天培训课”的课程讲义和视频讲解整理而成的，但是本书对讲义和视频的内容进行了重新梳理和结构优化，确保知识体系的组织更加系统清晰、技术点的阐述更加全面细致、语言描述更加准确。

第二部分的实战技巧是 App 开发的进阶内容，适合已经具备一定 APICloud App 开发能力的开发者。这一部分讲述的实战技巧是由诸多一线资深 APICloud 开发工程师从实战角度出发，总结多个项目经验，由浅入深精心提炼而成。这一部分的主要用意是抛砖引玉，让读者多角度、深层次地发掘 APICloud 所蕴含的技术能力和技术潜力，从而能够开发出更优质的 App 产品。

这一部分共5章。第8～11章的每一个实战技巧都可以作为一个独立的APICloud App运行，完整的示例代码和工程配置说明可以在本书的 GitHub 仓库中下载。读者既可以将其当作一个学习参考的 Demo，也可以直接将其应用到具体 App 项目中，以实现具体的功能需求。第 12 章主要介绍开发 APICloud App 的调试技巧，以及常用调试工具的使用。

第三部分是行业应用，向读者介绍 APICloud 针对不同行业提供的解决方案，阐述为什么越是有实力的企业越需要使用混合模式 App 开发技术，以及混合模式形成的不同行业解决方案的根本优势和企业选择的必要性，并且列举了主流行业应用中被高频使用的几种模块和 API。这一部分共 4 章（第 13 ～ 16 章），分别介绍 IoT、教育、直播和电商这 4 个领域。

附录 A 为 APICloud App 客户端开发规范（Version 1.0），主要总结提升程序质量、App 性能及用户体验的开发规范。

附录 B 为开发工具 APICloud Studio 2 使用详解，是对这款云端一体的全功能集成开发工具的详细使用说明。

配套视频

本书配套免费的“APICloud 7 天培训课”的完整视频教程（共约 70 讲）。“APICloud 7 天培训课”第 1 ～ 7 天的视频讲解与本书第一部分第 1 ～ 7 章的内容是相互关联的，读者可以通过扫描二维码来观看这一视频教程。

示例代码

本书的项目源码和资源都放在 GitHub 仓库[①]里。我们后续也会通过这个开源分支来更新代码和教程，解决读者所提出的问题，并进行后续版本的适配和代码的优化。

开发环境

APICloud 一直坚持支持多开发工具的策略，开发者可以使用任意一款自己喜欢的主流编码工具来开发 APICloud App，只需要在这些工具中安装相应的 APICloud 插件就可以了。目前 APICloud 支持的开发工具包括 Atom、Sublime Text、Eclipse、WebStorm、VSCode 等。本书通篇使用 APICloud Studio 2 作为开发工具，APICloud Studio 2 是一款基于 Atom 进行扩展的全功能集成开发工具。读者可以阅读附录 B 来了解这款工具的详细使用方法。

联系我们

由于编写时间仓促，书中难免会出现一些错误或者不准确的地方，恳请读者批评指正。如果您有更多的宝贵意见，欢迎到 APICloud 开发者社区[②]和我们进行互动和讨论。

邹达

APICloud 联合创始人兼 CTO

2018 年 3 月 21 日

① GitHub 搜索框内输入“apicloud 30-APP-0-1”即可。
② 在 APICloud 官方网站点击“开发者社区”即可。

资源与支持

本书由异步社区出品，社区（https://www.epubit.com/）为您提供相关资源和后续服务。

配套资源

本书提供如下资源：

- 本书源代码；
- 配套视频。

要获得以上配套资源，请在异步社区本书页面中点击 配套资源 ，跳转到下载界面，按提示进行操作即可（本书视频为扫码观看）。注意：为保证购书读者的权益，该操作会给出相关提示，要求输入提取码进行验证。

提交勘误

作者和编辑尽最大努力来确保书中内容的准确性，但难免会存在疏漏。欢迎您将发现的问题反馈给我们，帮助我们提升图书的质量。

当您发现错误时，请登录异步社区，按书名搜索，进入本书页面，点击“提交勘误”，输入勘误信息，单击“提交”按钮即可。本书的作者和编辑会对您提交的勘误进行审核，确认并接受后，您将获赠异步社区的100积分。积分可用于在异步社区兑换优惠券、样书或奖品。

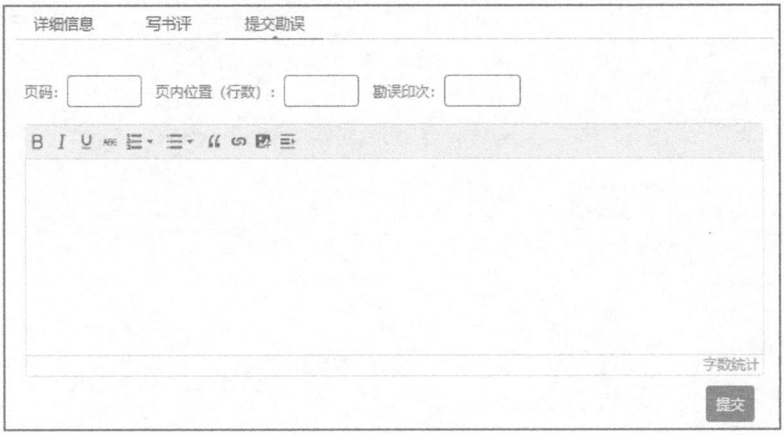

扫码关注本书

扫描下方二维码，您将会在异步社区微信服务号中看到本书信息及相关的服务提示。

与我们联系

我们的联系邮箱是 contact@epubit.com.cn。

如果您对本书有任何疑问或建议，请您发邮件给我们，并请在邮件标题中注明本书书名，以便我们更高效地做出反馈。

如果您有兴趣出版图书、录制教学视频，或者参与图书翻译、技术审校等工作，可以发邮件给我们；有意出版图书的作者也可以到异步社区在线提交投稿（直接访问 www.epubit.com/selfpublish/submission 即可）。

如果您是学校、培训机构或企业，想批量购买本书或异步社区出版的其他图书，也可以发邮件给我们。

如果您在网上发现有针对异步社区出品图书的各种形式的盗版行为，包括对图书全部或部分内容的非授权传播，请您将怀疑有侵权行为的链接发邮件给我们。您的这一举动是对作者权益的保护，也是我们持续为您提供有价值的内容的动力之源。

关于异步社区和异步图书

“异步社区”是人民邮电出版社旗下 IT 专业图书社区，致力于出版精品 IT 技术图书和相关学习产品，为作译者提供优质出版服务。异步社区创办于 2015 年 8 月，提供大量精品 IT 技术图书和电子书，以及高品质技术文章和视频课程。更多详情请访问异步社区官网 https://www.epubit.com。

“异步图书”是由异步社区编辑团队策划出版的精品 IT 专业图书的品牌，依托于人民邮电出版社近 30 年的计算机图书出版积累和专业编辑团队，相关图书在封面上印有异步图书的 LOGO。异步图书的出版领域包括软件开发、大数据、AI、测试、前端、网络技术等。

异步社区

微信服务号

致谢

本书能够顺利完成，得到了很多同事和朋友的帮助。

感谢人民邮电出版社对 APICloud 平台的大力支持。

感谢人民邮电出版社信息技术分社社长、异步社区掌门人刘涛老师在 2018 APICloud 开发者大会上现场宣布本书预售。

感谢人民邮电出版社杨海玲老师对本书的支持。我们和海玲老师很早就认识，她有丰富的图书策划和出版经验，这次能与她合作非常开心，合作过程也很愉快。感谢海玲老师在本书的编写过程中（从内容组织到最终成稿）给予的悉心指导。

感谢我们的同事尚德聚、颉彬、王梦吉等参与了本书第二部分实战技巧的编写。

感谢广大的 APICloud 开发者，正是与你们的交流和互动造就了 APICloud 社区的繁荣，也是你们的需求和应用推动着 APICloud 平台的不断完善和快速迭代。

感谢所有参与本书不同阶段书稿评审和代码验证的人。

感谢 Sean 和 May，我们相识多年，一起创业，没有你们的唠叨和压迫，我很难按时完成本书的编写。

目录

第一部分　基础教程：如何从零起步开发一款 App

第二部分　实战技巧：如何开发一款优质的 App

第一部分

基础教程：如何从零起步开发一款 App

在这一部分中，第 1 章将对 APICloud 平台做一个整体的介绍，包括平台能力、开发模式、学习资源和开发者社区等，之后会介绍如何使用 APICloud 完成一个最简单的 App 的完整开发流程。

第 2 ～ 7 章将带领读者从零起步去开发一款 O2O 类型的电商 App，其中会涉及 APICloud 开发的基础理论和常用技术，帮助读者快速入门。对于第一部分的整体内容，建议读者结合随书附赠的视频教程去学习，理解课程当中讲到的每个技术细节，然后再亲手练习。学会这些内容，就有能力去独立开发一款 App 了。

第一部分的项目源码和所有资源在 GitHub 库 ① 里。我们后续也会通过这个开源分支来更新代码和教程，解决读者所提出的问题，并进行后续版本的适配和代码的优化。

① GitHub 搜“apicloud30-APP-0-1”。

第 1 章

APICloud App 开发流程

主要内容

本章从总体上介绍 APICloud 平台，包括 APICloud 应用的开发模式、设计思想、控制台使用流程等，并以一个 HelloWorld App 为例让读者体验一个完整的 APICloud App 的开发流程。

学习目标

（1）了解 APICloud 平台，了解 APICloud 相关的学习资源、入门资料和常见的问题。让没有接触过 APICloud 平台的读者，对平台有一个基础的了解；让学习过 APICloud 并且已掌握一部分技能的读者，通过本章的学习，可以快速找到需要的资料和解决问题的方法。

（2）学习如何在 APICloud 平台上创建、修改、调试、编译和运行一个最简单的 APICloud App。掌握 APICloud App 完整的开发流程。

要对 APICloud 平台做一个全面的介绍，需要花很长的时间和很多的篇幅来讲解每一个细节，而本书作者希望能用更多的篇幅来讲解一个 App 的实际开发过程，讲解具体的代码实现。所以，本章在介绍 APICloud 平台的时候，是通过抛出一个个问题，然后告诉读者应该到哪儿去找对应的学习资源，到哪儿能够找到解决问题的方案。

1.1　APICloud 平台介绍

本章将从 APICloud 可以做什么，如何获取使用帮助，APICloud 的技术、产品和生态等多个方面对 APICloud 平台加以介绍。

1.1.1　查看 APICloud 平台能力

开发者在接触一个开发平台的时候，通常第一个想法就是去查看这个平台的能力。特别是那些想做 App 的、有着明确需求的开发者，他们会非常关心自己的需求在这个开发平台上是否能够满足。所以，本书开篇就先来解决这个开发者普遍关心的问题，读者可以带着自己预先想好的需求来了解 APICloud 平台，了解如何能够快速地在 APICloud 平台上查找相关的能力。

1. 通过官方文档快速搜索功能模块

查看 APICloud 平台提供的能力，一个最基础也是最有效的方法就是查看 APICloud 的 API 文档。

APICloud 官方网站中的文档页面如图 1-1 所示。如需要查看视频播放的功能，可以在文档中搜索“视频播放”，搜索结果如图 1-2 所示，可以看到在 APICloud 平台上有多种提供视频播放功能的模块，如 videoPlayer（播放本地视频）、moviePlayer（播放网络视频）、polyvPlayer（保利威视播放器）、baiduPlayer（百度播放器）等。

图 1-1

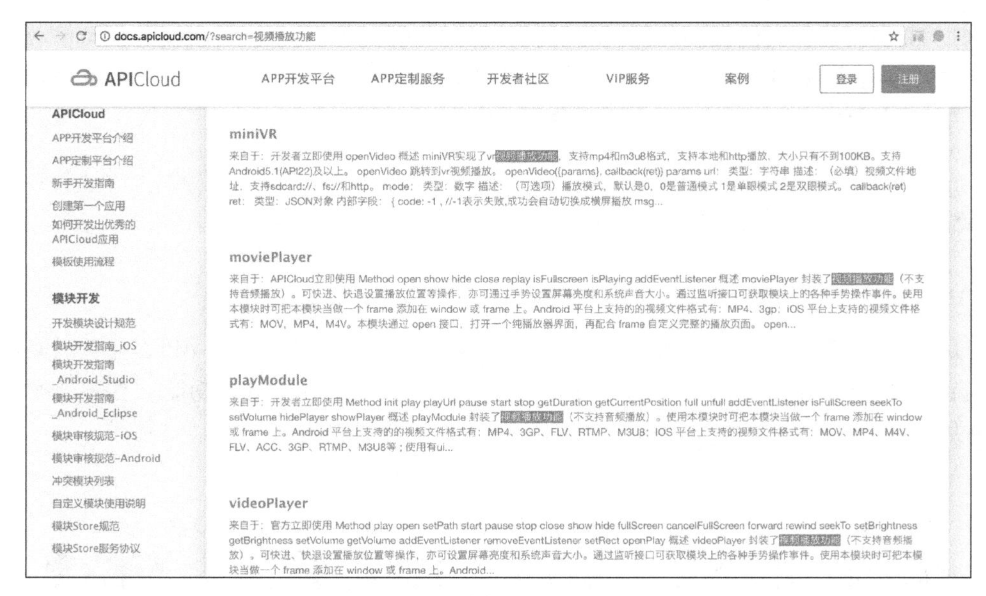

图 1-2

点击其中一个搜索结果，查看模块的详细文档。比如点击“videoPlayer”之后可以看到这个模块对于视频播放提供了很多 API，这些 API 基本覆盖了一个视频播放器所有常见的功能，如图 1-3 所示。

图 1-3

再比如要查找支付功能，可以在文档中搜索“支付”，通过搜索结果可以看到在 APICloud

平台上有很多个提供支付功能的模块，如 aliPay（支付宝）、wxPay（微信支付）、unionPay（银联支付）、paypal（PayPal 支付）、iap（iOS 应用内支付）等；也有 ping++、beeCloud 等第三方聚合类的支付模块。点击每个模块均可以查看具体的 API 详情。

读者想了解 APICloud 平台有哪些能力，最简单的方法就是到 APICloud 官方文档中去搜索相应的功能，这样就可以一目了然地知道 APICloud 平台有没有相应的模块来支持自己想要的功能。

2．APICloud能力支撑体系

目前在 APICloud 平台上已经提供了 600 多个模块，上万个 API。这些 API 基本可以覆盖一款 App 所需的所有常用功能，为方便表述，它们被分为“平台使用”“基础功能”“界面布局”“设备特性”“功能扩展”和“开放服务”六大类，其分类与具体包含内容如图 1-4 所示。

平台使用	基础功能	界面布局	设备特性	功能扩展	开放服务
+ 应用创建	+ 应用生命周期	+ 布局框架	+ 网络状态	+ 统计图表	+ 数据云
+ 应用配置	+ 应用间通信	+ 窗口体系	+ 传感器	+ 文档阅读	+ 推送
+ 代码管理	+ 应用沙箱管理	+ 窗口间通信	+ Touch ID	+ 资源浏览	+ 统计分析
+ 证书管理	+ 网络通信	+ 窗口生命周期	+ 蓝牙	+ 压缩	+ 即时通信
+ 模块管理	+ 数据存储与io	+ 动画效果	+ Wi-Fi	+ 加密	+ 广告
+ 开发调试	+ 音视频播放	+ 前端框架	+ iBeacon	+ 格式转换	+ 客服
+ 云端编译	+ 图片处理	+ 界面交互	+ 相机	+ 条码扫描	+ 分享
+ 加密加固	+ 事件与手势	+ 屏幕适配	+ 联系人	+ 语音识别	+ 支付
+ 版本管理	+ 数据图片缓存	+ UI模块使用	+ 定位	+ 图片识别	+ 短信验证
+ 云修复	+ 自定义模块	+ 混合布局	+ 地图	+ IoT扩展	+ 增值服务
+ ……	+ ……	+ ……	+ ……	+ ……	+ ……

图 1-4

1.1.2　开发模式、技术语言和平台定位

很多 APICloud 初学者会关心这些问题：APICloud App 的开发模式是什么样的、使用什么技术语言、目前自己的开发团队是否适合使用 APICloud 开发 App、整个 APICloud 的学习曲线是什么样的、入门简不简单等。

1．开发模式和技术语言

APICloud 应用的开发模式是使用标准的 HTML、CSS 和 JavaScript+APICloud 扩展 API 来进行 App 开发，如图 1-5 所示。APICloud 的 App 开发使用的是标准的 HTML5 技术，针对标准 HTML5 所不具备的功能或是用 HTML5 实现体验不好的功能（这些功能也是开发者在 App 开发过程中非常常用的功能）。APICloud 提供了 600 多个扩展模块和上万个 API，通过这些模块和

API 来扩展 HTML5 的功能，满足 App 的开发需求。

图 1-5

2．扩展 API 调用方式

APICloud 扩展 API 的调用方式与调用标准的 JavaScript 方法是完全一样的。APICloud 引擎的核心 API 是放在 window.api 这个对象下面的，这个对象是 APICloud 在 JavaScript 全局作用域内扩展的唯一一个对象，可直接调用。如果想调用某个模块下面的方法，可以通过 require 的方式动态引入，通过在 api.require 方法的参数中指定某个模块的名称来引入相应的模块，然后调用模块下面的方法，具体演示如下。

```
//核心API在window.api对象下，可以直接调用
api.methodName(param, callback);

//扩展模块需要require引入，遵守CommonJS规范
var module = api.require('moduleName');
module.methodName(param, callback);

param: {} //参数，是一个JSON对象
callback: function(ret, err){} //回调函数，是一个Function对象，异步方法调用的结果通过此函数返回
```

所有 API 的调用方式都是相同的，第一个参数是一个 JSON 对象，承载着要传递给模块的信息；第二个参数是一个 callback 函数。APICloud 大部分的 API 调用都是异步方式，在调用的时候，要指定一个 callback 函数，当这个 API 操作完成时，操作结果将通过该 callback 函数回调。

一些常用的调用方式，比如打开一个新窗口，可以调用 api.openWin()；打开通讯录可以调用 api.openContacts()，录音、图片缓存等也是调用相应的方法。如果想去加载文件系统模块，可以通过 api.require("fs") 来加载 fs 模块，然后调用 fs 模块下面的方法。使用条码扫描模块也是类似的。示例如下。

- 打开新窗口：api.openWin()。
- 打开系统通讯录：api.openContacts()。

- 录音：api.startRecord()。
- 缓存网络图片：api.imageCache()。
- 加载 fs 模块：var fs = api.require('fs')。
- 新建一个文件：fs.createFile()。
- 加载二维码 / 条形码扫描模块：var scanner = api.require('FNScanner')。
- 打开二维码 / 条形码扫描：scanner.openScanner()。

APICloud 技术是基于标准的 HTML、CSS 和 JavaScript 技术，并在标准的 JavaScript 基础上扩展了一个核心对象 –api 对象和数百个模块。这些模块可以使用 api.require 函数载入，并使用操作标准 JavaScript 对象的方式调用上述模块列举出方法。

3．扩展 API 的作用

读者可能会问，APICloud 为什么要扩展这么多 API 呢？其实 APICloud 所扩展的 API 都是标准的 JavaScript 所不支持的方法，或是用标准 HTML5 来实现但体验不好的功能。读者可以把 HTML5 理解成一门技术、一门语言，但是它还没有达到一个平台的水平。这就是 APICloud 为什么要做这些扩展。APICloud 所有的扩展主要是围绕以下这 4 个方面进行的。

- **兼容性**：在 PC 互联网时代，浏览器具有多种内核，JavaScript 框架产生的最初原因就是为了实现 JavaScript 代码在各种浏览器上的兼容和适配。在移动互联网时代，虽然在主流的手机系统中，Android 和 iOS 的浏览器内核都是 webkit，但是出于商业原因，谷歌从 webkit 中建立了一个新的分支，叫 blink。现在两个分支的主要贡献者分别是苹果和谷歌，所以未来这两个内核的兼容性问题会一直存在。
- **实用性**：
  - Page 不等于 App，标准的 HTML、CSS 和 JavaScript 规范更多是用来定义网页和文档的，例如现在的一些框架都在讲 SPA 结构，它是以单页面为主的，很多 HTML 标签是针对于文本信息展示的；而 App 则不然，App 更多是强调功能和体验，在原生系统中有很多的组件，HTML5 标签和 Native 组件的设计规范是完全不同的。所以，想用标准的 HTML5 技术开发一个 App 是不现实的，人们不能直接把为 WebPage 所制定的规范直接搬到 App 上。
  - B/S 架构与 Client/Cloud 架构：在 PC 互联网时代，终端产品的主要架构还是 B/S 架构；但是在移动互联网时代，终端产品的主要类型是 App，而 App 是一个完整的 Client/Cloud 架构。在移动端，实现界面和功能，在云端提供数据和服务。页面布局是存放在移动端的，功能实现也是在移动端完成，所以用户在使用时可以感受到 App 的启动、页面渲染和布局展示是很快响应的。
  - 速度、交互和体验：这 3 个问题是用 HTML5 技术直接开发 App 的最大挑战。其实，如果使用 HTML5 技术实现一个界面，渲染之后显示出来，用户看到这个界面时并不能立刻分辨出它是用 HTML5 实现的还是用 Native 技术实现的。但是当用户做一个交互，点击一下，体验一下响应速度或者做一个手势，触发一个动画，这时用户就可以非常清楚地感受到，并能分辨出该界面是用 Native 技术开发的还是用 HTML5 开发的。所以速度、交互和体验也是使用 HTML5 技术开发 App 必须去解决的问题。

- **持续性、静态标准与动态标准**：HTML5 的定稿花了 7 年时间，并且整个标准的迭代是缓慢的；而 Android 和 iOS 每一次版本更新都会新增很多功能，这些新增的恰恰都是当前行业里最需要的功能，但这些功能很难快速通过制定新的 HTML5 标准进行更新，并在各个浏览器里支持起来。那会是一个非常漫长的过程。
- **扩展性**：在开发一款 App 的时候，开发人员需要扩展很多的功能，有时候要和行业特点结合，有时候还要跟硬件结合，这就会用到大量国内的开放服务，如推送、直播、智能识别等。所有的这些功能，标准的 HTML5 规范中都没有定义，所有的标准浏览器引擎也没有默认支持。

总的来说，APICloud 扩展的所有功能都是标准 HTML5 所没有的，如果 HTML5 有并且在 App 中运行起来没有任何问题，APICloud 平台也没有必要去做这个扩展。APICloud 所有扩展的功能其实就是为了去解决 HTML5 在兼容性、实用性、持续性和扩展性等方面的问题。

4．模块 Store

在 APICloud 模块 Store 中可以查看 APICloud 平台扩展的所有功能，如图 1-6 所示。

图 1-6

5. APICloud 平台定位

APICloud 是一个中间层，是在应用程序和系统之间的一层，在这一层中，APICloud 聚合了开发一款 App 所需要的所有系统调用、开放服务和扩展功能，然后以统一 API 的形式提供给开发者调用。这就是 APICloud 平台的定位，如图 1-7 所示。

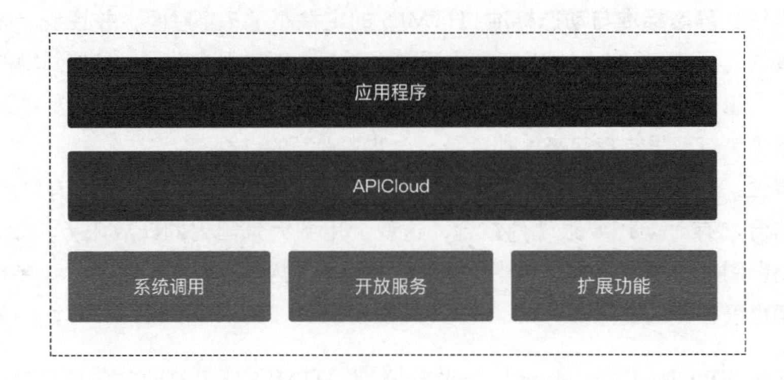

图 1-7

1.1.3 技术、产品、生态、案例和商业模式

这部分有大量的内容需要给读者介绍，但是本书不想为此占用大量的篇幅。读者可以通过 APICloud 官网公开课的视频来详细了解。在官方视频教程[①]中有几百集的课程，其中“APICloud 视频之初级代码篇第 1 ~ 3 讲[②]”通过几小时的视频给读者详细介绍了 APICloud 技术、产品、商业模式、案例以及生态的方方面面，如果读者是第一次接触 APICloud，我们建议花一定的时间去观看这些公开课的视频。

1.1.4 开发者服务体系

开发者在选择或者使用一个平台的时候，一定会遇到很多的问题。遇到问题时应该如何解决？此外，开发者还会关心这个平台在提供技术的同时还能提供哪些服务？有没有一个完整的生态？有没有一个活跃的社区提供技术支持、方便学习和交流？

针对这些问题，本节列举以下 APICloud 开发者服务体系相关的产品。

1. APICloud 开发平台

这里是 APICloud 的官方网站，也是整个 APICloud 应用开发和管理平台的入口。

---

① 在官方网站中，“开发者社区”标签下。
② 在官方的视频教程中。

2．开发工具[①]

APICloud 是一个移动应用的开发平台，开发 APICloud 应用需要编码工具。对于开发工具来说，APICloud 支持包括 Atom、Sublime Text、Eclipse、WebStorm、VSCode，以及基于 Node.js 的 CLI 命令行工具。开发者在开发 APICloud 应用的时候，可以使用自己喜欢的任意一款主流的编码工具，只需要在这些工具中安装相应的 APICloud 插件就可以了。

以 Sublime Text3 为例，如图 1−8 和图 1−9 所示，可以看到这里面有 Windows 版和 Mac 版的下载地址，这里所下载的是 APICloud 为 Sublime Text 提供的插件。下载完成后，打开 Sublime Text，在 Sublime Text 中安装完 APICloud 插件之后，就可以在 Sublime Text 中使用“新建 APICloud 项目”“新建 APICloud 文件”“进行 Wifi 真机同步”“日志输出”“代码管理”等开发 APICloud 应用所需的相关功能。在其他工具中，如 Atom、WebStorm、Eclipse 和 VSCode 等也可以分别安装 APICloud 为这些工具所提供的对应插件，所有这些 APICloud 的工具插件都是免费开源的，可以在 GitHub 的 APICloud 开源分支[②]中查看源码。

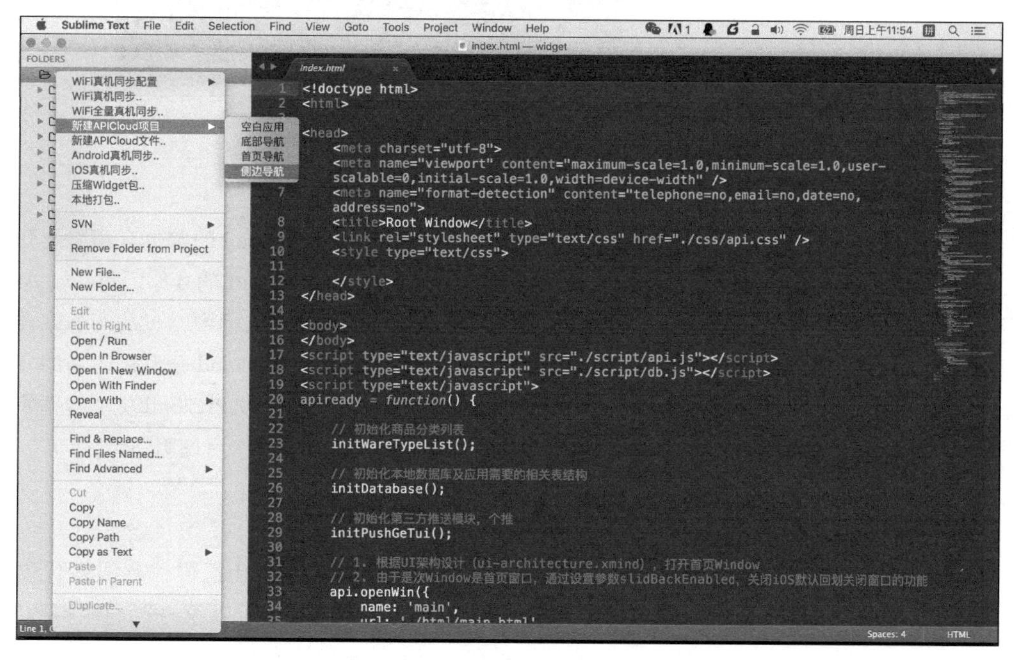

图 1−8

本书案例的开发会全程使用 APICloud Studio 2 作为开发工具，APICloud Studio 2 是 APICloud 提供给开发者的一款基于 Atom 扩展的全功能集成开发工具。在本书的附录 B 中，会对 APICloud Studio 2 开发工具的使用进行全面详细的介绍。

① 在官方网站点击“开发工具”。
② 在GitHub中搜索“APICloud−DevTools”。

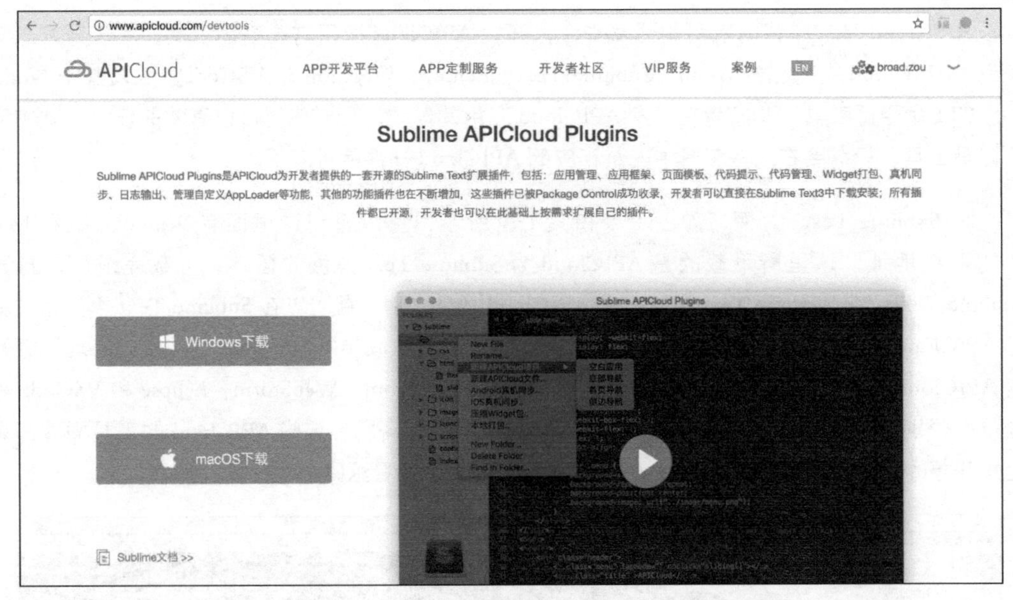

图 1-9

3．开发文档①

整个 APICloud 开发文档包含了 3 部分内容，第一部分是对 APICloud 的整体介绍以及开发工具的介绍，也就是其网页最左侧的这一列；中间部分是对 APICloud API 的介绍，包括端 API、扩展模块、前端框架、云 API 等；最右侧是技术专题，这里会把开发过程中常见的问题以技术专题的形式总结出来。不管是对 APICloud 的初学者，还是已经用 APICloud 开发过应用的开发者，本书都建议在遇到问题的时候，第一个解决方式就是去查找文档。APICloud 文档遵循简洁清晰的书写原则，用到某一个 API 的时候，直接到文档中查看其对应的使用说明即可。

4．开发者社区②

APICloud 有着国内最活跃的 HTML5 混合开发者社区，在这个社区中，有很多优质和资深的 APICloud 开发者，用户在使用中遇到的问题在社区中提问都可以第一时间获得解答。APICloud 平台上线至今，社区中已经沉淀了很多有价值的帖子和技术专题的讨论，所以非常建议开发者常去社区看看，那里的帖子都是各个开发者学习经验的总结。本书希望读者在开发过程中遇到问题的时候，可以到社区中查找相关的解答或者提问，初学者最好能花一些时间把新手入门的帖子从头到尾看一遍，这是非常有价值的。

---

① 在官方网站点击“文档”。
② 在官方网站点击“开发者社区”。

5．VIP服务[1]

很多大型企业或者创业公司在选择APICloud的时候，由于整个项目的开发周期比较紧张，而刚刚接触一个新的平台，使用中会遇到一些问题，这些问题在社区中是可以得到解决的，但是可能不够及时。针对这类客户，APICloud提供了VIP技术支持服务，企业也可以去购买APICloud企业版。当然这个是收费的，企业购买完之后，APICloud将以工单的形式提供技术支持，企业客户有任何问题，半个小时之内APICloud官方会有技术支持一对一地进行解答。

6．开源代码分享[2]

APICloud提供了非常丰富的开源代码，这些源码包括App实例源码，很多都是APICloud开发者所开发的一些App模板源码，也包括一些模块的使用示例代码，以及App开发过程中一些常用的JavaScript框架代码。当然，这里也有模块的源码，因为APICloud的很多模块都是开源的，所以模块的源码就是Android和iOS的模块工程源码。同时，APICloud为Sublime Text、Atom、WebStorm、Eclipse等所有主流的开发工具提供的插件、命令行的CLI工具，以及APICloud Studio所有的代码都是完全免费开源的。

这里也有APICloud前端框架和官方文档的源码，APICloud官方文档本身就是开源的。读者如果发现官方文档的编写存在不够准确或者不够完善的地方，可以随时在官方文档的开源分支中提交修改，一同为APICloud生态发展做贡献。还有APICloud云SDK，也就是APICloud提供的云端服务，官方提供了不同技术语言版本的SDK，包括Node.js、PHP、Java、.NET等，这些不同语言版本的云API SDK也都是开源的。

更多APICloud开源代码可以到APICloud GitHub开源分支[3]查看。

7．商业案例展示[4]

目前，基于APICloud平台开发的应用已有2万多款在苹果AppStore上线。在APICloud商业案例展示区，用户可以看到一些用APICloud开发出来的应用案例，每期会展示数百款的已上线App，这些案例都是用APICloud开发的商用App，不是WebApp，也不是微信公众号或HTML5网站。所有这些App旁边都有二维码，用户可以直接扫码安装体验，这些应用都是使用APICloud平台开发的。

如果APICloud的开发者开发了一款App，并且认为其性能体验不错，可以联系APICloud官方的运营人员，申请在官网展示这款App。APICloud可以在案例区为其免费展示，案例区会定期更新申请展示的App。初学者如果想看一下APICloud平台开发出来的App是什么样的运行

① 在官方网站点击“VIP服务”。
② 点击官方网站中“开发者社区”标签下面的源码。
③ 在GitHub中搜索“apicloudcom”。
④ 在官方网站点击“开发案例”。

体验，就可以直接扫码安装运行这些案例，看一下体验和效果。

8．模块Store[①]（聚合API）

APICloud 模块 Store 上展示了 APICloud 平台上所有的扩展模块。APICloud 使用行业标准的模块扩展机制，对于具有 Android 和 iOS 开发经验的开发者，可以直接按照 APICloud 模块扩展机制为 APICloud 贡献模块，这些模块可以选择收费也可以免费。

目前，APICloud 平台上有 600 多个模块，大部分的模块是免费的。大约有 1/3 是 APICloud 官方开发的，官方提供的所有模块都是免费的，基本可以覆盖 App 开发所需的全部基础功能；还有 1/3 是第三方服务厂商开发的，比如高德地图、科大讯飞语音识别、融云即时通讯等；最后的 1/3 是个人开发者开发的，个人开发者提供的模块大部分都是收费的。APICloud 是想建立一个生态，对于 Android 和 iOS 的开发者，可以非常轻松地为 APICloud 模块 Store 贡献模块，同时模块开发者可以为其开发的模块标一个价格，让其他开发者购买后使用。

9．模板Store[②]

APICloud 还有一款产品是模板 Store。开发者在开发完一个应用之后，如果不想再运营这个应用了，或者是单纯想做一款应用的模板，如果它是一个完整的端到端的应用，整个需求和功能都可以达到一个标准商业应用的水平，就可以将它作为一个模板提交给 APICloud。APICloud 官方可以把它模板化后成为 APICloud 模板 Store 中的一款模板。整体是有一个审核流程的。模板审核通过之后，就可以在 APICloud 模板 Store 上进行销售。在模板 Store 上架后，其他开发者只需一键购买，在线支付，就可以在几分钟之内获得这样一个模板。所购买的产品包括这个模板的管理后台、模板的 Android 和 iOS 的安装包以及一些必要的皮肤定制等服务，同时在开发者的 APICloud 应用控制台中，也会有一个对应的“模板应用”的项目。

10．APICloud应用定制服务[③]

在 APICloud 平台上每天都会聚集很多客户的 App 定制需求，因为很多客户认可 APICloud 平台和 App 开发模式，但是由于没有自己的开发团队，所以希望 APICloud 能够为他们提供 App 定制服务，或者为他们推荐优质的团队来进行项目实施。APICloud 应用定制服务有一套标准化的开发流程和项目管理流程。

1.1.5　新手入门APICloud应用开发

这里推荐一些优质的入门资料，读者可以在官方文档页面中找到这些资料。

① 点击官方网站中，“App 开发平台”下面的模块 Store。
② 点击官方网站，“App 定制服务”下面的模板 Store。
③ 点击官方网站中的“App 定制服务”。

- APICloud 新手开发指南，在这个指南当中，基本上涵盖了 APICloud 应用开发入门所需的各方面知识，并且 APICloud 官方也会不断更新这个教程，所以这个新手开发指南是所有 APICloud 初学者必须要认真阅读的文档。
- APICloud 新手教程集合贴[①]，这是社区里的新手教程集合贴，里面有很多优秀开发者的开发技巧、经验和教程的总结，推荐新手一定要看。
- APICloud 视频教程[②]，如果初学者想找一种更简便的方式去学习，也可以去看看 APICloud 的视频教程，在这个视频教程中已经有数百集的视频。
- APICloud 在线培训，APICloud 定期会举办线上的视频直播培训，直播的老师既有 APICloud 工程师，也有优秀的 APICloud 开发者或其他培训机构的老师来直播。

1.2 体验完整项目的开发流程

在对 APICloud 平台有了基础的认识后，读者将跟随本节内容从零开始，创建、修改、调试、编译和运行一个最简单的 App。这个 App 不包含任何复杂的开发技术，旨在让读者体验一个完整 App 的开发流程。在本节的最后，这个应用将可以在移动设备上运行。

1.2.1 注册 APICloud 账号

在创建 App 项目之前，首先要有一个 APICloud 账号，这个账号非常重要，请妥善保管。点击 APICloud 官方网站右上角的注册按钮即可开始注册。注册过程非常简单，注册完成后请登录账户。

1.2.2 创建一个 App 项目

创建一个新的项目有两种方式：

- 在 APICloud 云平台上创建；
- 在 APICloud 的官方开发工具中创建。

APICloud 推荐的集成开发工具是 APICloud Studio 2。同时也为其他常用的开发工具软件提供了插件支持，如 Sublime、Eclipse、WebStorm、Atom 等，读者可以根据自己的使用习惯选择对应的工具。

本书以 APICloud Studio 2 为例。首先需要下载这个开发工具，选择官网首页的“App 开发平台”，然后选择“开发工具”。

---

① 点击官方网站中的“开发者社区”，搜索“新手教程集合贴”。
② 点击官方网站中的“视频教程”。

在新的页面中根据具体的操作系统选择对应版本的 APICloud Studio 2 进行下载。下载完成后将压缩包解压到任意位置，在解压后的文件中找到类似“apicloud-studio-2.exe”的文件，这是开发工具的可执行文件。建议为它创建桌面快捷方式以方便使用。

1．在 APICloud 云平台上创建新项目

在官方网站登录成功后，将鼠标移动到页面右上角的用户名处，在显示的菜单中点击“开发控制台”。

打开控制台页面后，页面左侧是项目列表，现在它是空白的；在中间部分会显示 APICloud 的更新日志（APICloud 平台自上线以来一直坚持每周更新一个版本）等平台动向信息；右侧是个人信息以及一些工具按钮，如图 1-10 所示。

图 1-10

点击左上角的“创建应用”，在弹出的窗口中选中“Native App”（默认选项），在“名称”输入框中填入“HelloAPICloud”并在“说明”输入框中填入任意说明信息，之后点击创建。此时一个新的项目便被创建好了并显示了刚刚创建项目的管理页面，后续会对这个页面的相关功能进行循序渐进的学习。

在项目创建完成后还需要将这个项目检出到本地进行开发，APICloud 支持通过 git 或 svn 进行代码管理（关于代码版本管理的资料请查阅相关文档），即便读者不了解代码版本管理的相关知识也不妨碍本节的学习。

打开 APICloud Studio 2，如果开发者是首次运行此开发工具则需要进行登录。请用之前创建的账号进行登录，否则无法找到相应的项目。登录成功后会进入欢迎页面。

此时开发工具已经获得了账号权限，可以对项目进行操作了。点击菜单栏的“代码管理”→“代码检出”→“APICloud 云端应用”，在出现的检索框中输入之前创建的项目名称“HelloAPICloud”，回车确认（也可以从下面的模糊搜索结果中选择相应的项目，如图 1-11 所示）。

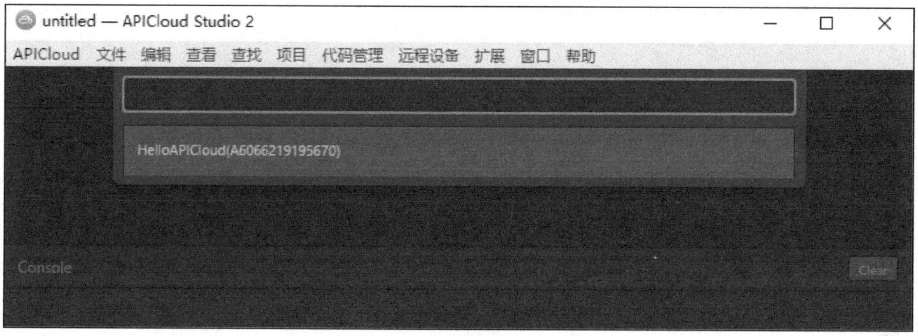

图 1-11

在弹出的对话框中选择这个项目在开发设备上的保存位置（例如在桌面上新建一个叫作“HelloAPICloud”的文件夹，然后选择这个文件夹）并点击“检出”。

在新弹出的输入框中保持默认，直接按回车即可，如图 1-12 所示。

图 1-12

开发工具会自动从 APICloud 云端将账号中的“HelloAPICloud”项目检出到本地计算机上，稍等便可以看到默认打开的代码编辑页面。

2．在 APICloud Studio 2 上创建新项目

打开 APICloud Studio 2 并登录之前创建的账号。点击菜单栏中的“文件”→“新建”→“APICloud 移动应用”，分别输入应用名称和应用说明，应用框架选择“空白应用”，之后点击

完成。在弹出的对话框中选择新项目的创建位置，点击“创建”。

稍等便可以完成创建。此时在网站的控制台中可以看到刚刚创建的项目。

1.2.3 编辑项目

在开发工具左侧的目录树根目录中选择“html”目录下的“main.html”文件，找到 `<label id="con">Hello App</label>` 这一行（第 26 行），将“Hello App”替换为“Hello APICloud”，之后保存代码如下：

```
<body>
  <label id="con">Hello APICloud</label>
  <div id='sys-info'></div>
</body>
```

在修改完项目后需要将修改后的内容从本地提交到云端，保证代码所做的修改在云端编译的时候有效。这个过程如下：

（1）右击项目根目录，选择“git”→“git add + commit”；

（2）在出现的输入区域中输入刚刚进行了哪些修改或总结，例如“修改了 main.html”；

（3）保存（快捷键是 ctrl/cmd + s）；

（4）右击项目根目录，选择“代码管理”→“同步到云端”。

这个操作非常重要，开发者不必每次编辑后都进行这些操作。当完成一个模块或一天的工作后，亦或进行编译前，进行一次同步即可。只有代码同步到云端后才会在编译的 App 中生效。

1.2.4 调试项目

APICloud 项目的调试有以下两种方式。

- 直接在 Web 浏览器中调试。APICloud Studio 2 集成了一个检视器，在这里调整 HTML 结构、CSS 样式非常方便。
- 通过 AppLoader 应用装载器，在开发者的移动端设备上调试项目。这种方式无须对项目进行编译，可以随时在移动端设备上看到效果。这种方式对项目整体的调试、JavaScript 代码的运行、模块功能的调试特别有效。

对于静态页面通常使用 Web 浏览器的方式调试，用于检查页面布局和视觉效果，Web 调试模式下无法正常运行 APICloud 扩展 API 相关的 JavaScript 代码，很多模块无法调试。我们需要经常在 AppLoader 中进行扩展模块和运行过程的调试，检查 App 的逻辑错误。

1．通过浏览器调试

在开发工具左侧目录树中找到“index.html”文件，右击它，并选择“实时预览”。此时会弹出一个检视器，显示刚刚选择的页面。这是一个 Chrome 的调试窗口，如图 1-13 所示。

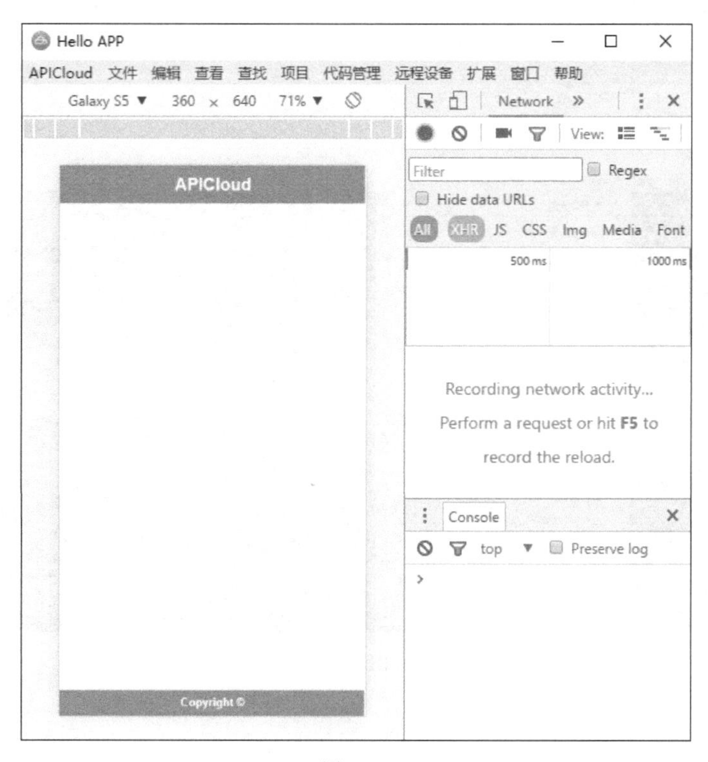

图 1-13

为了模仿移动端设备屏幕尺寸，可以点击“Responsive”将视图调整至内置的设备尺寸，或直接在后面输入宽高数值。

2．通过 AppLoader 在移动端调试

AppLoader 是让 APICloud 项目直接在移动端设备（如手机）上调试的技术，AppLoader 包含了 App 所需模块的运行环境，目前不需要对 AppLoader 有深入的理解。现在需要针对不同的平台（Android 或 iOS）下载对应的官方 AppLoader：打开下载地址[①]之后选择 AppLoader，在显示的页面中扫描二维码下载 AppLoader 并安装。

接下来以 Android 为例，在 APICloud Studio 2 中右击界面左侧的根目录“HelloAPICloud”，在弹出的菜单中选择“查看 WIFI 真机同步 IP 和端口”（如图 1-14 所示）。界面右上角会弹出

① 在文档页面，点击“下载”，然后点击“AppLoader”。

相关信息，主要观察 IP 和端口的内容（如图 1-15 所示）。接下来要确保测试用的移动端设备和运行 Studio 2 的电脑在同一网络下（即同一 Wi-Fi 下）。在移动端打开 AppLoader，启动后可以看到 AppLoader 界面中有一个可以拖动的灰色小圆球。点击这个小圆球，会弹出一个输入窗口，在第一栏输入从 Studio 中获取的 IP 地址，并在第二栏输入端口。点击连接后，如果连接成功会得到提示，小圆球将变成绿色；如果连接失败，请尝试关闭计算机防火墙并且检查网络状况是否良好。

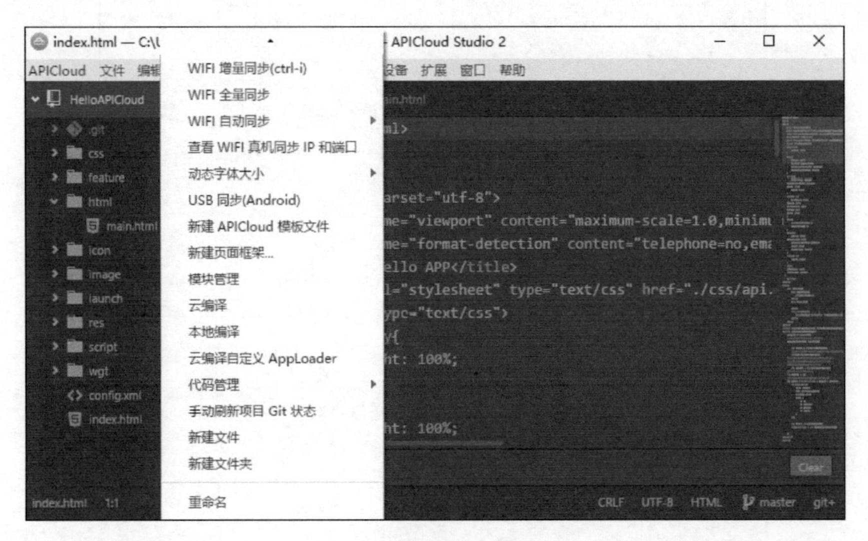

图 1-14

图 1-15

回到 APICloude Studio 2，右击“HelloAPICloud”项目目录，选择“WIFI 全量同步”（如

图 1-14 所示）。稍等片刻，观察 AppLoader，这个测试项目将在 AppLoader 中运行起来。

APICloud 支持自动同步调试，在 APICloud Studio 2 中右击项目根目录，选择“WIFI 自动同步”（如图 1-14 所示）→“打开”，此时再次编辑页面，效果会实时地显示在测试设备上。

1.2.5 编译项目

APICloud 云端支持证书管理和云编译，可以快速简单地编译 App。在 Android 或 iOS 平台发布 App 需要各自的签名证书，对于 Android 平台，APICloud 支持在云平台上一键制作签名证书。对于 iOS 平台，需要用户拥有 Apple 开发者账户，并手动完成证书制作。Apple 的开发者账户需要购买，如果不想负担此项支出，建议使用 Android 设备，或使用 Android 模拟器。

1．Android 证书

在网站控制台选择“HelloAPICloud”项目，在其左侧列表中选择“证书”。在右侧页面“Android 证书”一栏里选择右上角的“一键创建证书”（如图 1-16 所示）。此时会出现一个输入栏，输入完整的信息后点击“创建和保存”即可完成创建（请妥善保管这些信息）。创建完成后新的 Android 证书就被应用了。

图 1-16

如果想上传已有的证书，点击“Android 证书”一栏的“更新”→“选择证书”，上传自己的证书即可。

关于 Android 证书的相关内容可参照官方文档。

2．iOS 证书

参照上一小节，在证书页面点击“iOS 证书”一栏的“更新”，分别上传证书即可。

关于 iOS 证书的相关内容可参照官方文档。

3. 编译项目

在网址控制台选择“HelloAPICloud”项目，在其左侧列表中选择“云编译”。可在这个页面中对 App 编译平台及相关配置进行设置，这里以 Android 为例，类型选择“正式版”。点击最下面的“云编译”等待编译完成。

在这个页面中可以设置 App 所需的权限（如位置、摄像头和通讯录等）、是否进行代码加密、版本信息等，这些功能会在以后的内容中进行介绍。

编译完成后可用移动设备扫码下载，或直接点击下载按钮安装观看效果。之后可将 App 发布到应用商店。

1.3 小结

通过本章的学习，读者应该已经对 APICloud 平台、学习资源、控制台操作、应用开发流程有了基本的了解，在后续章节中，就可以一步步跟随本书的内容从零起步开发一款 App 了。

第 2 章

搭建 App 整体框架，完成 App 静态页面开发

主要内容

带领并教会读者使用 APICloud 技术实现 App 的界面布局和静态页面的编写。

学习目标

（1）学习 APICloud App 的启动过程，了解 config.xml 配置文件。

（2）了解 APICloud 五大布局组件和混合渲染模式。

（3）了解 api 对象和前端框架。

（4）学习如何进行屏幕适配和状态栏处理。

通过第 1 章的学习，相信读者已经对 APICloud 平台及其开发流程有了基本的了解。从本章开始本书将带领读者从零起步开发一款 App，首先需要明确本书第一部分要带领读者一起开发一款什么样的 App。

我们将带领读者开发一款 O2O 类型的电商 App，读者可以在本书的开源仓库[①] 中下载这个 App 的 Android 和 iOS 安装包。安装完毕后，运行这个 App 体验并查看功能。

在开发这款 App 之前需要先做一系列的准备工作，内容包括：

- 需求梳理，输出需求说明文档；
- UE 设计，输出产品原型；
- UI 设计，输出 UI 效果图；

① 开源仓库中：第一部分\示例项目资源\程序包。

- UI 架构设计，输出 App UI 架构设计文档；
- 功能分解，输出 App 功能分解文档；
- 开放服务选择，输出第三方服务设计文档。

读者可以在本书的 GitHub 开源仓库中获得相关素材和帮助。因为在本书讲解过程中会直接使用这些资源，读者需要先花一点时间了解它们：需求文档[①]、效果图与切图[②]、UI 架构设计[③]、功能架构设计[④]、开放服务选择[⑤]、全部已经完成的静态页面[⑥]。

一些其他参考文档如：config.xml 配置文件文档、屏幕适配详解、扩展 API（api 对象）文档、APICloud 前端框架文档，可以在官方网站的文档页面被找到。

① 开源仓库中：第一部分\示例项目资源\需求说明\requirement-spec.xlsx。
② 开源仓库中：第一部分\示例项目资源\效果图与切图。
③ 开源仓库中：第一部分\示例项目资源\架构设计\ui-architecture.xmind。
④ 开源仓库中：第一部分\示例项目资源\架构设计\function-modules.xmind。
⑤ 开源仓库中：第一部分\示例项目资源\架构设计\service-modules.xmind。
⑥ 开源仓库中：第一部分\示例项目资源\静态网页。

2.1　启动

本节将介绍 App 的执行流程、引擎初始化后创建的 UI 组件、config.xml 的配置和两个重要的事件。学习了本节内容后读者会对 App 的启动过程有个初步的了解。

2.1.1　APICloud App 执行流程

一个 App 可能由两种方式被启动：

- 由用户手动启动（如点击 App 图标）；
- 被其他 App 调用（如通过微信或支付宝等）。

App 启动之后做的第一件事是初始化引擎，这是内部过程，开发者不必深究，把主要概念学会就可以了。初始化过程如图 2-1 所示。

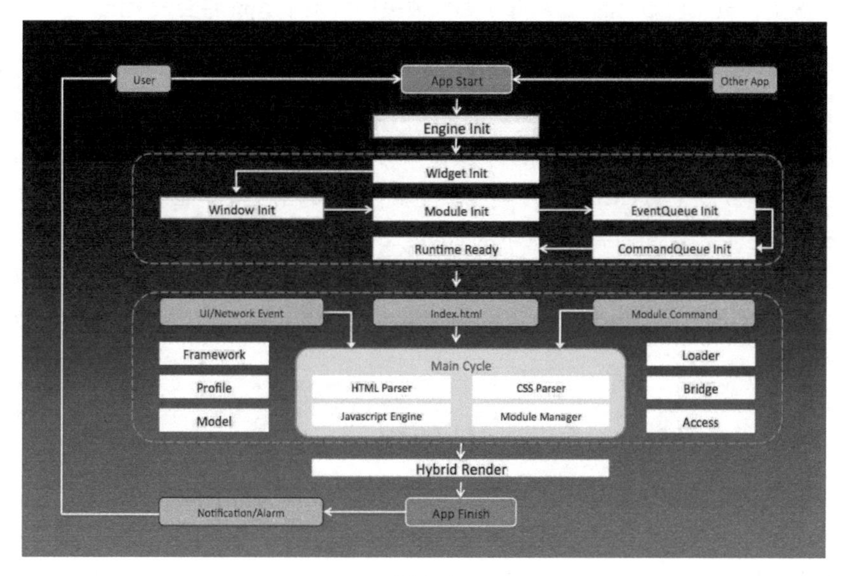

图 2-1

（1）对 Widget 进行初始化（见 2.1.2 小节）。

（2）对 Window 进行初始化。

（3）对模块管理进行初始化，关于模块的内容后边会讲，这里不再赘述。

（4）对事件队列进行初始化，APICloud App 是事件驱动的，用户的输入都会以事件的方式进行处理，此外App内部也会触发和产生事件；事件通过队列进行管理。

(5) 对命令队列进行初始化，命令是由APICloud内部产生的，每个扩展API的调用都会产生一个内部命令。

引擎在初始化完成后，进入等待状态，对随时插入的用户操作、来自模块以及网络等设备的事件或命令做出响应。

2.1.2 Widget和Window

APICloud引擎初始化时会创建两个UI组件实例，它们分别是Widget和Window(参照2.1.1节中的引擎初始化步骤)。

引擎初始化时会创建一个主Widget对象（Main Widget），Widget是APICloud App运行的最小单位，也就是说APICloud App想要运行的话至少要拥有一个Widget的实例。一般来说，一个App包含一个Widget就够了，此时可以把这个Widget看作这个App本身。在存在多个Widget的情况下，最先初始化的主Widget如果被关闭，整个App将会被关闭。

之后会在主Widget中创建一个根Window对象（Root Window），可以把Window理解为一个独立的窗口容器，Window即代表设备屏幕，任何可视化部分都需要装载在某个Window中。这里所说的Window是对移动平台原生窗口概念的封装，可以提供原生的性能。这个根Window之后会装载一个HTML页面，也就是应用打开的第一个页面。这个HTML页面可以通过config.xml配置：找到项目根目录下的config.xml，打开它后找到`<content src="index.html" />`这一行。这里指定的index.html会被装载到刚刚被创建的根Window中。实际上引擎在解析content标签的时候会触发一个content事件，它的参数中包含index.html，在处理这个事件时index.html就被装载了。

2.1.3 App config.xml配置文件使用

在引擎初始化完成之后，App会去解析config.xml。这个文件在项目根目录下，它其中包含了很多重要的配置信息，并且它会在App的编译和运行时被使用，会影响整个App在平台上的表现，如视觉效果、权限、性能等。一些APICloud模块也会从config.xml文件中获取信息。关于这个文件的可配置项可参照（http://docs.apicloud.com/Dev-Guide/app-config-manual）。

示例如下，设置是否全屏运行：

```
<preference name="fullScreen" value="true|false" />
```

使App具有拨打电话的权限：

```
<permission name="call" />
```

配置“QQ 登录”模块的相关信息：

```
<feature name="qq">
  <param name="urlScheme" value="tencent123345678" />
  <param name="apiKey" value="123345678" />
</feature>
```

2.1.4 APICloud 引擎的两个重要事件

APICloud 引擎初始化完成后会发出两个重要的事件：

- content 事件，参照 2.1.2 节中对 content 事件的描述；
- apiready 事件，这个事件是在 api 对象准备完成后产生的。

开发者应该在页面的 JavaScript 代码中注册“apiready”事件，示例如下：

```
<script type="text/javascript">
     apiready = function(){
          //TODO
     }
</script>
```

2.2 APICloud 应用设计思想

APICloud 应用开发虽然使用标准的 Web 技术，但是与其他 Web 产品采用 B/S 架构不同，APICloud 应用采用的是完整的 Client/Cloud 架构，即前后端分离的架构。App 中所有的网页文件都是存放在 App 本地的，只有数据需要从服务端获取。

图 2-2 所示是 APICloud 应用的整体架构设计，APICloud 的应用设计思想是采用完整的 Client/Cloud 架构，在移动端实现界面和功能，在服务器端提供数据和服务。其实前后端分离的架构设计，不仅是 APICloud 应用的设计思想，也是 Android 和 iOS 原生 App 的设计思想。这样设计的好处是所有的界面布局和功能实现都是在 App 本地完成的，不需要依赖网络。当用户点击交互的时候，App 会直接打开本地界面展示和调用本地 API 实现，不需要像 B/S 架构那样等待服务端返回远程页面之后再渲染展示，用户体验更好，交互响应更快。

在移动互联网时代，终端产品有很多种类。对于不同类型的客户端，服务端对外提供的数据和服务其实是一样的：通过统一的 API 接口对外提供。在客户端以产品为导向设计界面，根据不同产品形态的特点进行界面和功能的定制。

APICloud 的应用开发使用的就是这样一个完整的前后端分离架构，在 App 端实现界面和功能，在服务器端提供数据和服务，本书的示例项目也会为读者演示这样的一个架构。

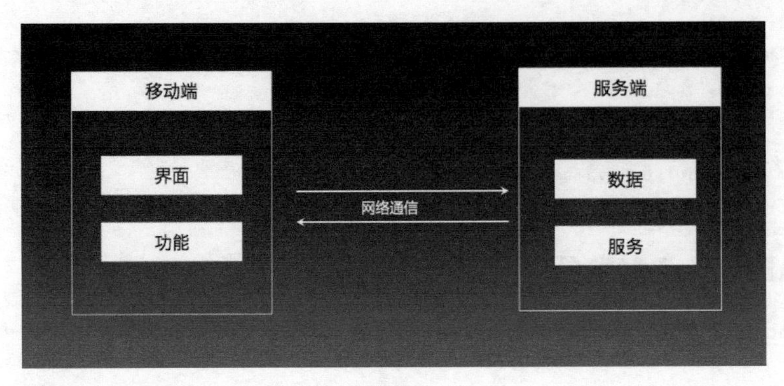

图 2-2

2.3　界面和导航

在了解 APICloud 应用的 Client/Cloud 架构设计之后，接下来一个非常重要的工作就是进行 App 的 UI 架构设计。一个原生应用，无论是 Android 还是 iOS 的应用，都是由很多不同的窗口组成的，窗口是 App 界面展示的最小单位，通过一个个窗口的跳转和切换使整个 App 的界面和功能展示出来。

但是，通常在使用 HTML5 实现的 WebApp 中，很多是 SPA 模式的单页面应用，即通过 div 的切换来实现界面切换，或是通过 a 标签来实现页面的跳转。无论是哪种方式，都不是 App 想要的体验和界面切换效果。所以在使用 HTML5 技术开发 App 的时候（注意不是开发 WebApp），不管使用什么样的平台或者框架，也不管选择的是哪家厂商，不同的跨平台产品都有一套自己的 UI 组成结构。

目前 Hybrid（混合）的开发模式已经是非常主流的 App 开发模式，包括“BAT”及很多一线互联网公司，他们的主要 App 产品都是使用混合技术开发，例如：微信、手机 QQ、支付宝、手机淘宝、天猫、京东、美团、大众点评、58 同城等。只不过这些大公司都有着一套符合自己业务特点的跨平台技术，用于实现自己的 App 开发。而 APICloud 是一个面向所有开发者，能够支持各种类型应用开发的跨平台产品。

2.3.1　APICloud 应用的 UI 组成结构

使用 HTML5 技术在 APICloud 平台上开发一款 App，App 的 UI 组成结构需要使用 APICloud 界面布局的 5 大组件来进行操作。

如图 2-3 所示，这是 APICloud 应用的 UI 组成结构。一个 APICloud 应用可以包含 Widget、Layout、Window、Frame 和 UIModule 这 5 种 UI 类型的组件。首先是 Widget，Widget 当中

可以包含 Layout、Window 和 UIModule；在 Window 当中，也可以包含 Layout、Frame 和 UIModule；Layout 当中可以包含 Window 和 Frame；Frame 当中只能包含 UIModule。

对于一款 App，不管它有几十个界面还是数百个界面，都要使用 APICloud 的这 5 大组件进行布局。下面介绍一下 APICloud 界面布局的五大组件。

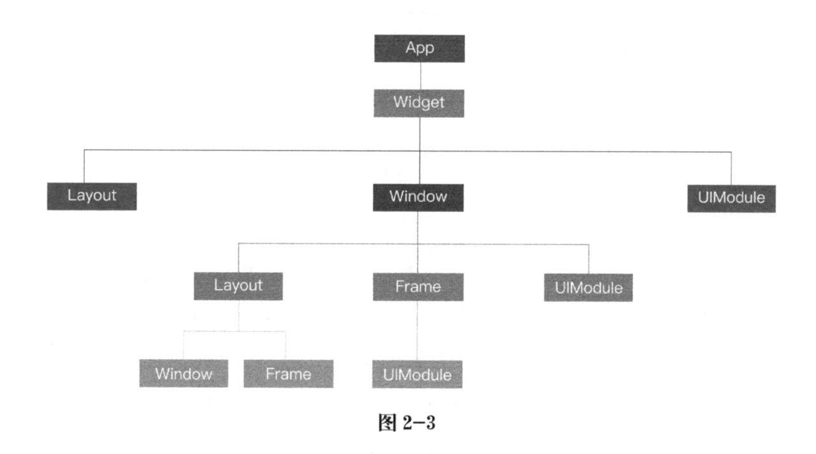

图 2-3

2.3.2 APICloud界面布局5大组件

APICloud App 的 UI 由 5 大组件组成，每类组件都有一组 API 进行控制。下面将对这些常用的 API 进行介绍，关于它们的详细用法可参考官方网站中关于 `api` 对象的文档页面。

1. Widget

Widget 是 APICloud 应用运行管理的最小单位，每一个 APICloud 应用至少包含一个 Widget，每一个 Widget 都具有独立的代码、资源和窗口系统，Widget 之间可以相互调用。Widget 在 UI 上表现为一个独立的窗口容器，内部可以包含 Layout、Window 或 UIModule，并且同一时刻，应用中只能有一个 Widget 在界面上显示。其相关 API 如下。

- 打开 Widget：`api.openWidget()`。
- 关闭 Widget：`api.closeWidget()`。

2. Layout

Layout 旨在实现某一种特定的布局效果，通过定义好的布局组织一组 Window 或 Frame 来完成整体的界面布局效果。每一个 Layout 内部均可包含 Window 和 Frame。

- 打开 FrameGroup：`api.openFrameGroup()`。
- 关闭 FrameGroup：`api.closeFrameGroup()`。

3．Window

Window 是一个独立的 Native 窗口（Android 或 iOS），是 APICloud 应用界面布局的基本组件，每一个 App 都是由多个 Window 组成的。Window 所承载的内容由其所加载的 HTML 页面决定。每一个 Window 都是一个独立的 Web 容器，有其独立的 DOM 树结构，并且可以独立进行渲染。Window 的起点位于屏幕左上角，宽高占满屏幕，不可修改。Window 内部可以包含 Layout、Frame 和 UIModule。

- 打开 Window：`api.openWin()`。
- 关闭 Window：`api.closeWin()`。

4．Frame

Frame 是一个独立的 Native 视图（Android 或 iOS），与 Window 类似，Frame 所承载的内容由其所加载的 HTML 页面决定。每一个 Frame 都是一个独立的 Web 容器，有其独立的 DOM 树结构，并且可以独立进行渲染。Frame 的位置和宽高可通过参数进行配置。Frame 通常作为一个子视图，嵌入到 Window 或 Layout 中，Frame 内部可以包含 UIModule。

- 打开 Frame：`api.openFrame()`。
- 关闭 Frame：`api.closeFrame()`。

5．UIModule

UI 模块由一组 Native 的视图组成，旨在实现某种特定的 UI 界面效果，可以是全屏展示也可以只是局部区域。每一个 UI 模块都具有其独立的生命周期、界面布局、事件管理和数据交互。UI 模块通常需要嵌入到 Window 或 Frame 中使用。

- 加载 UIModule：`api.require()`。
- 打开 UIModule（以 UIScrollPicture 为例）：`UIScrollPicture.open()`。
- 关闭 UIModule（以 UIScrollPicture 为例）：`UIScrollPicture.close()`。

2.3.3　APICloud 混合渲染模式

APICloud 为什么要有 Widget、Layout、Window、Frame 和 UIModule 这 5 大组件，而不是直接使用 HTML5 进行布局呢？这五大组件的作用又是什么呢？这就需要讲解一下 APICloud 混合渲染技术的原理。

如图 2-4 所示，这是标准浏览器的渲染机制。总体来说，浏览器的渲染机制是单层渲染，一个 HTML 页面是由很多标签组成的。首先浏览器会对标签进行解析（parse），解析完成后会生成一棵 DOM 树，在 DOM 树中会根据标签生成对应的元素（element），然后浏览器会对

DOM 树进行布局（layout）。布局过程会对整个 DOM 树进行遍历，这个过程会结合元素的类型和代码中的 CSS 样式，生成一棵 layout 树。这个 layout 树上的节点就是一个个块（block），每个 block 有自己的宽高、样式、位置和颜色等属性。接下来就要对 layout 树进行渲染（render），渲染过程会把 layout 树上的节点，创建为内存里的 buffer，然后再画到一张 image 上，再将这张 image 贴到屏幕上，这样就可以看到浏览器渲染出的界面了。

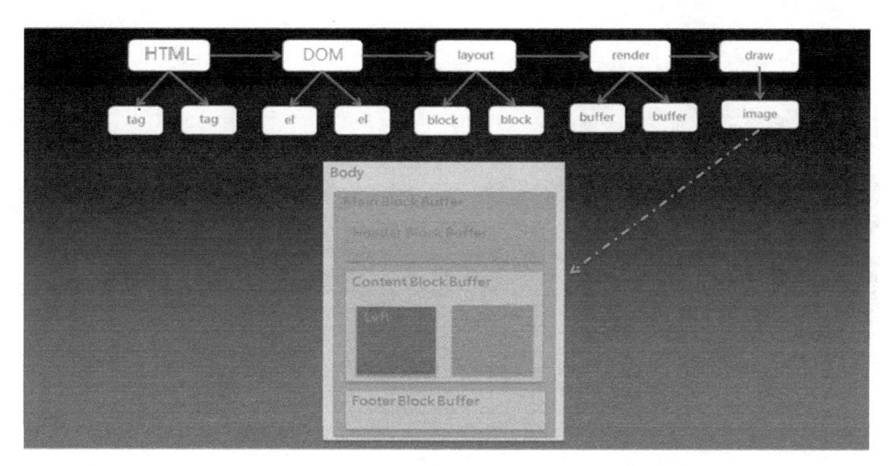

图 2-4

虽然 HTML5 和 CSS3 定义了一些新的标签和特性，像 video 标签或是一些 CSS3 的动画，在实现的指导标准上，要求浏览器对这些标签独立渲染，也就是说在整个 layout 树上，要根据元素类型不同生成很多的子树，然后再对这个子树做分层的独立渲染。虽然 HTML5 也认识到了浏览器单层渲染所存在的问题，也提出这样一个分层的概念，但是浏览器的绘制方式还是在引擎内部调用平台的 2D 或 3D 的接口来进行绘制的，跟通常原生应用的绘制方式还是不一样的。

如图 2-5 所示，这是一个原生的应用，它是由很多层组成的，大到一个 Window，小到一个导航栏、工具栏、按钮，甚至一个文本框，每一个都是独立的组件。App 在进行绘制的时候，只需要调用不同的组件布局就可以了，组件和组件之间是完全独立的。如果对某个组件做一个动画，或者数据更新，只要直接找到这个组件，修改这个组件的值就可以了，它并不存在 DOM 树、layout 树这样的生成过程。所以对于一个原生应用，用户进行点击交互的时候，或者执行一个动画的时候，它比浏览器这种单层的渲染速度要快很多，这也就是为什么在渲染层面上 Native 实现的效果要比 HTML5 实现的效果体验要好很多的原因。

APICloud 开发应用的理念是通过 HTML、CSS、JavaScript+APICloud 扩展 API 的方式来进行的。以这种简化的技术开发，但同时要保证开发的 App 的功能、性能和体验，能够达到原生的要求。所以，一个非常关键的因素就是 APICloud 引擎支持 Native+HTML5 的混合渲染。

APICloud 通过 5 大组件对整个 App 的 UI 结构进行了定义，在渲染机制上与原生应用的分层渲染一致，并且支持 Native 和 HTML5 的混合渲染，从而保证用 APICloud 开发的 App 的渲染效果和体验。

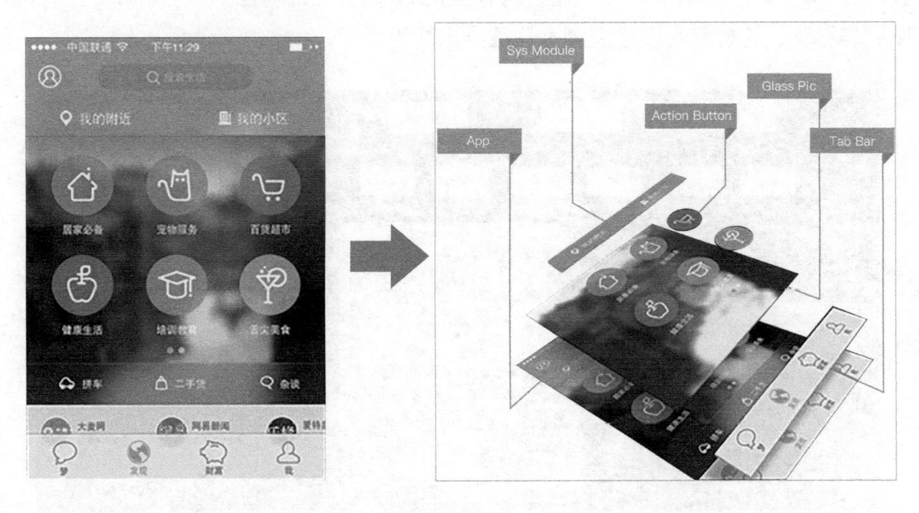

图 2–5

2.3.4　查看 APICloud 引擎 api 对象功能

api 对象是 APICloud 在全局作用域内唯一的一个扩展对象（在脚本中可直接调用 api 下的方法），api 对象是 APICloud 引擎的核心对象，包含了开发一款 App 要用到的最基础功能，api 对象无需引入，可以直接使用。APICloud 的扩展模块，都需要通过 api.require() 方法引入后才能使用。下面的代码实现了拨打电话的功能：

```
<script type="text/javascript">
apiready = function(){
  api.call({
    type:"tel",
    number:"00000000000"
    })
}
</script>
```

这里将一个匿名函数注册给 apiready，在 App 启动后，apiready 被调用。函数内执行 api 下的 call 方法来拨打电话。

如果开发者想打开一个 Window，参照下面的代码：

```
<script type="text/javascript">
apiready = function(){
```

```
    api.openWin({
      name:"my",              //这个被打开的Window的名字，以后可以通过这个名字操作这个Window
      url:'./html/my.html'   //这个Window的HTML文件
      })
  }
</script>
```

通过 `api.openWin()` 可以实现 Native 过渡动画的窗口跳转，这是很常用的一个功能。

api 对象下包含引擎的很多属性和常量。在设计之初，我们希望开发者仅靠使用 api 对象就可以完成简单 App 的开发，所以 api 对象下的方法涉及功能范围很广，包括应用管理、窗口系统、消息事件、网络通信、数据存储、设备访问、多媒体、对话框、模块加载等。同时，api 对象下的方法通常都是实现一些轻量级功能的，如文件操作、音视频播放、对话框等，但是涉及复杂的操作和界面展示就需要加载相关的模块来实现。

2.3.5 屏幕适配

在进行屏幕适配时，通常要在每个 HTML 页面的 `<head></head>` 标签中添加 `<meta name="viewport"content="maximum-scale=1.0,minimum-scale=1.0,user-scalable=0,initial-scale=1.0,width=device-width"/>`。这行代码在创建项目和文件模板的时候会被自动添加，如根目录下 html 文件夹中的 main.html 文件，它的作用是声明该 HTML 页面执行时的渲染区域宽度为设备的屏幕可视区域，不做任何缩放，同时禁用缩放功能（默认情况下在移动设备上浏览网页时可以用两个手指进行缩放），保证同原生应用一致的体验。

在制作 UI 效果图的时候推荐使用 720 × 1280 分辨率作为设计稿的基准尺寸，页面布局时优先考虑像素（px）单位，碰到困难的效果时可考虑 em 与 rem。在写代码时要将效果图的尺寸除以屏幕倍率（例如 720 × 1280 的屏幕倍率通常为 2），例如一个宽度为 200 px 的图片通常要写作 `<img style="width:100px;" src="...">`。

2.3.6 前端框架

APICloud 提供了前端框架来加速前端开发，前端框架提供了常用的 dom 操作封装和 css 样式，它开源在 GitHub 上[①]，保存在项目根目录下的 `script/api.js` 和 `css/api.css` 中。前端框架通过 `$api`（和之前的 `api` 不同）访问。它非常简单，如果读者使用过 jQuery 会发现它比 jQuery 简单得多。例如可以使用 `$api.byId('xxx')` 来根据 id 获取 dom 元素，`$api.trim('xxx')` 可以去除字符串首尾的空白字符等。这里不建议开发者在 APICloud App 的页面中引入 jQuery 等大型框架，因为每个页面是独立的，框架需要在每个页面中进行初始化，这会降低 App 性能。

---

① 在 GitHub 搜索"apicloud-js-framework"。

下面的代码将 id 为“main”的 dom 元素的内容设置为“Hello APICloud”，示例如下：

```
<script type="text/javascript">
apiready = function(){
  $api.html(
    $api.byId("main"),
    "Hello APICloud"
    );
}
</script>
```

2.3.7　状态栏处理

沉浸式状态栏如图 2-6 所示。左侧屏幕顶端状态栏为非沉浸状态，状态栏与 App 互相分离。右侧屏幕顶端状态栏背景与 App 融合，为沉浸状态。

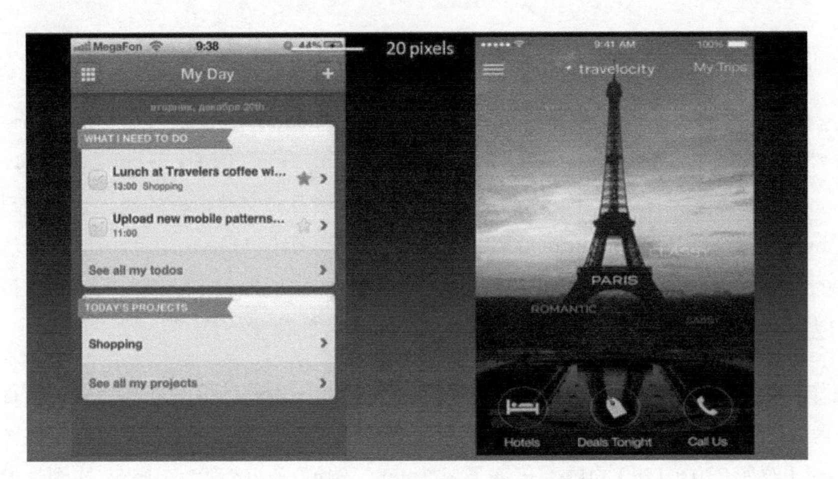

图 2-6

想要开启状态栏沉浸模式需要完成以下两个步骤：

(1) 修改 config.xml，实现代码 <preference name="statusBarAppearance" value="true" />；

(2) 对页面顶端元素使用 $api.fixStatusBar()。

因为开启沉浸状态后，页面会深入到状态栏下方，此时如果有页面元素显示在顶端则会被遮挡。对被遮挡的元素调用 $api.fixStatusBar() 会为这个元素添加 padding-top 样式。其值对于不同运行平台有所不同，开发者不用考虑这些细节，代码如下：

```
<script type="text/javascript">
apiready = function(){
  $api.fixStatusBar(
```

```
        $api.byId("header")
        );
    }
    </script>
```

开发者还可以通过 api.setStatusBarStyle() 来设置状态栏的样式，它支持 iOS、小米 MIUI6.0 及以上手机、魅族 Flyme4.0 及以上手机，以及其他 Android6.0 及以上手机：

```
api.setStatusBarStyle({
  style: 'light', //可选项,light(状态栏字体为白色，适用深色背景)、dark(状态栏字体为黑色，适用浅色背景)，
默认light
  color:'#000'    //可选项，状态栏背景颜色，只 Android 5.0 及以上有效，默认#000
});
```

2.3.8 iPhone X的状态栏处理

针对 iPhone X 的特殊造型，Apple 为了方便开发者对 iPhone X 进行适配，在 iOS 11 中引入了 Safe Area 的概念。APICloud 端引擎也在 api 对象下添加了 safeArea 属性和 safeareachanged 事件，页面重要的元素需要在安全区域以内，避免被遮挡。

对于大多数应用，通过以下几步基本就可以完成 iPhone X 的适配，其他的特殊情况如横竖屏切换等则需要结合使用场景进行处理。

由于 iPhone X 顶部的形状特殊，状态栏高度不再是以前的 20 px，而是变成了 44 px，如果应用开启了沉浸式效果，那么页面顶部会被遮住部分，如图 2-7 所示。

为了解决这个问题可以修改 $api 下的 fixIos7Bar() 方法和 fixStatusBar() 方法，代码如下：

```
$api.fixIos7Bar = function(el){
    return u.fixStatusBar(el);
};
$api.fixStatusBar = function(el){
    if(!$api.isElement(el)){
        console.warn('$api.fixStatusBar Function need el param, el param must be DOM Element');
        return 0;
    }
    el.style.paddingTop = api.safeArea.top + 'px';
    return el.offsetHeight;
};
```

这里调用了 api.safeArea 来获取设备的安全显示区域。

由图 2-7 可以看到，页面底部的标签栏也被虚拟 Home 键遮挡住了部分。对于虚拟 Home 键，可以通过 openWin() 和 setWinAttr() 方法的 hideHomeIndicator 参数来控制其显示或隐藏，这对于沉浸式体验较高的场景很有用（比如观看视频）。而一般的页面通常做法是避开虚拟 Home 键，这里参考 header 的处理，在 api.js 中添加一个 fixTabBar() 方法，代码如下：

```
$api.fixTabBar = function(el){
    if(!$api.isElement(el)){
        console.warn('$api.fixTabBar Function need el param, el param must be DOM Element');
        return 0;
    }
    el.style.paddingBottom = api.safeArea.bottom + 'px';
    return el.offsetHeight;
}

//调用的时候使用：
$api.fixTabBar(element)
```

这样就可以适配 iPhone X 了，如图 2-8 所示。

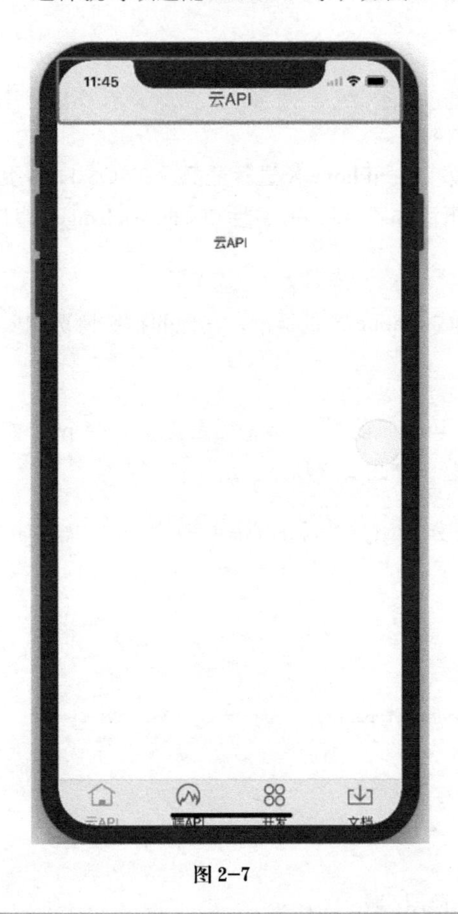

图 2-7

图 2-8

注意

现在新建立的项目中 $api.fixStatusBar()、$api.fixIos7Bar() 和 $api.fixTabBar() 函数已经适配了 iPhone X。如果开发者使用较早创建的项目可按照前面讲到的方法进行适配，也可以参考 api.js 中沉浸式效果的适配原理，编写符合自己开发习惯的代码进行适配。

2.3.9 优化点击事件和tapmode

由于 Webkit 内核自身的实现机制，DOM 元素标准的 onclick 事件存在 300 ms 的响应延迟，导致移动端 HTML 页面在处理点击事件的时候会有 300 ms 的延迟。为了解决这个问题，提供快速的点击响应，需要在点击发生的元素上添加 tapmode 属性。例如：

```
<div tapmode onclick="goBack()">返回</div>
```

如果动态创建了包含 tapmode 的元素，之后需要调用下面的代码使之生效：

```
api.parseTapmode()
```

tapmode 属性是 APICloud 定义的私有属性，用于消除 DOM 元素的点击延迟。另外，tapmode 属性支持赋值 CSS 样式及动态改变元素样式，实现 Native 的点击效果。例如：

```
<div class="btn" tapmode="btn-press" onclick="goBack()">返回</div>
```

当“返回”按钮被用户点击、处于按下状态时，此 DIV 元素将叠加使用“btn-press”样式进行渲染；当用户手指离开设备屏幕后，此 DIV 元素的样式将恢复至默认，即移除“btn-press”样式。

2.3.10 静态页面中建议遵循的布局方法

在进行静态页面布局时建议遵循如下布局方法。

- 使用 HTML 语义化标签，如 header、nav、section、height、footer。
- 采用弹性响应式布局，配合流式布局。
- 宽度使用具有自适应特征的数值，如 100%、flex、px、auto 等。
- 高度优先使用 px 单位布局。
- 结合 CSS3 的特性，如设置 box-sizing，例如 box-sizing: border-box。
- 采用绝对定位，如 position:absolute。

使用弹性盒子（flexbox）布局则推荐用兼容性写法，代码如下：

```
display: -webkit-box
display: -webkit-flex
display: flex

--

-webkit-box-orient: vertical
-webkit-flex-flow: column
```

```
flex-flow: column

--

-webkit-blox-orient: horizontal
-webkit-flex-flow: row
flex-flow: row

--

-webkit-box-flex: 1
-webkit-flex: 1
flex: 1
```

2.4　搭建 App 整体框架，完成 App 静态页面开发

本节将带领读者创建 App 的整体框架并学习如何进行静态页面的开发。

2.4.1　创建首页的标题栏和Tab标签组

首先请利用第 1 章学到的内容创建本书的示例 App，并将它检出到开发环境中（这里使用 APICloud Studio 2），名称和说明可随意填写。

从结构上来看，首页显示在一个 Window 中，这个 Window 包含顶端的标题栏（左侧的城市选择框，中间的 logo，右侧的个人信息图标）与 Tab 标签组（“水果”“食材”“零食”“牛奶”和“蔬菜”），中间是具体的 Tab 页显示区域，页面的左下角有一个悬浮的购物车信息栏，如图 2-9 所示。

顶端的标题栏和 Tab 标签组属于当前 Window。中间的 Tab 页内容放在 Frame 中，这里需要 5 个 Frame 来实现滑动切换的效果，这个功能可以使用 FrameGroup(一种 Layout) 完成。悬浮的购物车信息栏是一个单独的 Frame。

因为 config.xml 中配置了默认启动页面是根目录下的 index.html，所以修改这个 index.html。将 `<style/>` 标签中的样式与 `<body/>` 标签中的元素删除，再将 JavaScript 代码 `apiready` 函数中的内容删除。之后将 html 文件夹下的 main.html 文件删除，右击 html 文件夹，选择“新建 APICloud 模板文件”，在 html 文件夹下建立一个新的 main.html。这样就拥有一个空白的 App 框架了。

现在使用在第 1 章中学到的内容，在手机或模拟器上建立调试环境，以便完成接下来的开发。

将本书开源仓库中第一部分 \ 示例项目 \ 切图中 image 文件夹下的文件全部复制到项目根目录下的 image 文件夹中，以后会用到这些图片进行开发。

App 启动后展示的第一个界面就是 main.html，需要将 html/main.html 用作首页而不是根目录下的 index.html。下面操作会实现这个功能。

在 index.html 的 `apiready` 函数中添加以下代码：

```
api.openWin({
  name: 'main',
  url: './html/main.html',
  slidBackEnabled: false
});
```

在 html/main.html 中的 <body/> 标签之间添加“启动完成”以便测试。

运行测试后看到页面显示“启动完成”，说明一切正常，如图 2-10 所示。

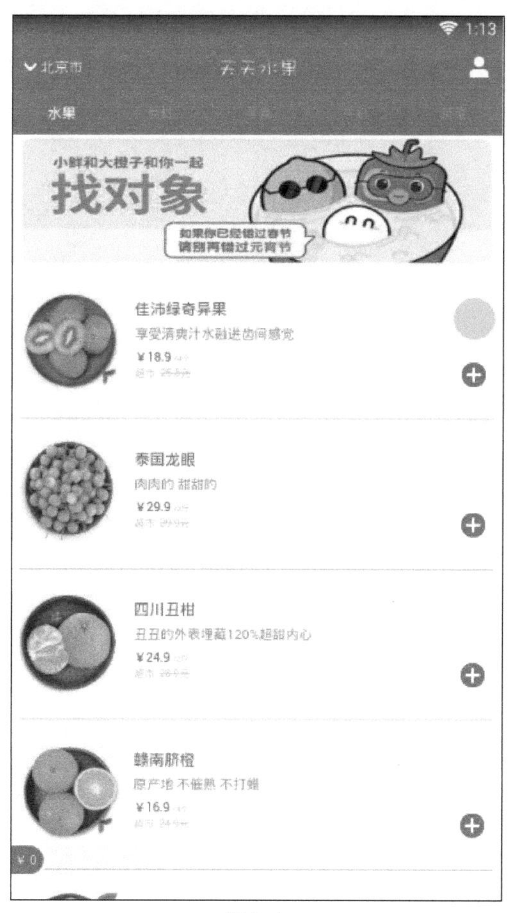

图 2-9

图 2-10

之后将“html/main.html”中的 <body> 标签再次清空。接着在“html/main.html”中完成

header 部分。编辑这个文件，在 <body/> 标签中插入以下代码：

```
<header id="header">
  <div class="left">
    <div class="arrow" id="arrow"></div>
    <div class="city" id="city">北京市</div>
  </div>
  <div class="center"></div>
  <div class="right"></div>
</header>
```

在 <style/> 标签中插入以下代码：

```
header {
  width: 100%;
  height: 50px;
  background-color: #e1017e;
}

header .left {
  position: absolute;
  bottom: 0;
  left: 0;
  width: 100px;
  height: 50px;
}

header .left .arrow {
  position: absolute;
  bottom: 21px;
  left: 11px;
  width: 13px;
  height: 8px;
  background: url(../image/arrow_down.png);
  background-size: 13px 8px;
  background-position: center center;
  background-repeat: no-repeat;
  -webkit-transition: 200ms;
  transition: 200ms;
}

header .left .arrow.active {
  -webkit-transform: rotate(180deg);
  transform: rotate(180deg);
}

header .left .city {
  position: relative;
  z-index: 2;
  width: 100%;
  height: 50px;
  padding-left: 27px;
  line-height: 50px;
  font-size: 14px;
  color: #fff;
}

header .center {
```

```
  width: 100%;
  height: 50px;
  background: url(../image/home_title.png);
  background-size: 74px 19px;
  background-position: center center;
  background-repeat: no-repeat;
}

header .right {
  position: absolute;
  bottom: 0;
  right: 0;
  width: 40px;
  height: 50px;
  background: url(../image/home_membercenter.png);
  background-size: 30px 30px;
  background-position: center center;
  background-repeat: no-repeat;
}
```

此时可以在测试环境中看到需要实现的 header 部分了，这里在设置元素尺寸时使用了效果图尺寸除以 2 的算法，如图 2-11 所示。

注意 `header.left.arrow.active` 这个样式，在城市列表打开状态时，只要给箭头图标套用 active 类就可以实现旋转动画了。

接下来实现 Tab 标签组，在 `<body/>` 标签内 `<header/>` 标签的下方添加以下代码：

```
<nav id="nav">
  <div class="menu selected">水果</div>
  <div class="menu">食材</div>
  <div class="menu">零食</div>
  <div class="menu">牛奶</div>
  <div class="menu">蔬菜</div>
</nav>
```

在 `<style/>` 标签中继续添加以下代码：

```
nav {
  display: -webkit-box;
  display: -webkit-flex;
  display: flex;
  -webkit-box-orient: horizontal;
  -webkit-flex-flow: row;
  flex-flow: row;
  position: relative;
  height: 40px;
  background-color: #e1017e;
}

nav .menu {
  -webkit-box-flex: 1;
  -webkit-flex: 1;
  flex: 1;
```

```
  height: 40px;
  line-height: 40px;
  font-size: 13px;
  color: #f973b8;
  text-align: center;
}

nav .menu.selected {
  font-size: 14px;
  color: #fff;
  font-weight: bolder;
}
```

此时，Tab 标签组就可以正常显示了，如图 2-12 所示。

图 2-11

图 2-12

这里要注意 `nav .menu.selected` 这个样式，当某个标签被激活时它会被套用到相应的标签，实现选中的效果。

观察调试效果，可以看到页面的 header 部分和系统状态栏重合了，因为沉浸式效果被默认开启了，我们需要更新 header 的位置，防止它被系统状态栏遮挡。在这个页面的 `apiready` 函数中加入以下代码：

```
$api.fixStatusBar(
  $api.byId("header")
);
```

这里首先通过 `$api.byId()` 方法获取了 header 元素，然后通过 `$api.fixStatusBar()` 为它设置 `padding-top`，空出了状态栏的位置。

2.4.2 制作Tab页面并添加点击事件和动画效果

接下来制作 Tab 页面，这里有 5 个 Tab 页面，但是这 5 个页面的内容都是相同的格式，只是加载的商品种类不同，因此只需要制作一个 HTML 模板。

创建 html/main_frame.html 模板。在这个文件的 `<body/>` 元素中输入 `in frame`，用于测试这个页面是否正常显示。

接下来在 html/main.html 文件中，添加 JavaScript 代码：

```
var frames = [];
for (var i = 0; i < 5; i++) {
  frames.push({
    name: 'main_frame_' + i,
    url: './main_frame.html',
    pageParam: {
      wareTypeIndex: i
      }
    });
}

var header = $api.byId("header");
var nav = $api.byId("nav");
var headerH = $api.offset(header).h;
var navH = $api.offset(nav).h;

api.openFrameGroup({
  name: 'mainFrameGroup',
  scrollEnabled: true,       // 支持手势滑动切换
  rect: {
    x: 0,
    y: headerH + navH,
    w: 'auto',               // 自动填充所在Window的宽度
    h: 'auto'                // 自动填充所在Window的高度
  },
  index: 0,                  // 默认显示第一个Frame
  frames: frames,
  preload: frames.length     // 预加载所有Frame
}, function(ret, err) {

});
```

调试时可以左右滑动 Tab 区域查看切换效果，此时还不能点击上方的 5 个标签实现切换。

首先观察 api.openFrameGroup()，这里提供了 name 作为这个 Layout 的名称，允许手势滑动，rect 中设置了显示的区域（y 坐标空出了 header 和 nav 的高度），frames 是这个 Layout 里面装载的全部 frame，这里的数据在之前的循环中进行了创建。

那么使用了相同 HTML 模板的 Tab 页如何区分自己要显示哪一类的商品呢？这里可以给同一模板的 5 个实例传递不同的参数加以区分，注意 pageParam 这部分代码，这就是要传送给 Frame（也就是 Tab 页）的数据对象。

在 html/main_frame.html 中可以获取这个对象，在 apiready 中输入：

```
var param = $api.jsonToStr(api.pageParam);
$api.html($api.dom("body"),param);//将传入的数据赋值给页面的body元素
```

这里通过 api.pageParam 获取到传入的数据，通过 $api.jsonToStr() 将 JSON 对象转换为字符串，然后将它显示到 body 元素中。

下面来实现滑动 Tab 页面时激活对应标签的功能，注意 api.openFrameGroup() 的第二个参数是一个回调函数，每当 Tab 页切换完毕后会调用这个函数并以被激活页面的信息作为传入的参数。

因此在这个回调函数中插入：

```
var menus = $api.domAll($api.byId("nav"),".menu");
for(var i = 0;i < menus.length; i++){
  $api.removeCls(menus[i], 'selected');
}
$api.addCls(menus[ret.index], 'selected');
```

每当一个 Tab 页被跳转后，都会执行这段代码。首先获得所有 Tab 标签，然后把它们的“selected”样式全部移除，最后找到被跳转到的标签添加“selected”样式即可。这样就实现了 Tab 页跳转和激活标签的效果。

下面实现点击 Tab 标签跳转到对应的 Tab 页的功能，通过对想要实现点击的标签注册 onclick 事件，将对应标签的下标传入，然后使用对应的 API 跳转即可。

修改 <body/> 标签中的 <nav/> 标签部分，为其注册 onclick 事件：

```
<nav id="nav">
  <div class="menu selected" tapmode onclick="fnSetNavMenuIndex(0);">水果</div>
  <div class="menu" tapmode onclick="fnSetNavMenuIndex(1);">食材</div>
  <div class="menu" tapmode onclick="fnSetNavMenuIndex(2);">零食</div>
  <div class="menu" tapmode onclick="fnSetNavMenuIndex(3);">牛奶</div>
  <div class="menu" tapmode onclick="fnSetNavMenuIndex(4);">蔬菜</div>
</nav>
```

在 <script/> 标签中添加函数：

```
function fnSetNavMenuIndex(index_) {
  var menus = $api.domAll($api.byId("nav"), ".menu");
  $api.addCls(menus[index_], 'selected');
  api.setFrameGroupIndex({
    name: 'mainFrameGroup',
    index: index_,
    scroll: true
  });
}
```

html 代码中的 tapmode 移除了 html 页面的点击延迟，使体验更接近原生，读者可以删除 tapmode 属性并点击标签以体验区别。

JavaScript 代码中使用了 api.setFrameGroupIndex() 来激活 Tab 页面，name 参数是之前创建 FrameGroup 时设置的名称，index 参数是被激活页面的下标，scroll 参数表示 frame 切换过程中是否有平滑滚动效果。

下面来实现具体 Tab 页的内容。

清空“html/main_frame.html”中 <body/> 标签和 apiready 函数中的内容，然后在 <body/> 标签中插入：

```
<header id="header">
  <img id="banner" class="banner" src="../image/default_rect.png">
</header>
<section id="list">
  <div class="ware">
    <div class="content">
      <img class="thumbnail" src="../image/default_square.png">
      <div class="info">
        <div class="name">name</div>
        <div class="description">description</div>
        <div class="price-tag">
          <span class="price">￥100</span>
          <span class="unit">/kg</span>
              </div>
        <div class="origin-price">超市：
          <del>￥110</del>
        </div>
      </div>
      <div class="control">
        <img class="add" src="../image/add.png">
      </div>
    </div>
  </div>
</section>
<div class="push-status" id="pushStatus">上拉显示更多</div>
```

在 <style/> 标签中插入：

```
header {
  width: 100%;
  height: 130px;
  box-sizing: border-box;
  padding: 4px 10px;
}

header .banner {
  width: 100%;
  height: 100%;
}

section {
  position: relative;
  width: 100%;
  height: auto;
  box-sizing: border-box;
  padding: 0 8px;
}

.content {
  width: 100%;
  height: 100%;
}

.ware {
  position: relative;
  width: 100%;
  height: 145px;
  box-sizing: border-box;
  padding-top: 15px;
  padding-bottom: 15px;
  border-bottom: 1px solid #d1d1d1;
}

.ware .thumbnail {
  position: absolute;
  top: 20px;
  left: 0px;
  height: 100px;
  width: 100px;
}

.ware .info {
  width: 100%;
  height: 114px;
  box-sizing: border-box;
  padding-left: 112px;
  padding-right: 28px;
}

.ware .info .name {
  width: 100%;
  height: 15px;
  color: #555555;
  margin-top: 14px;
  font-size: 15px;
}

.ware .info .description {
```

```
  margin-top: 10px;
  width: 100%;
  height: 13px;
  font-size: 13px;
  color: #9d9d9d;
}

.ware .info .price-tag {
  margin-top: 10px;
  width: 100%;
  height: 12px;
  font-size: 12px;
  vertical-align: top;
}

.ware .info .price-tag .price {
  color: #e3007f;
}

.ware .info .price-tag .unit {
  font-size: 8px;
  color: #cbcbcb;
}

.ware .info .origin-price {
  margin-top: 5px;
  width: 100%;
  height: 10px;
  font-size: 10px;
  color: #d3d3d3;
}

.ware .control {
  position: absolute;
  width: 110px;
  height: 23px;
  right: 8px;
  top: 90px;
}

.ware .control .add {
  position: absolute;
  top: 0;
  right: 0;
  width: 23px;
  height: 23px;
  z-index: 2;
}

.push-status {
  width: 100%;
  height: 40px;
  font-size: 16px;
  color: #888;
  line-height: 40px;
  text-align: center;
  background-color: #fff;
}

.active {
```

```
  opacity: 0.7;
}
```

这里使用常用的 Web 技术即可实现，不再赘述。此时页面是静态的，没有加载实际数据，后面会学习如何通过网络通信为其加入真实数据。显示效果如图 2-13 所示。

图 2-13

2.4.3　制作悬浮购物车信息栏

下面实现悬浮的购物车信息 Frame，建立 html/minicart_frame.html 文件，清空 <style/> 标签、<body/> 标签和 apiready 函数的内容。在 <body/> 标签中插入以下代码：

```
<section>
  <span class="prefix">¥</span>
  <span id="amount" class="amount">0</span>
```

```
  <span id="count" class="count"></span>
</section>
```

在 <style/> 标签中插入以下代码：

```
html,body {
  height: 100%;
  background-color: transparent;
}

section {
  display: inline-block;
  box-sizing: border-box;
  padding: 4px;
  width: auto;
  height: 33px;
  min-width: 35px;
  line-height: 25px;
  color: #fff;
  font-size: 12px;
  background-image: url(../image/minicart.png);
  background-repeat: no-repeat;
  background-size: auto 33px;
  background-position: right center;
}

.count {
  display: none;
  box-sizing: border-box;
  padding-left: 4px;
  padding-right: 4px;
  width: auto;
  min-width: 25px;
  height: 25px;
  border-radius: 13px;
  background-color: #fff;
  text-align: center;
  color: #e3007f;
}
```

在 <body/> 标签中插入以下代码：

```
<section>
  <span class="prefix">¥</span>
  <span id="amount" class="amount">0</span>
  <span id="count" class="count"></span>
</section>
```

打开“html/main.html”，在 apiready 函数中插入：

```
api.openFrame({
  name: 'minicart_frame',
  url: './minicart_frame.html',
  rect: {
    x: 0,
```

```
      y: api.winHeight - 55,
      w: 150,
      h: 34
    },
    bounces: false      // 关闭弹动
  });
  api.bringFrameToFront({
    from: 'minicart_frame'
  });
```

这里首先通过 api.openFrame() 将购物车信息 Frame 打开，显示在指定位置，且显示的位置和大小通过 rect 参数指定。之后通过 api.bringFrameToFront() 将这个 Frame 移动到最前端。因为这个 Frame 是以固定位置的方式定位在 Window 中的，它会悬浮在 Window 的最上层，并且当 Tab 页上下滚动时也不会随着移动。效果如图 2-14 所示。

图 2-14

本 App 涉及的其他静态页面读者可以尝试自己完成，包括首页的城市选择页面，也可以在本节起始处的资源列表中找到已经写好的全部页面直接粘贴到 html 目录中。

2.4.4 跳转到登录页面

下面将介绍如何跳转到登录页面。

找到已完成的静态页面资源中的 html/login.html 和 html/login_frame.html，将它们复制到项目的 html 目录下。在 html/login.html 页面的 apiready 函数中插入以下代码：

```
var header = $api.dom("#header");
$api.fixStatusBar(header);
var headerH = $api.offset(header).h;
api.openFrame({
  name: 'loginFrame',
  url: './login_frame.html',
  rect: {
    x: 0,
    y: headerH,
    w: "auto",
    h: "auto"
  },
  bgColor: 'rgba(0,0,0,0)',
});
```

在 html/main.html 页面中，为个人中心图标（右上角）注册点击事件，代码如下：

```
<div class="right" tapmode onclick="fnOpenPersonalCenterWin()"></div>
```

在 <script/> 标签中插入以下代码：

```
function fnOpenPersonalCenterWin(){
  api.openWin({
    name: 'personalcenter',
    url: './login.html'
  }
);
```

这里通过 api.openWin() 打开个人中心页面，个人中心页面暂时显示为登录页面。在 html/login.html 页面中，为返回按钮（左上角）注册点击事件，代码如下：

```
<div class="back" tapmode onclick="api.closeWin()"></div>
```

这里直接在点击事件中调用 api.closeWin() 关闭当前 Window。效果如图 2-15 所示。

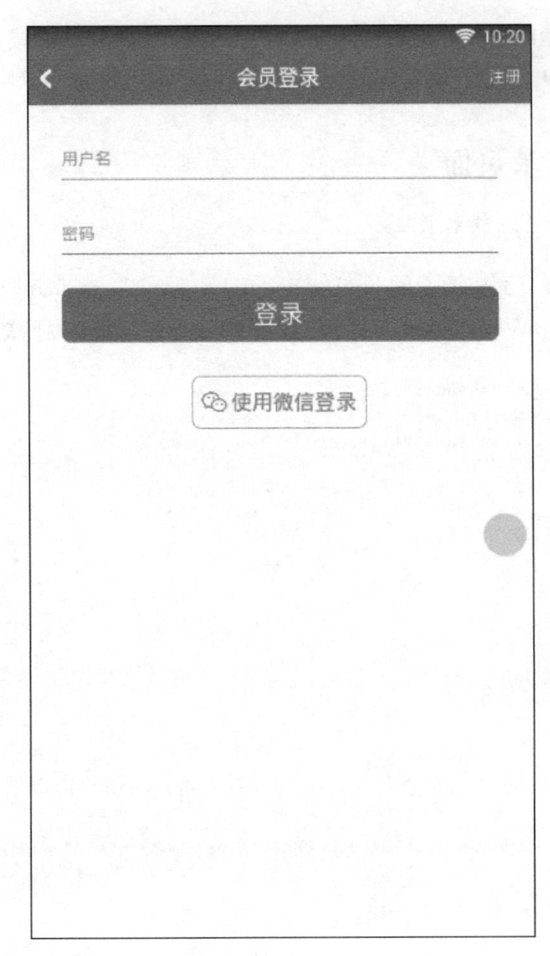

图 2-15

2.4.5　城市选择菜单和事件通信

下面完成城市选择菜单，建立 html/cityselector_frame.html 文件，在 <body/> 标签中插入以下代码：

```
<header>
  <div class="title">选择所需服务的地区</div>
</header>
<section id="list">
  <div class="city">北京</div>
  <div class="city">天津</div>
  <div class="city">西安</div>
</section>
```

在 <style/> 标签中插入以下代码：

```
html,body {
 height: 100%;
 background-color: rgba(0,0,0,0.7);
}

header {
  width: 100%;
  height: 96px;
}

header .title {
  box-sizing: border-box;
  width: auto;
  height: 96px;
  margin: 0 32px;
  padding-top: 64px;
  padding-bottom: 16px;
  border-bottom: 2px solid #c8026f;
  color: #fff;
  font-size: 14px;
  text-align: center;
}

section {
  width: 100%;
  height: auto;
}

.city {
  width: 100%;
  height: 55px;
  line-height: 55px;
  text-align: center;
  font-size: 22px;
  color: #fff;
}

.highlight {
  opacity: 0.7;
}
```

修改 html/main.html，为城市选择按钮的 div 添加点击事件，代码如下：

```
<div class="left" tapmode onclick="fnOpenCitySelectorFrame()">
  <div class="arrow" id="arrow"></div>
  <div class="city" id="city">北京市</div>
</div>
```

在 <script/> 标签中添加代码：

```
function fnOpenCitySelectorFrame(){
  var header = $api.byId("header");
  var headerH = $api.offset(header).h;
  api.openFrame({
    name: 'citySelectorFrame',
    url: './cityselector_frame.html',
    rect: {
```

```
        x: 0,
        y: headerH,
        w: 'auto',
        h: 'auto'
      },
      bgColor: 'rgba(0,0,0,0.8)'
    });
    $api.addCls($api.byId("arrow"),"active");
  }
```

这里通过 api.openFrame() 的 bgColor 参数设置了 Frame 背景色和透明度。

下面实现城市选择和关闭城市选择的 Frame，打开 html/cityselector_frame.html，为城市 div 添加点击事件，代码如下：

```
<div class="city" tapmode onclick="selectCity(0)">北京</div>
<div class="city" tapmode onclick="selectCity(1)">天津</div>
<div class="city" tapmode onclick="selectCity(2)">西安</div>
```

在 <script/> 标签中插入：

```
function selectCity(index_){
  var cities = $api.domAll(".city");
  var cityName = $api.html(cities[index_]);
  api.sendEvent({
    name: 'citySelected',
    extra: {
      cityName:cityName
    }
  });
}
```

这里在点击某个城市 div 时，获取当前 div 内的城市名称，并向引擎发送事件。事件名是 citySelected，附加信息是所选择的城市的名称。

打开 html/main.html，在 apiready 函数中添加以下代码：

```
api.addEventListener({
  name: 'citySelected'
}, function(ret, err){
  $api.removeCls($api.byId("arrow"), 'active');
  $api.html($api.byId("city"), ret.value.cityName);
  api.closeFrame({
    name: 'citySelectorFrame'
  });
});
     'active'
     );
  $api.html(
    $api.byId("city"),
    ret.value.cityName
    )
});
```

这里监听了事件 citySelected，在监听到之后触发后面的回调函数，关闭城市选择 Frame，之后修改箭头的指向并且更新城市名称。效果如图 2-16 所示。

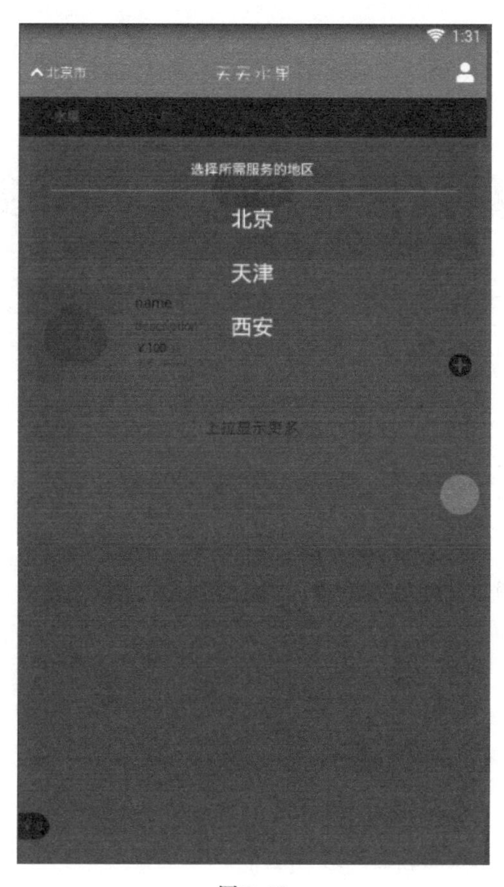

图 2-16

2.5 小结

本章搭建了示例 App 的整体 UI 架构，实现了界面之间的跳转，通过首页的静态页的编写，学习了一些实用的静态页面开发技术。

第3章

联调前后端数据接口，实现 App 数据从服务端动态获取

关于接口的详细信息请参阅接口文档[1]。

主要内容

在第 2 章编写出示例项目的静态页面后，本章会带领读者获取后端 API 数据并将其更新到示例项目中。

学习目标

（1）学习 APICloud 的常用通信技术和 API 接口。

（2）使用 `api.ajax()` 进行与后端通信。

（3）依据接口文档获取数据并更新到 App 中。

---

① 开源仓库中第一部分\示例项目资源\接口文档\server-api-v1.1.pdf。

3.1 APICloud 提供的数据通信能力和相关 API

APICloud 提供了对数据通信能力的封装，数据通信主要通过相应 API 的调用来实现。一些常见的 API 如 `api.ajax()` 可以让开发者快捷地进行 HTTP 请求且不用考虑跨域问题。

3.1.1 APICloud 支持的通信协议

APICloud 支持以下协议来进行数据通信：

- HTTP；
- HTTPS；
- TCP/UDP。

APICloud 从引擎级别支持原生的标准 HTTP 协议，支持跨域异步请求。同时，支持标准 HTTPS 协议、双向 HTTPS 证书、本地 HTTPS 证书加密和标准 TCP/UDP 协议，并且封装了标准的 Socket 接口。

3.1.2 用于 HTTP 通信的主要 API

APICloud 中用于 HTTP 通信相关的常用 API 包括：

```
api.ajax()            //发送请求
api.cancelAjax()      //取消请求
api.download()        //开始下载
api.cancelDownload() //取消下载
```

这里以 api.ajax() 为例，其提供了对 ajax 技术的实现，相对于使用 JavaScript 实现的 ajax，如 XMLHttpRequest 和 JQuery 等框架的 ajax，api.ajax 做了很多性能改进和优化适配，例如支持跨域、文件上传下载、自定义请求头信息等。常见的使用方式如下：

```
api.ajax({
    url: 'http://hostname/path',//请求的服务器地址及API路径
    method: 'post',//请求类型
    data: {//POST类型请求时所要传送的数据
        //以表单键值对的方式提交数据, 如 {"field1": "value1", "field1": "value2"}
        values: {
            name: 'pomelo'
        },
        //以表单方式提交文件
        files: {
            file: 'fs://a.gif'
        }
    }
```

```
}, function(ret, err) {
  //TODO 处理请求结果回调
  //ret = {
    //  progress: 100,          //上传进度,0.00-100.00
    //  status: '',             //上传状态，数字类型。(0：上传中、1：上传完成、2：上传失败)
    //  body: ''                //上传完成时，服务器返回的数据
  //}
});
```

关于 api.ajax() 的更多信息请参阅官方文档。

3.2　APICloud 数据云

APICloud 数据云简化了后端的生成和部署，使用 APICloud 数据云开发者可以采用图形界面操作的方式，快速地建立数据库、表、业务模型和相关的 API，这极大地简化了后端的开发。

3.2.1　APICloud数据云的用途

在一个 APICloud 应用中，默认数据云服务是关闭的。如果开发一个应用，开发者有自己的服务器，并且有服务器端团队开发服务端接口，那么 APICloud 数据云就完全不需要开启，因为应用的数据都是放在开发者自己的服务器和数据库中，与 APICloud 平台没有任何关系；只不过是用 APICloud 开发了一个 App，这个 App 从编译完生成 ipa 和 apk 包之后，跟 APICloud 就没有任何关系了。

但是，如果开发者没有自己的服务器，也没有自己的服务端开发团队为 App 实现接口，那么就可以选择使用 APICloud 数据云服务。APICloud 数据云可以提供图形化界面的方式帮助用户创建数据模型，并自动生成 RESTful 风格的 API，还可以保存文件。对于不同的 API 可以设置不同的访问权限（如角色和用户）。在控制台中还可以通过 API 调试页面快速验证接口和返回的数据。如果开发者选择 APICloud 数据云作为后端，在开发工具中可以直接使用封装好的数据云相关模块和前端框架来快速操作数据，这比直接调用 ajax 的方式要简单得多。

3.2.2　APICloud数据云的特点

APICloud 可以为用户提供数据云服务，数据云具有以下特点（如图 3-1 所示）。

- 无需搭建服务器、设计表结构，并且无需编写任何后端代码。
- 默认内置 user、file、role 等基础数据模型，可以根据应用需求，扩展字段或自定义其他数据模型。
- 在线可视化定义数据模型，根据数据模型自动生成 RESTful API。

- 在移动端通过云 API，操作云端数据模型，业务逻辑在 App 端实现。

注意

虽然APICloud是一个云端一体的平台，但是APICloud的端API和云API是可以分开使用的。开发者可以只使用端API开发App，服务器端自己来开发。也可以只用云API开发服务端，而App采用原生开发；或者云和端都使用APICloud开发。所以，APICloud数据云是一个可选的服务，开发者可以根据自己团队情况来选择使用。

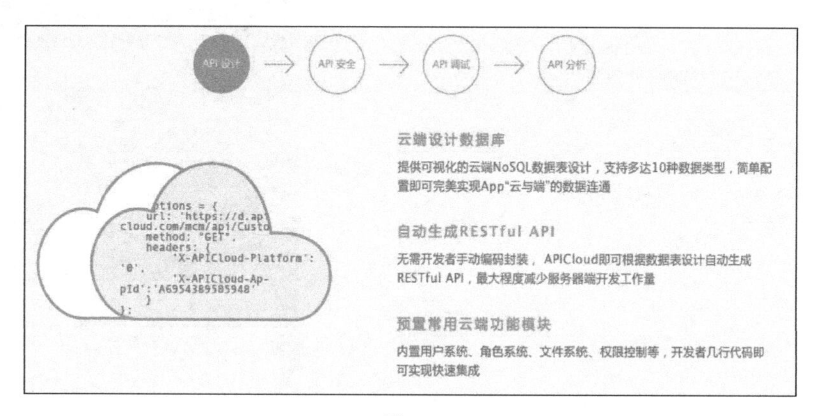

图 3-1

3.3 联调前后端数据接口，实现 App 数据从服务端动态获取

本节将带领读者学习在示例 App 中添加与服务器数据通信的能力。

3.3.1 实现用户注册功能

读者可能还没有实现用户注册的静态页面，在第 2 章中已经学习了制作静态页面和实现页面跳转的方法，读者可以自己实现这个静态页面或直接使用示例项目中已经完成的静态页面[①]。在完成这个静态页面后，项目中应该有 html/register.html 文件和 html/register_frame.html 文件。下面实现用户注册功能。

打开“html/register_frame.html”，为注册按钮添加点击事件：

```
<div class="btn" tapmode onclick="fnRegister()">注册</div>
```

在 <script/> 标签中添加函数：

① 开源仓库中第一部分\示例项目资源\静态网页。

```
function fnRegister(){
  var username = $api.byId("username");
  var password = $api.byId("password");
  var vusername = $api.val(username);
  var vpassword = $api.val(password);
  api.ajax({
    url: 'https://d.apicloud.com/mcm/api/user',
    method: 'post',
    headers: {
      "X-APICloud-AppId": "A6921544633372",
      "X-APICloud-AppKey":"2672b5911d8551540c1ea598e01c87fee217a1e5.1482500122476"
    },
    data: {
      values:{
        username:vusername,
        password:vpassword
      }
    }},
    function(ret, err){
      if (ret && ret.id){
        alert("注册成功！");
      } else {
        alert("注册失败！");
      }
    }
  );
}
```

这里获取到用户输入的用户名和密码内容，通过 api.ajax() 发送请求，url 参数为要请求的地址，method 参数声明本次请求为 POST 请求，即提交请求，data:{value:{}} 是提交的数据，最后通过回调函数判断请求是否成功，如图 3-2 所示。

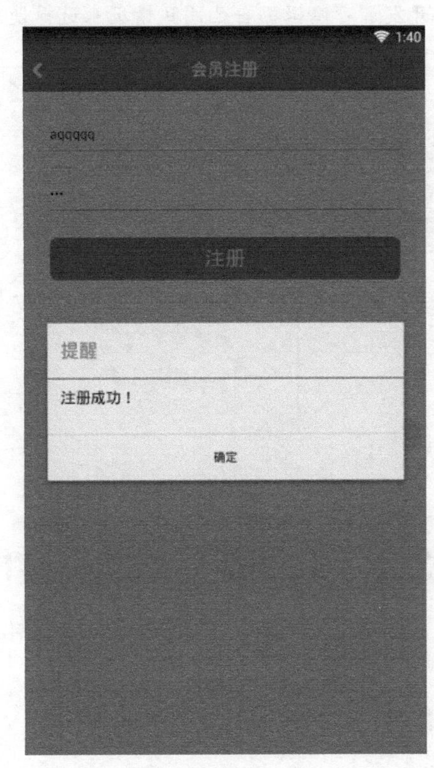

图 3-2

3.3.2　实现用户登录功能

利用第 1 章学到的知识，制作静态的登录页面，它们分别是 html/login.html 和 html/login_frame.html。

打开 html/login_frame.html，为登录按钮注册点击事件：

```
<div class="btn" tapmode onclick="fnLogin()">登录</div>
```

在 <script/> 标签中添加函数：

```
function fnLogin(){
  var username = $api.byId("username");
  var password = $api.byId("password");
  var vusername = $api.val(username);
  var vpassword = $api.val(password);
  api.ajax({
```

```
    url: 'http://d.apicloud.com/mcm/api/user/login',
    method: 'post',
    headers:{
      "X-APICloud-AppId": "A6921544633372",
      "X-APICloud-AppKey":  "2672b5911d8551540c1ea598e01c87fee217a1e5.1482500122476"
    },
    data: {
      values: {
        username:vusername,
        password:vpassword
      }
    }
  },
  function(ret, err){
    if (ret && ret.userId) {
      alert("登录成功! ");
    }
    else {
      alert("登录失败! ");
    }
  });
}
```

效果如图 3-3 所示。

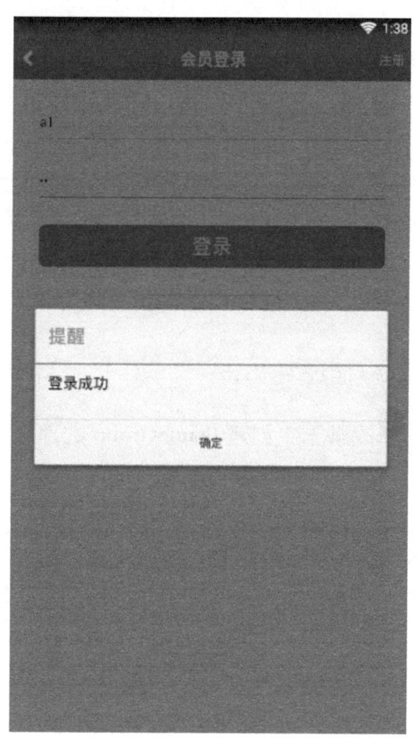

图 3-3

3.3.3 获取商品列表数据

打开 html/main_frame.html，在 apiready 函数中添加以下代码：

```
var params = {
  fields: {},
  where: {
    supportAreaId: "56c80e0c789b068408ab5a6f",
    wareTypeId: api.pageParam.wareTypeId
  },
  skip: 0,
  limit: 5
};
api.ajax({
  url: 'http://d.apicloud.com/mcm/api/ware?filter=' + $api.jsonToStr(params),
  method: "get",
  headers:{
    "X-APICloud-AppId": "A6921544633372",
    "X-APICloud-AppKey": "2672b5911d8551540c1ea598e01c87fee217a1e5.1482500122476"
  }},
  function(ret, err){
    if (ret) {
      console.log($api.jsonToStr(ret));
    }
  }
);
```

在加载 5 个 Tab 页面时会调用 api.ajax() 发送请求，params 作为 url 参数的一部分被发送，supportAreaId 和 wareTypeId 分别是当前地区和分类类别。这里，当前地区默认为北京（"56c80e0c789b068408ab5a6f" 是项目内初始化的北京地区的标识），wareTypeId 为打开 FrameGroup 时传入的类别参数。

console.log() 中传入的字符串会输出在调试工具中，这样调试就非常方便。

打开“html/main.html”，修改脚本中创建 FrameGroup 的部分：

```
var frames = [];
for (var i = 0; i < 5; i++) {
  frames.push({
      name: 'main_frame_' + i,
      url: './main_frame.html',
      pageParam: {
        wareTypeIndex: i
      }
    }
  );
}
frames[0].pageParam.wareTypeId = "56c80da883af652643474b6b";
frames[1].pageParam.wareTypeId = "56c80db78d04c83d3d1dedea";
```

```
frames[2].pageParam.wareTypeId = "56c80dc031da9e480de1cb49";
frames[3].pageParam.wareTypeId = "56c80dc383af652643474b6d";
frames[4].pageParam.wareTypeId = "56c80dc88d04c83d3d1dedf3";
```

这里分别为每个 frame 传送了真实的分类标识（项目内部使用）。

现在运行项目，会弹出 5 个窗口，并在命令行窗口中分别显示 5 个 Tab 页所加载的JSON 数据。

3.3.4 显示商品列表

接下来根据数据内容，为 Tab 页面生成商品列表，修改 html/main_frame.html 中获取商品列表的回调函数：

```
if (ret) {
  var list = $api.byId("list");
  list.innerHTML = "";
  for(var i in ret){
    var ware = ret[i];
    $api.append(
      list,
      '\
      <div class="ware">\
      <div class="content">\
      <img class="thumbnail" src="' + ware.thumbnail.url + '">\
      <div class="info">\
      <div class="name">' + ware.name + '</div>\
      <div class="description">' + ware.description + '</div>\
      <div class="price-tag">\
      <span class="price">￥' + ware.price + '</span>\
      <span class="unit">/kg</span>\
      </div>\
      <div class="origin-price">超市:\
      <del>￥' + ware.originPrice + '</del>\
      </div>\
      </div>\
      <div class="control">\
      <img class="add" src="../image/add.png">\
      </div>\
      </div>\
      </div>\
    ');
  }
}
else {
  alert( JSON.stringify( err ) );
}
```

这里将获得的商品列表循环插入到页面中，并且每个 Tab 显示了不同的内容，如图 3-4 所示。

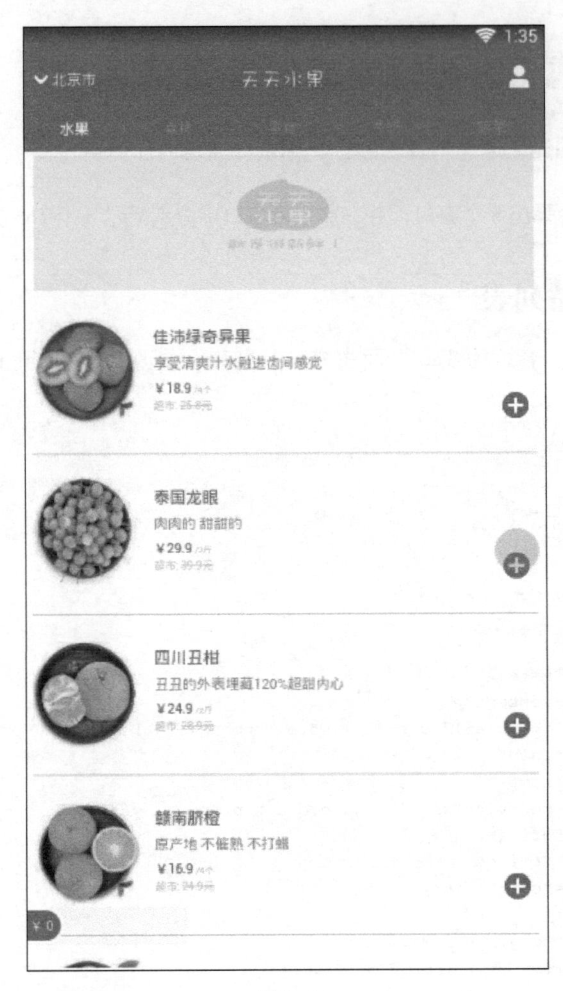

图 3-4

3.4　小结

本章学习了如何使用 `api.ajax()` 函数调用后端接口，实现用户登录、注册和商品列表加载的功能。本章为了讲解方便，城市 ID 和商品分类 ID 都使用了项目内的默认值；在实际的项目当中，首页中的城市信息列表和商品分类数据都是需要通过调用接口获得的，请读者尝试自己完成。读者也可以在本书第一部分项目源码所在的 GitHub 仓库[①] 里找到这部分的完整实现代码。

① 开源仓库中第一部分\示例项目资源\完整项目\widget。

第 4 章

加载更新服务端数据，实现本地的数据存储

主要内容

在第 3 章中已经介绍了 APICloud 和后端交互的机制，并将商品列表根据数据进行了显示。本章将学习 doT 模板引擎的基本使用，本地存储和图片缓存的使用，以及下拉刷新、上拉加载的实现。让读者理解 APICloud 应用沙箱结构，掌握 APICloud 资源访问协议使用、常用对话框窗口的使用、窗口间的通信机制和 APICloud 平台的事件机制。

学习目标

（1）学习 doT 模板引擎的使用。

（2）学习本地存储和图片缓存。

（3）下拉刷新、上拉加载的实现。

（4）理解 APICloud 应用沙箱结构。

（5）掌握 APICloud 资源访问协议使用。

（6）学习常用对话窗口的使用。

（7）学习窗口间的通信机制。

（8）学习 APICloud 平台的事件机制。

4.1 使用 doT 模板引擎

第 3 章中，在获取商品列表后，使用 JavaScript 脚本拼接的方式生成了商品列表的多个 HTML 元素（字符串），并将它们插入到相应位置。在实现过程中可以看到大量字符串拼接操作和逻辑控制，这样做是烦琐的，因为 JavaScript 不是标记语言，不适合生成 HTML 代码。使用 doT 模板引擎可以扩展 HTML 的语法，方便实现数据和页面分离，简化动态生成 HTML 的过程。

例如想要在一个 <div/> 标签中显示变量 `user.name`，那么一般需要构建这样的 JavaScript 脚本：`var html = '<div>' + user.name +  '</div>';`，而使用 doT 模板引擎之后可以使用这样的语法：`<div>{{=user.name}}</div>`。

下面提供一个具体的 doT 示例：

```
<!DOCTYPE html>
<html>
<head>
  <script type="text/javascript" src="http://olado.github.io/doT/doT.min.js"></script>
</head>
<body>
</body>
<script type="text/template" id="template">
  {{~ it:user:index }}
    {{? user.deleted !== true}}
      <div>{{= index + 1}}</div>
      <div> {{= user.name }}</div>
      <hr>
    {{?}}
  {{~}}
</script>
<script type="text/javascript">
  var users = [
    {name:"姓名1"},
    {name:"姓名2",deleted:true},
    {name:"姓名3"}
  ]

  var strTemplate = document.getElementById("template").innerHTML;//获取doT模板
  var fnTemplate = doT.template(strTemplate);//编译为模板函数
  strTemplate = fnTemplate(users);//通过模板函数生成HTML字符串
  document.body.innerHTML = strTemplate;
</script>
</html>
```

这是一个完整的 HTML 页面。首先在 <head></head> 中引入 doT 模板引擎的 JavaScript 文件。第一个 <script></script> 标签内的内容就是 doT 模板的内容，第二个 <script></script> 标签中做了下面的事：

（1）准备测试用数据（users）；

（2）获取模板内容（strTemplate）；

（3）根据模板内容编译为模板函数（fnTemplate）；

（4）使用编译好的模板函数生成 HTML 字符串，这里传入了参数 `users` 作为数据，返回的结构又给了 `strTemplate`；

（5）将 HTML 字符串插入 <body></body> 中。

在模板中，传入的数据默认用 it 表示。使用了数组遍历 `{{~ it:user:index }} {{~}}`，这之间的标记会被重复输出。`{{? user.deleted !== true}} {{?}}` 是条件判断。`{{= user.name }}` 会输出变量内容。运行结果如图 4-1 所示。

关于 doT 的更多语法可以在它的官方网站找到。

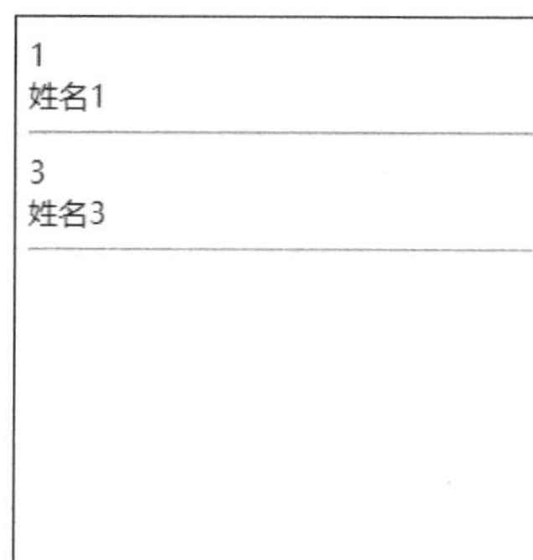

图 4-1

4.2　本地存储和图片缓存

数据的本地存储和图片缓存可以极大地提高 App 的用户体验、提高 UI 响应速度、减少网络使用。本节将介绍数据的本地存储和图片缓存。

4.2.1　uzStorage

APICloud 提供了 uzStorage 来提供类似 localStorage 的功能，但是比 localStorage 更适合混合 App 开发。uzStorage 比标准的 localStorage 更安全也更易用，例如 localStorage 有大小限制、异步会导致一些安全问题、不能存储对象等问题，但这些问题均在 uzStorage 中得到了解决。通过下面的 API 控制 uzStorage：

```
$api.getStorage("key"); 获取数据
$api.setStorage("key","value");存储数据
$api.rmStorage("key");移除保存的数据
$api.clearStorage();清空本地存储
```

4.2.2　偏好设置

APICloud 提供了针对系统原生偏好设置操作的 API（如 Android 的 preference 和 iOS 的 plist），使用键值对的方式存储。通过下面的 API 控制偏好设置：

```
api.getPrefs("key");//获取偏好设置
api.setPrefs("key","value");//设置偏好设置
api.removePrefs("key");//删除偏设置
```

4.2.3 文件

APICloud 提供了标准的文件操作接口，支持同步和异步的调用方式。使用下面的 API 操作文件：

```
api.readFile({
  sync:false,//是否同步，默认false
  path:"PathToFile"//文件路径，支持绝对路径和文件路径协议如fs://、widget://等
}, function(ret,err){
    //ret = {status:true,data:""}
    //err = {code:0,msg:""}
});
api.writeFile({
  path:"PathToFile",//文件路径，支持绝对路径和文件路径协议如fs://、cache://等，不支持widget://目录，该目录只读
  data:"data",//文件内容
  append:false//是否以追加方式写入数据，默认false，会清除之前文件内容
}, function(ret,err){
    //ret = {status:true}
    //err = {code:0,msg:""}
});
```

关于 API 的详细信息请参阅文档。如果想获得更多对文件操作的能力请使用“fs”模块：

```
var fs = api.require('fs');

//创建文件
fs.createFile({
  path:'path/to/file'  //文件路径
},function(ret,err){
  //ret = {status: true}    是否成功
})

//删除文件
fs.remove({
  path:'path/to/file'  //文件路径
},function(ret,err){
  //ret = {status: true}    是否成功
})

//获取文件数据的MD5值
fs.getMD5({
  path:'path/to/file'  //文件路径
},function(req,err){
  //req = {
    //  status:true, 是否成功
    //  md5Str:'' 文件数据的MD5值
    //}
})
```

“fs”模块还提供了很多操作文件和目录的方法，请参阅相关文档。关于如何引入第三方模

块会在后面的章节中介绍。

4.2.4　database

使用“db”模块操作数据库，“db”模块封装了手机常用数据库 sqlite 的增删改查语句，可实现数据的本地存储，极大地简化了数据持久化问题，并且支持同步接口。“db”模块的使用如下：

```
var db = api.require('db');

//打开数据库，若不存在则创建新的数据库
db.openDatabase({
      name: 'name',  //数据库名称
      path:'path'          //数据库所在路径，不传时使用默认创建的路径，可选
}, function(ret, err) {
  //ret = {status:true} 是否创建成功
});

//关闭数据库
db.closeDatabase({
    name: 'name'//数据库名称
}, function(ret, err) {
  //ret = {
    //  status:true  是否成功
    //}
});

//执行SQL语句
db.executeSql({
    name: 'name',//数据库名称
    sql: 'CREATE TABLE Persons(Id_P int, LastName varchar(255), FirstName varchar(255), A
ddress varchar(255), City varchar(255))'//要执行的SQL语句
}, function(ret, err) {
  //ret = {status:true} 是否执行成功
});


//查询SQL
db.selectSql({
    name: 'name',//数据库名称
    sql: 'SELECT * FROM Persons'//查询SQL字符串
}, function(ret, err) {
  //ret = {
    //  status:true,  是否执行成功
    //    data:[]        查询到的数据
    //}
});
```

关于“db”模块的更多内容请参阅相关文档。

4.2.5　存储容量

APICloud 提供了关于存储容量的 API，代码如下：

```
api.getFreeDiskSpace({
  sync:false//执行结果的返回方式。为false时通过callback返回，为true时直接返回，默认false
}, function(ret,err){
    //ret = {size:1024} 剩余存储空间大小，单位为Byte，数字类型。(-1：无存储设备、-2：正在准备USB存储设备、-3：无法访问存储设备)
});

api.getTotalSpace({
  sync:false //执行结果的返回方式。为false时通过callback返回，为true时直接返回，默认false
}, function(ret,err){
    //ret = {size:1024} 总存储空间大小，单位为Byte，数字类型。(-1：无存储设备、-2：正在准备USB存储设备、-3：无法访问存储设备)
});

api.getCacheSize({
  sync:false//执行结果的返回方式。为false时通过callback返回，为true时直接返回，默认false
}, function(ret,err){
    //ret = {size} 缓存大小，单位为Byte，数字类型。(-1：无存储设备、-2：正在准备USB存储设备、-3：无法访问存储设备)
});

api.clearCache({
  timeThreshold:10//(可选项) 清除多少天前的缓存，默认0
}, function(ret,err){
   //清除完成
});
```

4.2.6　沙箱机制

在 Android 和 iOS 中均采用虚拟沙箱的机制来保障数据存储的安全和独立，App 只能访问自己文件系统的沙箱区域。沙箱位置如下。

- Android 的默认沙箱位置：sdcard/UZMap/appId。
- iOS 的默认沙箱位置：Documents/uzfs/appId。

可以通过修改 config.xml 中的 sandbox 属性来指定 Android 沙箱位置：

```
<widget id="A1234567890123", sandbox="myBox">
```

通过以上配置，App 将在 Android 手机的外部存储（如 SD 卡）的根目录中建立名为“myBox”的目录，并以该目录作为本 App 的沙箱目录，App 运行过程中动态产生的资源文件将存储在该目录及其子目录下，并且这些资源不会随着 App 的卸载而清除。

4.2.7　资源访问协议

APICloud 资源被存放在 App 安装包（ipa 包或者 apk 包）中或应用沙箱中。沙箱分为 APICloud 应用虚拟沙箱和 Native 应用真实沙箱，真实沙箱是操作系统为 App 在设备内部存储上分配的空间，不可见，只允许 App 本身访问。访问这些位置的资源可以使用如下协议：

- widget:// (访问安装包中的资源，根目录指向你的项目代码根路径，即 widget 路径。只读属性)；
- fs://(访问 APICloud 应用虚拟沙箱中资源，根目录指向 4.2.6 节描述的目录，可读可写)；
- cache:// (访问本地缓存中的资源，存储在该路径下的资源，在调用 api.clearCache 时将被清除。可读可写)；
- box:// (访问应用真实沙箱中的资源，私密数据建议使用本协议操作。可读可写)。

相关路径可以通过如下代码获取：

- api.wgtDir (返回 widget 包根路径)；
- api.fsDir (返回 APICloud 应用虚拟沙箱根路径)；
- api.cacheDir (返回缓存根路径)；
- api.boxDir (返回应用真实沙箱根路径)。

4.2.8 图片缓存

对于图片缓存，可使用如下代码：

```
var img = $api.byId("myImg");
api.imageCache({
  url:'http://example.com/dir/file.png'
},function(ret,err){
    if(ret && ret.status == true){
      img.src = ret.url;
    }
    else{
      //处理错误
    }

});
```

上述代码首先在参数中指定了要缓存的远程图片路径 (`url`)，在之后的回调函数中判断是否缓存成功 (`if(ret && ret.status == true){}`)，如果成功就可以使用 `ret.url` 来更新 <img> 标签。`ret.url` 是图片缓存到本地后的路径。

这里实现了图片缓存，App 在第一次从指定位置加载图片后会缓存到本地存储上面，下次使用时会直接调用缓存，以此提升加载速度和渲染效率。

关于 API 更详细的信息请参阅相关文档。

4.3 下拉刷新、上拉加载的实现

大部分 App 都具有下拉刷新和上拉加载功能，在列表页用户可以下拉页面进行刷新、上拉到页面底部以加载更多内容，本节将介绍这些功能。

4.3.1 下拉刷新

使用API可以直接定义下拉刷新功能，代码如下：

```
api.setRefreshHeaderInfo({
  loadingImg: 'widget://image/refresh.png',
  bgColor: '#ccc',
  textColor: '#fff',
  textDown: '下拉刷新...',
  textUp: '松开刷新...',
  showTime: true
}, function(ret, err){
  //TODO api.ajax()
  //这里去加载数据，加载完成后调用：
  api.refreshHeaderLoadDone()恢复刷新状态
});
```

在参数中设置下拉刷新组件的表现，回调函数会在下拉后触发，因此会在这里执行下拉触发后的逻辑。最后在适当地方关闭下拉刷新组件。APICloud模块Store中还有很多其他开发者提供的各种UI效果的下拉刷新模块，只需将其勾选到App模块列表中并按照对应的API使用即可。

4.3.2 上拉加载

上拉加载功能需要通过监听 scrolltobottom 事件实现，代码如下：

```
api.addEventListener({
  name: 'scrolltobottom',
  extra: {
    threshold: 300 // 距离底部还有多少触发scrolltobottom事件
  }
}, function(ret, err) {
  //触发执行
});
```

在回调函数中加载更多数据并显示即可。

4.4 事件机制

事件机制是APICloud App的重要机制，通过事件机制App可以进行页面内部、页面之间、页面与引擎之间的通信，也可以实现复杂JavaScript异步调用的解耦。

4.4.1 统一事件管理

APICloud全局事件机制，如图4-2所示。

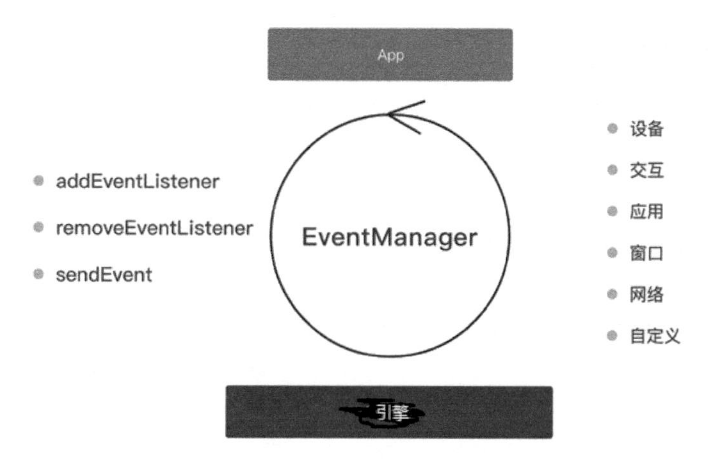

图 4-2

APICloud 事件与标准 DOM 事件使用方法基本相同，需要注意的区别是：DOM 事件是单页面的事件，而 APICloud 扩展事件都是全局事件，在整个 App 中全局有效，是由 APICloud 引擎统一进行事件管理的。所有 APICloud 扩展事件都会被放入事件队列中，引擎执行过程中会遍历处理这些事件。

4.4.2 事件管理 API

通过下面的 API 管理事件：

```
//监听事件
api.addEventListener({
  name:"event name",//事件名称
  extra:{
    key:value//附加信息
  }
}, function(ret,err){
    //ret为事件信息，通过ret.value获得发送事件时的附加信息
});

//移除事件监听器
api.removeEventListener({
  name:"event name" //事件名称
});

//发送事件
api.sendEvent({
  name:"event name",//事件名称
  extra:{}//附加信息，字符串或JSON对象
});
```

4.4.3 平台事件类型

平台提供的事件全部为英文小写，它们包括如下内容。

（1）设备相关

- 电池电量：batterylow、batterystatus。
- 物理按键：keyback、keymenu。
- 音量按键：volumeup、volumedown。

（2）网络相关

- 网络状态：online、offline。
- 云修复完成：smartupdatefinish。

（3）交互相关

- 手势：swipeup、swipedown、swipeleft、swiperight。
- 页面滚动到底部：scrolltobottom。
- 窗口全局点击：tap。
- 窗口长按：longpress。
- 状态栏通知被点击：noticeclicked。
- 启动页被点击：launchviewclicked。

（4）窗口相关

- 窗口显示：viewappear。
- 窗口隐藏：viewdisappear。

（5）应用相关

- 回到前台：resume。
- 进入后台：pause。
- 被其他应用调用：appintent。

关于 APICloud 扩展的更多事件请参阅 api 对象文档。

4.5 常用对话框窗口

APICloud提供了简便的API来显示对话框，这些对话框包含了实现大部分用户交互的需求。例如在询问用户是否同意某项操作时，使用 api.confirm() 即可，不必设计单独的页面。这些 API 的内容如下。

（1）提示对话框：

- api.alert()；
- api.confirm()；
- api.prompt()；
- api.toast()。

（2）状态对话框：

- api.showProgress()；
- api.hideProgress()。

（3）选择对话框：

- api.actionSheet()；
- api.openPicker()。

（4）其他：

- dialogBox 模块等。

其中的 api.confirm() 为：

```
api.confirm({
  title:"title",//标题，可选
  msg:"message",//内容，可选
  buttons:["button1","button2"] //按钮标题，若小于两个按钮，会补齐两个按钮；若大于3个按钮，则使用前3个按钮，可选
  }, function(ret,err){
    //ret.buttonIndex 按钮点击序号，从1开始
});
```

这里弹出了一个对话框，具有指定的提示信息且具有几个按钮供用户点击。其中 api.prompt() 为：

```
api.prompt({
  title:'标题',
    msg:'信息',
    text:'输入框默认文字',
    buttons: ['确定', '取消']
}, function(ret, err) {
    var index = ret.buttonIndex;//被点击的按钮序号，从1开始
    var text = ret.text;
});
```

api.prompt() 与 api.confirm() 类似，但是多了一个输入框。

api.showProgress() 和 api.hideProgress() 可用于显示一个加载对话框，示例如下：

```
api.showProgress({
  title:'加载中',
    text:'请稍等…'
})
//在适当的时候调用：
api.hideProgress()
```

api.actionSheet() 用于显示一组操作，例如获取图片时可以选择从图片库或照相机中获取，示例如下：

```
api.actionSheet({
    title: '选择图片',
    cancelTitle: '取消',
    buttons: ['照相机','图片库']
}, function(ret, err) {
    var index = ret.buttonIndex;//选择的按钮序号，从1开始
});
```

dialogBox 模块封装了多种不同风格的对话框，每一种风格都提供一个接口来调用，开发者可按照各个接口的样式来自定义对话框上的文字、图片样式等。关于 dialogBox 的更多内容请参阅官方文档。

4.6 在指定的窗口中执行脚本

api.execScript() 可以在指定的 Window 或者 Frame 中执行脚本，对于 frameGroup 里面的 Frame 也有效；若 name 和 frameName 都未指定，则在当前 Window 中执行脚本。示例如下：

```
var fn = '$api.html($api.byId("title"), "abc");';
api.execScript({
    name:"winName",
    frameName:"frameName",
    script:fn
})
```

这段代码将在名为 winName 的 Window 下，对应名为 frameName 的 Frame 内执行 fn 对应的代码，将目标 Frame 内 id 为 title 的元素值设置为“abc”。

4.7 加载更新服务端数据，实现本地的数据存储

本节将带领读者为示例 App 加载服务器数据并进行本地存储。

4.7.1 使用doT模板引擎显示商品列表

现在将第 3 章中的商品列表通过 doT 模板引擎实现。将 doT 模板引擎的 JavaScript 文件复制到项目“script”文件夹下。

在 html/main_frame.html 文件 <head></head> 标签中引入 doT 模板引擎：

```
<script type="text/javascript" src="../script/doT.min.js"></script>
```

在 <html></html> 标签中添加下面的代码：

```
<script type="text/template" id="wareTemplate">
  {{~ it:ware:index }}
    <div class="ware">
      <div class="content">
        <img class="thumbnail" src="{{= ware.thumbnail.url }}">
        <div class="info">
          <div class="name">{{= ware.name }}</div>
          <div class="description">{{= ware.description }}</div>
          <div class="price-tag">
            <span class="price">￥{{= ware.price }}</span>
            <span class="unit">/{{= ware.unit }}</span>
          </div>
          <div class="origin-price">超市:
            <del>￥{{= ware.originPrice }}</del>
          </div>
        </div>
        <div class="control">
          <img class="add" src="../image/add.png">
        </div>
      </div>
    </div>
  {{~}}
</script>
```

将获取商品信息的回调函数做修改如下：

```
function(ret, err){
  if (ret) {
    var strTemplate = $api.html(
```

```
        $api.byId("wareTemplate")
      );
      var fnTemplate = doT.template(strTemplate);
      strTemplate = fnTemplate(ret);
      var list = $api.byId("list");
      $api.html(list,strTemplate);
    } else {
      alert( JSON.stringify( err ) );
    }
  }
```

首先利用之前学到的 doT 模板引擎的知识，将模板字符串写在 <script></script> 标签中。然后在请求到商品信息后执行编译模板函数和生成 HTML 字符串，并将生成后的 HTML 字符串显示到页面上。编译模板函数的操作执行一次即可，可以在多次操作中复用，提升效率。使用 doT 模板引擎后的显示效果与使用字符串拼接的方式一致，如图 4-3 所示。

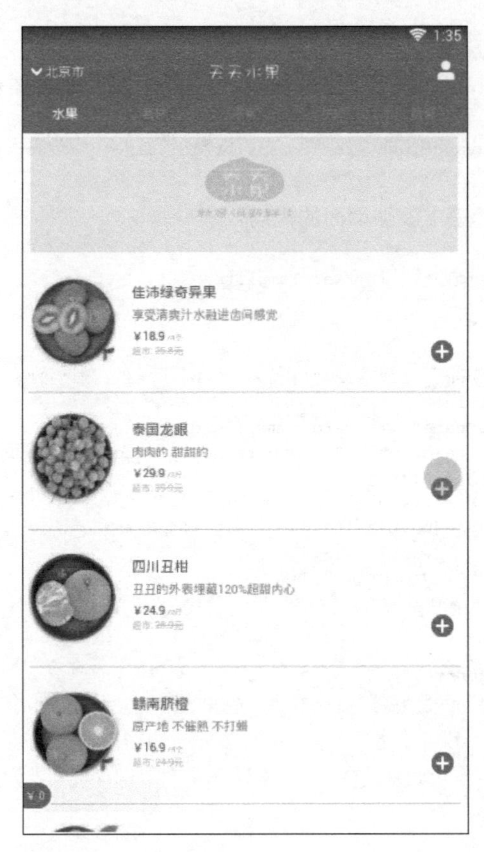

图 4-3

4.7.2　实现图片缓存

修改 doT 模板中商品图片的代码为：

```
<img onload="fnLoadImage(this)" data-url="{{= ware.thumbnail.url }}" class="thumbnail" sr
c="../image/default_rect.png">
```

在 <script></script> 标签中添加代码：

```
function fnLoadImage(ele_) {
  var dataUrl = $api.attr(ele_, 'data-url');
  if (dataUrl) {
    api.imageCache({
      url: dataUrl
    }, function(ret, err) {
      if (ret) {
        ele_.src = ret.url;
      }
    });
  }
}
```

这里先在模板引擎中将图像 url 放入 <img> 的 data-url 属性中，在 onload 被调用时读取 data-url 属性并调用 api.imageCache() 进行缓存，最后将缓存结果给 <img> 的 src 属性来进行图片加载。

4.7.3　实现下拉刷新

接下来实现下拉刷新功能。在 html/main_frame.html 中的 apiready 函数里加入：

```
fnLoadWares();
api.setRefreshHeaderInfo({
  loadingImg: 'widget://image/refresh.png',
  bgColor: '#fff',
  textColor: '#e1017e',
  showTime: true
}, function(ret, err) {
  fnLoadWares();
});
```

将获取商品列表的代码段移出 apiready 函数，封装为函数 fnLoadWares() 并进行适当修改，示例如下：

```
function fnLoadWares(){
  var params = {
    fields: {},
    where: {
      supportAreaId:  "56c80e0c789b068408ab5a6f",
      wareTypeId: api.pageParam.wareTypeId
    },
    skip: 0,
    limit: 5
  };
  api.ajax({
    url: 'http://d.apicloud.com/mcm/api/ware?filter=' + $api.jsonToStr(params),
    method: "get",
    headers: {
```

```
        "X-APICloud-AppId": "A6921544633372",
        "X-APICloud-AppKey":  "2672b5911d8551540c1ea598e01c87fee217a1e5.1482500122476"
      }
    }, function(ret, err){
      api.refreshHeaderLoadDone();
      if (ret) {
        var strTemplate = $api.html($api.byId("wareTemplate"));
        var fnTemplate = doT.template(strTemplate);
        strTemplate = fnTemplate(ret);
        var list = $api.byId("list");
        $api.html(list,strTemplate);
      } else {
        alert(JSON.stringify(err));
      }
    });
  }
```

在 apiready 函数中，页面打开的时候首先会加载一次商品列表，接着会通过 api.setRefreshHeaderInfo() 设置下拉刷新组件，在下拉进行后（回调函数被执行）会再次加载商品列表。最后修改了 api.ajax() 的回调函数，获取商品列表后通过 api.refreshHeaderLoadDone() 关闭下拉刷新组件，如图 4-4 所示。

图 4-4

4.7.4 实现上拉加载更多

在 html/main_frame.html 中的 apiready 函数里添加：

```
api.addEventListener({
    name: 'scrolltobottom',
    extra: {
        threshold: 300 // 距离底部还有多少触发scrolltobottom事件
    }
}, function(ret, err) {
    // 获取更多的商品
    fnLoadWares(true);
});
```

修改 fnLoadWares() 函数为：

```
var skip = 0;
var limit = 5;
function fnLoadWares(more){
  if(more){
    skip += limit;
  } else{
    skip = 0;
  }
  var params = {
    fields: {},
    where: {
      supportAreaId:  "56c80e0c789b068408ab5a6f",
      wareTypeId: api.pageParam.wareTypeId
    },
    skip: skip,
    limit: limit
  };
  api.ajax({
    url: 'http://d.apicloud.com/mcm/api/ware?filter=' + $api.jsonToStr(params),
    method: "get",
    headers:  {
        "X-APICloud-AppId": "A6921544633372",
        "X-APICloud-AppKey":  "2672b5911d8551540c1ea598e01c87fee217a1e5.1482500122476"
    }
    }, function(ret, err){
      if (ret) {
        var strTemplate = $api.html($api.byId("wareTemplate"));
        var fnTemplate = doT.template(strTemplate);
        strTemplate = fnTemplate(ret);
        var list = $api.byId("list");
        if(more){
          $api.append(list,strTemplate);
        }else{
        $api.html(list,strTemplate);
      }
      api.refreshHeaderLoadDone();
    } else {
      alert( JSON.stringify( err ) );
    }
  });
}
```

这里首先通过 `api.addEventListener()` 监听 `scrolltobottom` 事件，然后在事件触发后调用 `fnLoadWares(true)` 来加载更多的商品。`fnLoadWares()` 函数的唯一参数表示是否是加载更多。然后将 `skip` 和 `limit` 字段提出，当加载更多时更新 `skip` 的数值即可。最后在输出内容时分别使用 `$api.html()` 和 `$api.append()` 来处理不同的情况，在“零食”列表下可以体验效果，如图 4-5 所示。

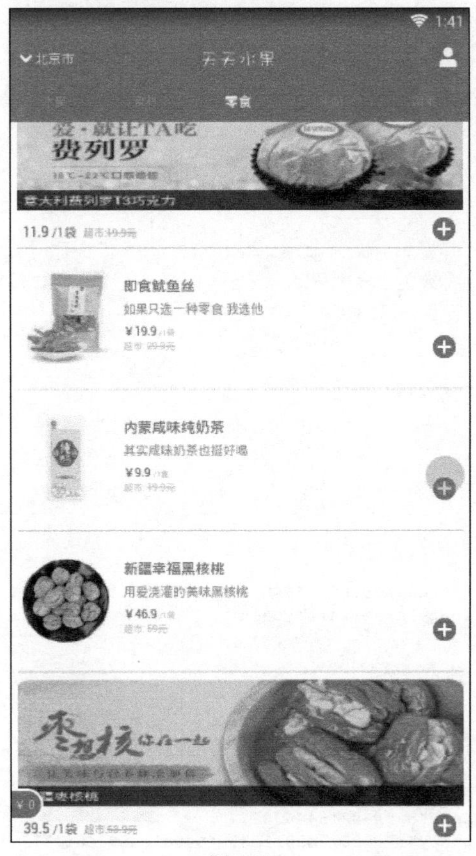

图 4-5

4.7.5　实现保存登录信息

接下来实现保存登录信息，这里会用到本地存储。在用户未登录时如果点击右上角的个人中心按钮，会跳转到登录页面，如果用户已登录则会跳转到个人中心页面。

请先完成个人中心的静态页面 html/personalcenter.html 和 html/personalcenter_frame.html。

修改 html/login_frame.html 中登录请求的回调函数为：

```
function(ret, err){
  if (ret && ret.userId) {
```

```
      $api.setStorage('userInfo', ret);
      api.closeToWin({
        name: 'main'
      });
    } else {
      alert("登录失败");
    }
  }
```

这里首先将登录成功返回的结果保存到本地存储的 `userInfo` 字段中。接着关闭当前屏幕 Window 栈里的所有 Window，回到名称为 `main` 的 Window（首页）。

```
function fnOpenPersonalCenterWin(){
  var userInfo = $api.getStorage('userInfo');
  if(userInfo){
    api.openWin({
      name: 'personalcenter',
      url: './personalcenter.html',
      pageParam: {
        userId: userInfo.userId
      }
    });
  } else{
    api.openWin({
      name: 'login',
      url: './login.html'
    });
  }
}
```

这里先获取本地存储中的 `userInfo` 字段，如果获取到，则打开个人中心页面，并使用其中的 `userId` 作为参数。如果获取不到则打开登录页面。

点击个人中心左下角的设置按钮进入设置页面，完成设置页面的静态页面 html/setting.html 和 html/setting_frame.html 的编写。

打开 html/setting_frame.html，为退出登录按钮添加点击事件：

```
function fnLogout() {
  api.confirm({
    title: '提示',
    msg: '是否退出登录',
    buttons: ['确定', '取消']
  }, function(ret, err) {
    if (ret) {
      if (1 == ret.buttonIndex) {
        $api.rmStorage('userInfo');
        api.closeToWin({
          name: 'main'
        });
      }
    }
  });
}
```

这里使用 `api.comfirm()` 来弹出交互对话框。在用户点击某个按钮后会调用回调函数，

ret.buttonIndex 是用户点击的按钮索引，如图 4-6 所示。

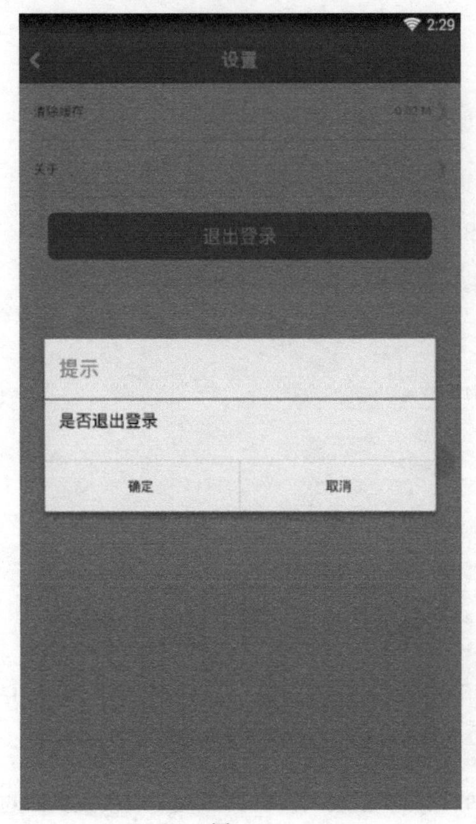

图 4-6

在个人中心页面内，个人信息可以通过调用相关的 API 获取，用户 ID 可以通过 api.pageParam.userId 获取。请自行完成这些功能。

4.7.6　实现清除缓存

下面实现清除缓存的功能，打开 html/setting_frame.html，在 apiready 函数中插入：

```
api.getCacheSize(function(ret) {
  var size = ret.size;
  size = parseInt((size / 1024 / 1024) * 100) / 100;
  var cacheSize = $api.byId('cacheSize');
  $api.html(cacheSize,size + ' M');
});
```

这里通过 api.getCacheSize() 获取缓存大小，并将它显示到页面上。

为“清除缓存”按钮添加点击事件：

```
function fnClearCache() {
  api.clearCache(function(){
    api.toast({
      msg: '缓存清除完毕'
    });
    setTimeout(function(){
      getCacheSize();
    }, 300);
  });
}
```

这里通过 `api.clearCache()` 清除缓存，之后弹出提示并在一定时间后重新获取缓存大小，如图 4-7 所示。

图 4-7

4.8 小结

本章学习了 doT 模板引擎的基本用法、本地存储和图片缓存的概念及实现方法、下拉刷新和上拉加载的实现方法、APICloud 沙箱结构的概念和资源访问协议的用法、常用对话框窗口的使用方法、窗口间的通信方法和 APICloud 平台的事件机制。

第 5 章

使用扩展模块 API，完成 App 所需功能实现

主要内容

本章主要讲解 APICloud 中扩展模块的使用。在示例项目中，图片轮播、原生输入框、地址选择菜单等都是通过模块实现的。

学习目标

（1）了解模块的基本概念。

（2）了解如何自定义扩展模块。

（3）学习使用 UIScrollPicture、UIInput 和 UIActionSelector。

5.1 APICloud 扩展模块

APICloud 是以模块的形式进行 API 的组织和管理，基于 APICloud 模块扩展机制，APICloud 官方、第三方机构和社区开发者为了丰富 UI 和功能提供了大量的扩展模块。开发者可根据自己的需要灵活选择相应模块，高度定制自己的 App。

5.1.1 APICloud端引擎架构

如图 5–1 所示，这是 APICloud 端引擎的架构示意图。APICloud 中许多功能是通过不同的模块提供的，如果现有模块不能满足开发者的需求，也可以将所需功能开发成新的模块并发布出来。

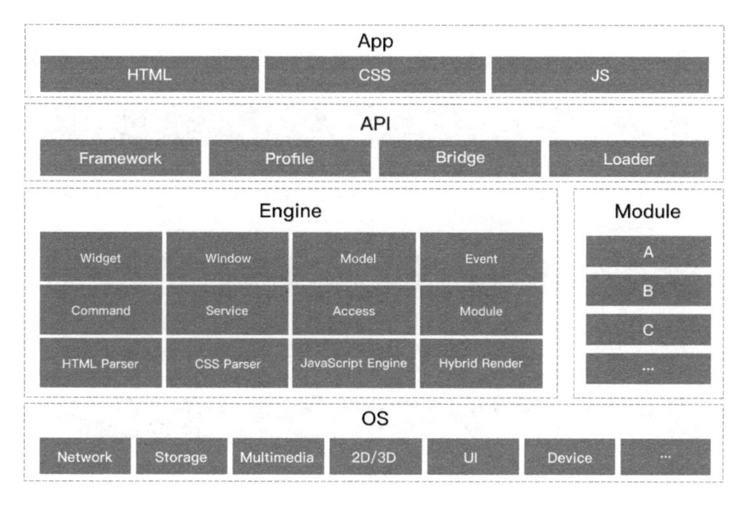

图 5–1

整个端引擎架构分为 4 层，最上层是 App。开发 APICloud App 使用的是标准的 HTML、CSS 和 JavaScript。APICloud 所有扩展的能力都是通过 JavaScript 的 API 来提供的。

API 层包括 4 个主要的功能模块：Framework 是前端框架，如 APICloud 官方提供的 api.js 或其他移动端框架都属于 Framework；Profile 通常用于提供 APICloud API 到其他平台的接口转换（如微信或 PhoneGap）；Loader 实现模块的加载，当调用 `api.require()` 方法时会使用 Loader 模块来加载指定模块；Bridge 负责 API 的桥接，当通过 JavaScript 调用模块的方法时 Bridge 模块会将调用桥接到引擎或模块的方法中。

引擎层包括 12 个主要模块：Widget、Window、Event 和 Command 模块在之前的章节已经介绍过了；Model 是对 APICloud 数据云中的数据模型进行管理；Service 是用于管理 APICloud 提供的云端服务，如版本管理、云修复、闪屏广告等；Access 就是实现上一章介绍过的应用沙箱和访问协议等；Module是用来管理模块的生命周期和方法调用。Module层中包括各类封装好的模块，可以通过api.require()来引入。HTML解析器、CSS解析器、JavaScript引擎是负责HTML5代码的解析和渲染；Hybrid Render则是APICloud核心的混合渲染模块。

OS层是操作系统接口。

5.1.2 APICloud模块调用过程

模块的调用过程如图5-2所示，在App中调用模块首先需要运行api.require()。引擎收到require命令后会去初始化模块。通过JavaScript调用模块方法时引擎会桥接到模块上的对应方法。APICloud模块中的大部分方法都是异步的，需要在调用时传入回调函数。当模块有数据返回的时候，就会通过notify的形式来通知引擎，并将模块处理完的数据交给引擎，然后引擎找到调用这个方法时所传递过来的callback函数，再通过调用callback的方式，将数据返回给App。

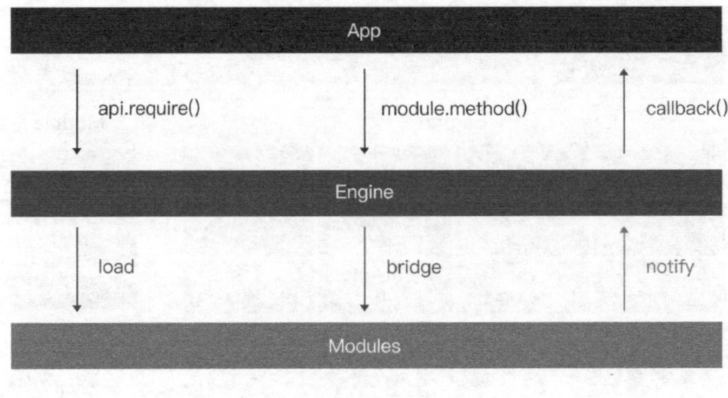

图5-2

5.2 自定义模块

APICloud提供了标准的模块扩展机制，开发者可以非常方便地将原生功能封装为APICloud模块。目前APICloud平台中大量的非官方模块就是由第三方服务厂商或个人开发者按照APICloud模块扩展机制来自定义扩展的。

自定义扩展模块需要按照如下步骤进行。

（1）绑定：JavaScript对象与Native模块实例绑定。

（2）桥接：通过module.json文件声明JavaScript对象与Native模块接口的对应关系。

（3）生命周期：通过引擎Native接口实现App生命周期同步，如创建、初始化、资源释放、销毁等。

（4）界面布局：UI 模块独立渲染，可以添加到 Window 或 Frame 中进行混合布局。

更多信息参阅官方文档：Android 模块开发指南、iOS 模块开发指南、模块设计规范、Android 模块审核规范、iOS 模块审核规范、自定义模块使用说明、APICloud 官方开源模块仓库[①]。

5.3　使用 UIScrollPicture

UIScrollPicture 是一个图片轮播模块，只需传入一组图片地址，即可实现图片轮播效果。

open 接口内的 rect 参数，可控制图片轮播区域的位置和大小。styles 参数可以设置轮播视图底部的标题文字大小及颜色，亦可设置底部页面控制器（几个小圆点）的位置和样式。

通常，App 的首页新闻或广告轮播展示是无限循环自动播放的，使用本模块可以快速实现相同的功能，只须在调用 open 接口时传入 loop 参数值为 auto 即可。每张图片自动轮播的时间间隔也可使用 interval 参数进行自定义。另外，我们可以使用 fixedOn 和 fixed 参数，让原生模块的视图真正地嵌入网页内，实现原生视图随 html 页面滚动渲染的效果，提升用户体验。

本图片轮播器是由原生代码开发，对于网络图片的展示更加人性化。模块内部会做缓存处理，第一次加载网络图片时，模块会根据其路径生成一个经过 MD5 运算的图片名，并缓存在缓存文件夹里。当用户下次打开同路径的图片时，模块将直接从缓存文件内读取该图片，从而大大节省了用户的流量。由于原生代码相对前端代码来说更具高效性，本模块相比于前端实现的图片轮播功能会更加流畅，内存管理得以优化。效果如图 5-3 所示。

图 5-3

① GitHub 上搜索“APICloud-Modules”。

下面是 UIScrollPicture 的使用方法：

```
var UIScrollPicture = api.require('UIScrollPicture');
UIScrollPicture.open({
    rect: {      //模块的显示位置和尺寸
      x: 0,
      y: 0,
      w: api.winWidth,
      h: api.winHeight
    },
    data: {          //显示图片的地址和标题
      paths: [     //地址列表
        'widget://res/img/apicloud.png',
        'widget://res/img/apicloud-gray.png',
        'widget://res/img/apicloud.png',
        'widget://res/img/apicloud-gray.png'
      ],
      captions: ['apicloud', 'apicloud', 'apicloud', 'apicloud'] //标题列表
    },
    styles: {          //显示样式
      caption: {  //标题样式
        height: 35,
        color: '#E0FFFF',
        size: 13,
        bgColor: '#696969',
        position: 'bottom'
      },
      indicator: {  //指示器样式
        dot:{
          w:20,
          h:10,
          r:5,
          margin:20
        },
        align: 'center',
        color: '#FFFFFF',
        activeColor: '#DA70D6'
      }
    },
     placeholderImg: 'widget://res/slide1.jpg',   //网络图片未加载完毕时，模块显示的占位图片，要求
本地路径（fs://、widget://）
    interval: 3,       //图片轮换时间间隔，单位是秒（s）
    fixedOn: api.frameName, //模块视图添加到指定frame的名字（只指frame，传window无效）
    loop: true,      //是否循环播放
    fixed: false       //模块是否不随所属window或frame滚动
  },
   function(ret, err) {
    //ret = {
    //  status:true,
    //  eventType:"click || show",//click是用户点击,show是模块打开
    //  index:0//当前图片的索引
    //}
  }
);
```

更多内容请参阅官方文档（UIScrollPicture 部分）。

5.4 使用 UIInput

打开新的页面后，会立即弹出键盘，这是 App 中很常见的功能，如登录注册、评论、聊天等页面。在大量的实践中我们发现，标准 HTML 的 input 标签，在实现这一功能时，是存在兼容问题的，不同厂商的手机可能无法准确的弹出键盘。为了解决这个问题，APICloud 扩展了 UIInput 模块，使用原生的方式进行适配。

UIInput 是一个输入框模块，开发者可通过配置相应的参数来控制输入框自动获取焦点，并弹出键盘。同普通的 UI 类模块一样，该模块也可通过 rect 来设置其位置和大小，通过 styles 参数设置其样式。为增强输入框功能，模块开放了 keyboardType 参数，开发者可通过设置该参数来控制其键盘类型，如图 5-4 所示。

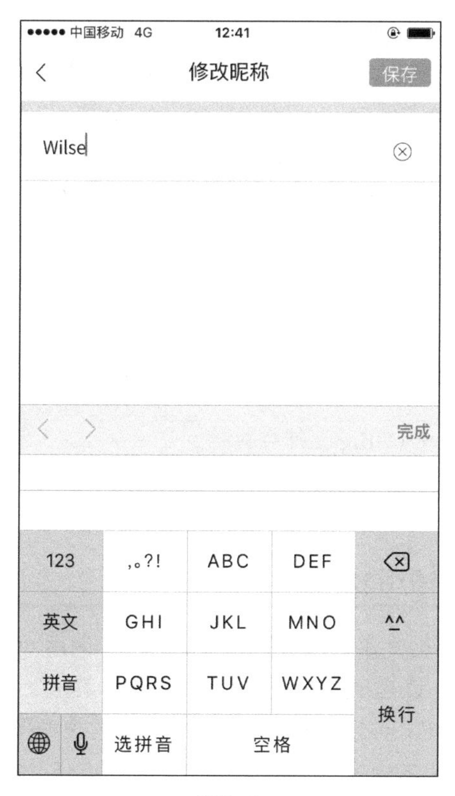

图 5-4

下面是 UIInput 的使用方法：

```
var UIInput = api.require('UIInput');
UIInput.open({
    rect: {   //显示位置和大小
      x: 0,
      y: 0,
      w: api.winWidth,
      h: 40
    },
    styles: {   //样式
      bgColor: '#fff',
      size: 14,
      color: '#000',
      placeholder: {
        color: '#ccc'
      }
    },
    autoFocus: false, //是否自动获取焦点
    maxRows: 4,   //最大行
    placeholder: '这是一个输入框',//占位字符串
     keyboardType: 'number', //default 默认键盘,number 数字键盘,search 搜索键盘,next 下一项,
send 发送,done 完成
    inputType:"text", // text 文本,password 密码（当maxRows = 1时有效）
    fixedOn: api.frameName      //模块视图添加到指定 frame 的名字（只指 frame，传 window 无效）
  }, function(ret) {
    //ret = {
    //  id:1,//输入框的id
     //  eventType = "show"//show 模块打开成功,change 输入框内容改变,search 点击搜索按钮,send 点
击发送按钮,done 点击完成按钮
    //}
  }
);
```

更多内容请参阅官方文档（UIInput 部分）。

5.5　使用 UIActionSelector

UIActionSelector 是一个支持弹出动画的多级选择器。调用 open 接口，会从当前 Window 底部弹出一个 action 选择器，该选择器在 iOS 平台上是立体滚轮效果的，在 Android 平台上是二维平面效果的。开发者可自定义该选择器的数据源，利用此模块做出一个城市地区选择器、公司部门选择器或菜单选择器等各种不同的选择器。效果如图 5-5 所示。

图 5–5

下面是 UIActionSelector 的使用方法：

```
var UIActionSelector = api.require('UIActionSelector');
UIActionSelector.open({
    datas: 'widget://res/city.json',   //数据对象或保存数据对象的文件地址
    layout: { //布局
      row: 5, //每屏显示的数据行数，超出的数据可以滑动查看，只能是奇数；默认：5
      col: 3, //数据源的数据级数，最多3级；默认：3
      height: 30, //每行选项的高度；默认：30
      size: 12,   //普通选项的字体大小；默认：12
      sizeActive: 14, //当前选项的字体大小；默认：同 size
      rowSpacing: 5,  //行与行之间的距离；默认：5
      colSpacing: 10, //列与列之间的距离；默认：10
      maskBg: 'rgba(0,0,0,0.2)',  //遮罩层背景，点击该区域隐藏选择器，支持 rgb,rgba,#,img；默认：
rgba(0,0,0,0.2)
      bg: '#fff', //选择器有效区域背景，支持 rgb,rgba,#,img；默认：#fff
      color: '#888',  //选项的文字颜色，支持 rgb,rgba,#；默认：#848484
      colorActive: '#f00',  //已选项的文字颜色，支持 rgb,rgba,#；默认：同 colorActive
      colorSelected: '#f00' //同colorActive
```

```
    },
    animation: true,     //弹出和隐藏时是否有动画效果
    cancel: {    //取消按钮设置
      text: '取消',
      size: 12,
      w: 90,
      h: 35,
      bg: '#fff',
      bgActive: '#ccc',
      color: '#888',
      colorActive: '#fff'
    },
    ok: { //确定按钮设置
      text: '确定',
      size: 12,
      w: 90,
      h: 35,
      bg: '#fff',
      bgActive: '#ccc',
      color: '#888',
      colorActive: '#fff'
    },
    title: {  //标题设置
      text: '请选择',
      size: 12,
      h: 44,
      bg: '#eee',
      color: '#888'
    },
    fixedOn: api.frameName //模块视图添加到指定 frame 的名字（只指 frame，传 window 无效）
  },
  function(ret, err) {
    //ret ={
    //  eventType: 'ok',           // 字符串类型；交互事件类型，取值范围如下：
    //                             // ok(表示用户点击了确定按钮)
    //                             // cancel(表示用户取消了选择器显示，包括点击取消按钮和遮罩层)
    //  level1: '河南省',          // 字符串类型；第一级选项的内容；只在 eventType 是 ok 时有效
    //  level2: '驻马店市',        // 字符串类型；第二级选项的内容；只在 eventType 是 ok 时有效
    //  level3: '泌阳县',          // 字符串类型；第三级选项的内容；只在 eventType 是 ok 时有效
    //  selectedInfo: [           // JSON对象；选中项的详细信息（open时传入的信息）
    //    {
    //      name:'河南省',
    //      id:'',                        // 字符串类型；第一级选项的内容；该字段为用户定义字段
    //      title:'',                     // 字符串类型；第一级选项的内容；该字段为用户定义字段
    //      ...
    //    },
    //    {
    //      name:'驻马店市',
    //      id:'',
    //      title:'',
    //      ...
    //    },
    //    {
    //      name:'泌阳县',
    //      id:'',
    //      title:'',
```

```
    //        ...
    //     }
    //   ]
    //}
  }
);
```

数据源的格式参照如下代码段：

```
[ //JSON 数组类型；第一级选择项数组
  {
    "name": "北京市",     //字符串类型；第一级选择项的名称
    "sub": [ //JSON 数组类型；第二级选择项数组
      {
        "name": "东城区" //字符串类型；第二级选择项的名称
      },
      {
        "name": "西城区" //字符串类型；第二级选择项的名称
      }
    ]
  },
  {
    "name": "河南省",        //字符串类型；第一级选择项的名称
    "sub": [ //JSON 数组类型；第二级选择项数组
      {
        "name": "郑州市", //字符串类型；第二级选择项的名称
        "sub": [           //JSON 数组类型；第三级选择项数组
          {
            "name": "中原区" //字符串类型；第三级选择项的名称
          },
          {
            "name": "金水区" //字符串类型；第三级选择项的名称
          }
        ]
      },
      {
        "name": "驻马店市",  //字符串类型；第二级选择项的名称
        "sub": [ //JSON 数组类型；第三级选择项数组
          {
            "name": "西平县" //字符串类型；第三级选择项的名称
          },
          {
            "name": "泌阳县" //字符串类型；第三级选择项的名称
          }
        ]
      }
    ]
  }
]
```

更多内容请参阅官方文档（UIActionSelector 部分）。

5.6　多媒体相关模块使用

api 对象下提供了操作多媒体资源的基础方法，如果这些方法不能满足开发需要，在 APICloud 模块 Store 上还有大量与多媒体功能相关的扩展模块可供使用，api 对象下的多媒体相关方法如下。

- 图片
  - 拍照或打开相册：api.getPicture()。
  - 保存到相册：api.saveMediaToAlbum()。
- 音频
  - 录音：api.startRecord、api.stopRecord。
  - 播放：api.startPlay、api.stopPlay。
- 视频
  - 播放：api.openVideo。
  - 录像或打开相册：api.getPicture()。

其他模块可通过在文档页面搜索相关功能来获取更多信息。

5.7　使用扩展模块 API，实现 App 所需功能

本节将带领读者在示例 App 中使用扩展模块 API。

5.7.1　实现商品详情页轮播图

下面实现商品详情页的轮播图功能。请先实现商品详情页的静态页面“html/ware.html”和“html/ware_frame.html”，在“html/main_frame.html”商品列表模板中添加点击事件：

```
<div class="ware" tapmode onclick="fnOpenWare('{{= ware.id }}')">
</div>
```

在 <script></script> 标签中添加函数：

```
function fnOpenWare(wareId_){
  api.openWin({
    name: 'ware',
    url: './ware.html',
    pageParam: {
      wareId:wareId_
```

```
    }
  });
}
```

在“html/ware.html”中打开 ware_frame 时也将商品 ID 参数传入到 frame 中。这样就可以在商品详情 frame 中使用 `api.pageParam.wareId` 来获取当前商品 ID 了。

在“html/ware_frame.html”中的 `<script></script>` 标签里插入：

```
apiready = function() {
  getWareInfo(api.pageParam.wareId);
};

function getWareInfo(wareId_) {
  var params = {
    fields: {},
    where: {
      id: wareId_
    },
    skip: 0,
    limit: 1,
    include: ['wareInfoPointer']
  }
  params = $api.jsonToStr(params);
  api.ajax({
    url: 'http://d.apicloud.com/mcm/api/ware?filter=' + params,
    method: 'get',
    headers: {
      "X-APICloud-AppId": "A6921544633372",
      "X-APICloud-AppKey": "2672b5911d8551540c1ea598e01c87fee217a1e5.1482500122476"
    }
  },
  function(ret, err) {
    if (ret) {
      fnUpdateWareInfo(ret[0]);
    } else {
      alert(JSON.stringify(err));
    }
  });
}


function fnUpdateWareInfo(ware_) {
  //这里更新界面内容，请自行补充
}
```

这里首先通过 `api.ajax()` 获取商品信息，然后执行 `fnUpdateWareInfo()` 来显示信息。

在显示轮播图的位置插入占位元素：

```
<div id="picture"></div>
```

下面主要修改 `apiready` 事件函数的内容：

```
var UIScrollPicture;
apiready = function() {
  var picture = $api.byId("picture");
  picture.style.width = api.winWidth + "px";
  picture.style.height = api.winWidth + "px";

  UIScrollPicture = api.require('UIScrollPicture');
  UIScrollPicture.open({
    rect: {
      x: 0,
      y: 0,
      w: api.winWidth,
      h: api.winWidth
    },
    data: {
      paths: [
        'widget://image/default_rect.png'
      ]
    },
    styles: {
      caption: {
        height: 35,
        color: '#E0FFFF',
        size: 13,
        bgColor: '#696969',
        position: 'bottom'
      },
      indicator: {
        align: 'center',
        color: '#FFFFFF',
        activeColor: '#DA70D6'
      }
    },
    placeholderImg: 'widget://image/default_rect.png',
    contentMode: 'scaleToFill',
    interval: 3,
    fixedOn: api.frameName,
    loop: true,
    fixed: false
  },
   function(ret, err) {
  });

  getWareInfo(api.pageParam.wareId);
};
```

这里初始化了UIScrollPicture，`<div id="picture"></div>`是用来在HTML中占位的，它和轮播图模块的位置和尺寸相同。虽然初始化了UIScrollPicture，但是其内容图片还没有获取，只显示了默认图片。

下面修改获取商品信息的fnUpdateWareInfo()函数：

```
function fnUpdateWareInfo(ware_) {
    //这里更新界面内容，请自行补充
```

```
    var paths = [];
    for(var i = 0; i < 6; i++){
      var key = "picture" + i;
      if(ware_.wareInfo[key]){
        paths.push(ware_.wareInfo[key].url);
      }
    }
    UIScrollPicture.reloadData({
      data: {
        paths:paths
      }
    });

  }
```

这里根据返回的数据生成图片地址数组，然后通过 `UIScrollPicture.reloadData()` 来更新显示。效果如图 5-6 所示。

图 5-6

5.7.2 使用UIInput实现原生输入框

打开“html/login_frame.html”，将 HTML 的用户名输入框替换为占位的 `<div></div>` 标签，这个标签的位置就是之后放置 UIInput 的位置，它的 id 是“username”。

下面主要修改 apiready 事件函数的内容：

```
var username;
apiready = function() {
  var usernameInput = $api.byId("username");
  var usernameOffset = $api.offset(usernameInput);

  var UIInput = api.require("UIInput");
  UIInput.open({
    rect: {
      x: usernameOffset.l,
      y: usernameOffset.t,
      w: usernameOffset.w,
      h: usernameOffset.h
    },
    styles: {
      bgColor: '#fff',
      size: 16,
      color: '#000',
      placeholder: {
        color: '#ccc'
      }
    },
    autoFocus: true,
    maxRows: 1,
    placeholder: '用户名',
    keyboardType: 'default',
    fixedOn: api.frameName
  },
  function(ret, err){
    if(ret.eventType === "change"){
      UIInput.value(ret.id,function(ret){
        username = ret.msg;
      })
    }
  });
};
```

这里打开 UIInput 作为用户名输入框，在回调函数中通过 ret.id 获取当前 UIInput 的 id，然后调用 UIInput.value() 传入这个 id；在回调函数中通过 ret.msg 获取输入框内容，并将内容保存在全局变量 username 中。在发送登录的 api.ajax() 中使用 username 作为用户名字段的数据即可。

密码输入框按照类似的方法创建，在使用 UIInput.open() 时传入参数 inputType:"password" 即可创建密码形式的输入框。效果如图 5-7 所示。

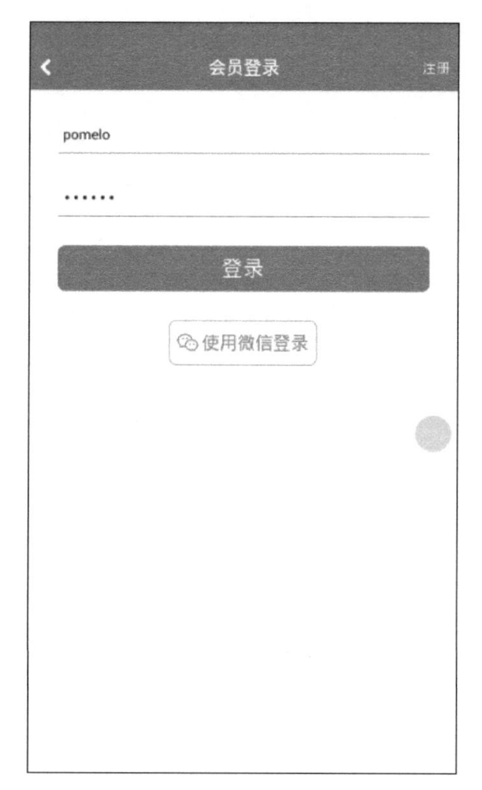

图 5-7

5.7.3　实现三级联动的城市选择器

我们来看如何实现个人中心里地址列表页的静态页面“html/address.html”和“html/address_frame.html”、地址设置页的静态页面“html/setaddress.html”和“html/setaddress_frame.html”。如果读者觉得麻烦，也可以直接在新的页面中实现一个地址选择器。

将示例项目中“res/city.json”文件复制到项目“res”文件夹下。打开“html/setaddress_frame.html ”，为“点击选择收货所在的区域”部分注册点击事件：

```
<div class="option" tapmode onclick="fnOpenActionSelector();">
  <div class="name">所在区域: </div>
  <div id="area" class="select">点击选择收货所在的区域</div>
  <div class="arrow-right-highlight"></div>
</div>
```

在 <script></script> 标签中插入：

```
function fnOpenActionSelector() {
  var UIActionSelector = api.require('UIActionSelector');
```

```
    UIActionSelector.open({
      datas: 'widget://res/city.json',
      layout: {
        row: 5,
        col: 3,
        height: 30,
        size: 12,
        sizeActive: 14,
        rowSpacing: 5,
        colSpacing: 10,
        maskBg: 'rgba(0,0,0,0.2)',
        bg: '#fff',
        color: '#888',
        colorActive: '#f00',
        colorSelected: '#f00'
      },
      animation: true,
      cancel: {
        text: '取消',
        size: 12,
        w: 90,
        h: 35,
        bg: '#fff',
        bgActive: '#ccc',
        color: '#888',
        colorActive: '#fff'
      },
      ok: {
        text: '确定',
        size: 12,
        w: 90,
        h: 35,
        bg: '#fff',
        bgActive: '#ccc',
        color: '#888',
        colorActive: '#fff'
      },
      title: {
        text: '请选择',
        size: 12,
        h: 44,
        bg: '#eee',
        color: '#888'
      },
      fixedOn: api.frameName
    },
    function(ret, err) {
      if (ret && ret.eventType === "ok") {
        var area = $api.byId('area');
        $api.html(area, ret.level1 + ret.level2 + (ret.level3 ? ret.level3 : ''));
      }
    });
  }
```

这里创建了一个 UIActionSelector 模块，使用“res/city.json”文件初始化选择数据。在回调函数中，如果用户点击“确定”按钮则将选择结果进行拼接并显示到页面上。效果如图 5-8 所示。

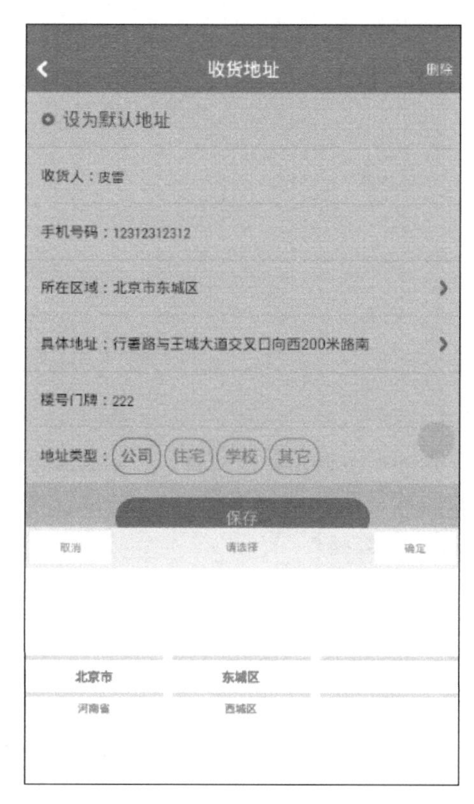

图 5-8

5.7.4　实现头像上传

打开“html/personalcenter_frame.html”，为头像区域注册点击事件：

```
<div class="icon-panel" tapmode onclick="fnSelectAvatar()">
  <div id="icon" class="icon"></div>
</div>
```

在 <script></script> 标签中插入：

```
function fnSelectAvatar() {
  api.actionSheet({
      title: '选择头像',
      cancelTitle: '取消',
      buttons: ['相机', '相册']
    },
    function(ret, err) {
      if (ret && ret.buttonIndex != 3) {
        var sourceType = ret.buttonIndex == 1 ? 'camera' : 'album';
        api.getPicture({
            sourceType: sourceType,
```

```
            mediaValue: 'pic',
            destinationType: 'url',
            allowEdit: true
          },
          function(ret, err) {
            if (ret && ret.data != "") {
              fnUploadAvatar(ret.data);
            } else {
              alert(JSON.stringify(err));
            }
          }
        );
      }
    }
  );
}
```

这里首先用 api.actionSheet() 调用动作列表，如果点击的是第一个或第二个按钮（第三个是取消），那么调用 api.getPicture() 来选取图片。选取后图片的本地 url 在 ret.data 中，将其传递给“fnUploadAvatar()”。继续插入：

```
function fnUploadAvatar(url) {
  api.ajax({
    url: 'https://d.apicloud.com/mcm/api/file',
    method: 'post',
    headers: {
      "X-APICloud-AppId": "A6921544633372",
      "X-APICloud-AppKey": "2672b5911d8551540c1ea598e01c87fee217a1e5.1482500122476"
    },
    data: {
      values: {
        filename: 'icon'
      },
      files: {
        file: url
      }
    }
  },
  function(ret, err) {
    if (ret) {
      fnSetAvatar(ret);
    } else {
      alert(JSON.stringify(err));
    }
  });
}
```

这里将选择的图片通过 api.ajax() 发送到服务器。继续插入：

```
function fnSetAvatar(avatar) {
  var userInfo = $api.getStorage("userInfo");
  api.ajax({
    url: 'https://d.apicloud.com/mcm/api/user/' + userInfo.userId,
    method: 'put',
    headers: {
      "X-APICloud-AppId": "A6921544633372",
```

```
      "X-APICloud-AppKey": "2672b5911d8551540c1ea598e01c87fee217a1e5.1482500122476",
      "authorization": userInfo.id
    },
    data: {
      values: {
        avatar: {
          url: avatar.url
        }
      }
    }
  },
  function(ret, err) {
    if (ret) {
      fnShowAvatar(ret.avatar.url)
    } else {
      alert(JSON.stringify(err));
    }
  });
}
```

头像上传成功后会返回一个服务器上的 url，使用这个 url 可以更新用户信息。“authorization”字段就是 `userInfo.id`。继续插入：

```
function fnShowAvatar(url) {
  $api.byId("icon").style.background = "url(" + url + ")";
}
```

设置用户信息会再次返回头像 url，这次将它显示出来即可。

建议在显示头像时利用前面学过的知识对它进行缓存。

5.8 小结

本章学习了模块的基本概念和自定义模块的方法，学习了如何使用 UIScrollPicture、UIInput 和 UIActionSelector 模块来实现特定的界面和功能，学习了如何实现图片上传的功能。

第 6 章

使用第三方开放服务模块，完善 App 功能和业务逻辑

主要内容

前面的章节已经对 APICloud 端引擎、API 对象和模块进行了介绍。在 APICloud 模块 Store 中还有大量由第三方开放服务平台提供的模块，如推送、分享、地图等。本章将继续学习这些内容并把它们使用到示例 App 中。

学习目标

（1）了解什么是第三方服务和有哪些常用的第三方服务。

（2）了解和编译自定义 AppLoader。

（3）学习使用百度地图、微信分享和登录、个推推送和支付宝支付模块。

6.1 集成第三方服务

集成第三方开放服务的流程如图 6-1 所示。

对于已经由他人（包括个人或服务厂商）发布的 APICloud 第三方模块，开发者可以通过 APICloud 控制台一键添加进自己的项目中；对于开发者自己开发的自定义模块，只要符合 APICloud 模块开发规则[①]即可上传自定义模块到控制台中进行集成。这些模块普遍是跨平台的，使用标准的 JavaScript 接口调用，模块引入后按照模块的 API 文档即可调用模块的相关功能。

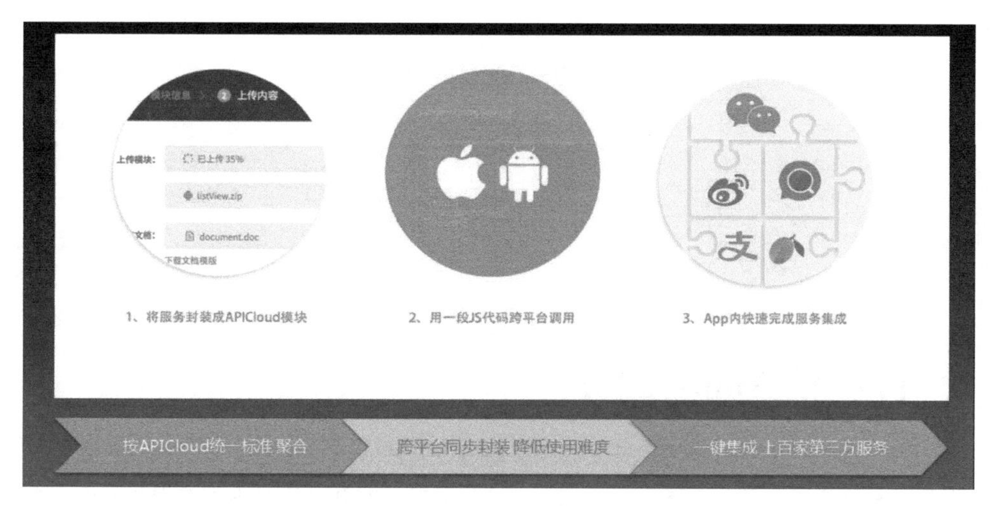

图 6-1

6.2 目前 APICloud 已经集成的第三方服务模块

APICloud平台已经聚集了大量已经开发好的第三方服务模块，图6-2所示的是其中一部分。

更多的第三方服务模块参阅官方网页（mod-sdk 部分）。

① 参阅第5章第2节。

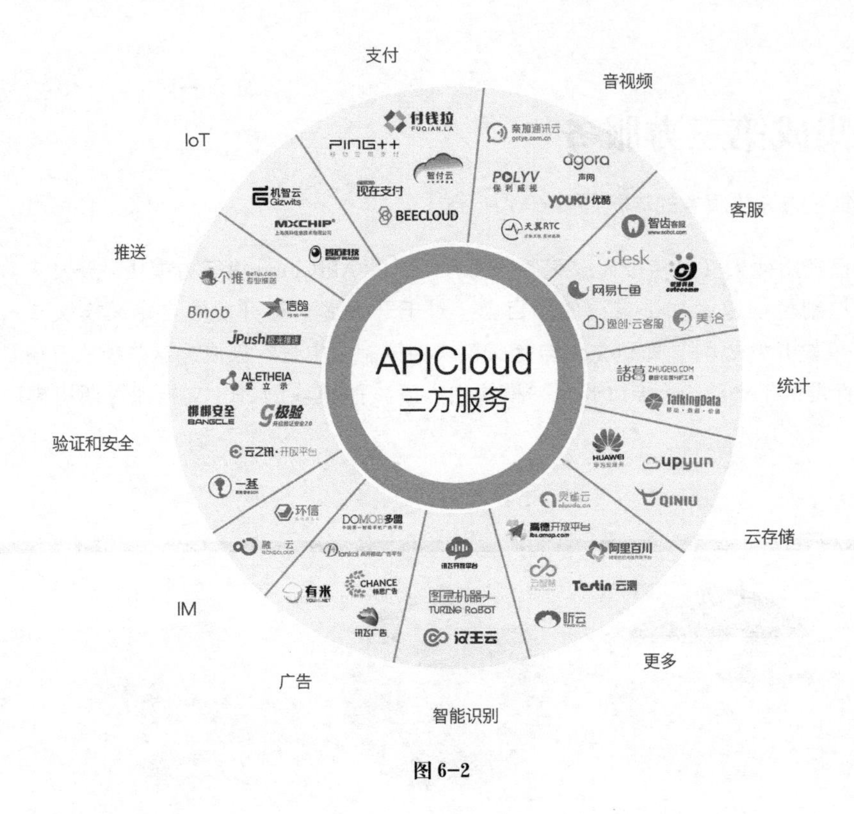

图 6-2

6.3　自定义 AppLoader

AppLoader 是 APICloud 为方便开发者在移动设备调试 App 而发布的调试器，开发者可以在移动设备上实时调试自己的 App 并将日志输出到计算机上的开发工具中。这相对于正式版 App 省去了编译环节，极大地简化了调试过程。

6.3.1　自定义 AppLoader 与官方 AppLoader 的区别

AppLoader 是 APICloud 项目在移动设备上的调试器，在前面章节中已经使用过 APICloud 官方 AppLoader 来调试 App。AppLoader（官方或自定义）本身是一个 App，它启动完成后会加载指定位置的网页代码运行，在进行调试的时候 APICloud 开发工具插件会将测试代码同步到这个指定的位置。官方 AppLoader 中仅集成了最基本的由 APICloud 官方开发的模块，想要调试第三方服务模块需要在自己的项目中选中要调试的模块，然后根据选定的模块编译生成自定义 AppLoader。

6.3.2　为什么要使用自定义 AppLoader

使用自定义 AppLoader 基于以下几点原因。首先，APICloud 有众多第三方服务模块，如果全部包含到官方 AppLoader 中会造成 AppLoader 安装包过大。

其次，App 的包名和签名证书等是在编译时写入 App 安装包中的，因为官方 AppLoader 是预先编译好的，所以官方 AppLoader 具有相同的包名和签名证书等信息。想要自定义这些信息需要编译自定义 AppLoader，这些信息和第三方服务的使用密切相关。

最后，APICloud 模块 Store 中某些第三方服务模块之间存在编译冲突，不能同时使用。

6.3.3　编译生成自定义 AppLoader

自定义 AppLoader 的构成如图 6-3 所示。

自定义 AppLoader 的编译步骤如下：

（1）进入相关项目的控制台页面；

（2）点击左侧菜单中的模块按钮，再点击右侧的模块库标签，添加需要使用的模块；

（3）根据需要使用模块的文档，修改应用的配置信息，如“config.xml”文件中的模块配置信息；

（4）提交修改内容到云端，如通过 svn 或 git 提交；

（5）点击左侧菜单中的模块按钮，再点击右侧的自定义 loader 标签，在下面选择编译 Android 或 iOS 平台的自定义 AppLoader，编译完成后下载安装。

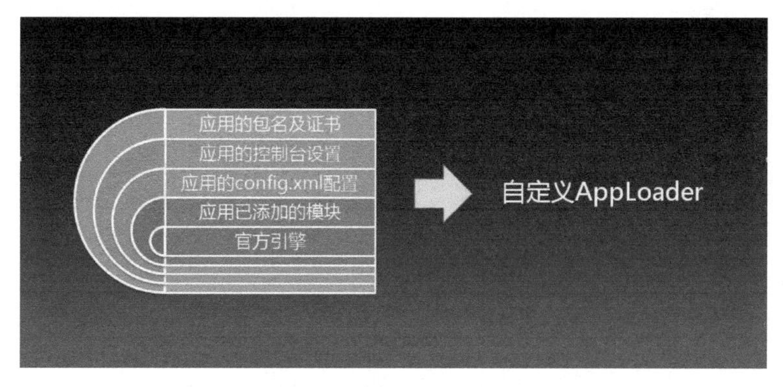

图 6-3

自定义 AppLoader 的使用方式和官方 AppLoader 相同。

更多信息可参阅自定义 AppLoader 说明（官方文档 Custom_Loader 部分）。

6.4　第三方服务模块使用流程

第三方服务模块的使用流程如下：

（1）到第三方开放服务平台申请相关 ID 和 Key；

（2）在 APICloud 应用的 config 文件中配置相关 ID 和 Key；

（3）确定控制台配置应用的包名和证书是否与申请开放服务时填写的完全一致；

（4）编译自定义 Loader，并使用自定义 Loader 调试；

（5）在应用代码中 require 相关模块，并调用 API。

6.5　百度地图模块的接入和使用

一些 App 会涉及地理定位和地图相关功能。APICloud 提供了很多第三方地图模块，例如高德地图和百度地图等，本节以百度地图为例讲解百度地图模块的接入和使用方法。

6.5.1　申请应用 ID 和 Key

百度地图是百度提供的一项网络地图搜索服务，覆盖了国内近 400 个城市、数千个区县。在百度地图里，用户可以查询街道、商场、楼盘的地理位置，也可以找到离用户最近的餐馆、学校、银行、公园等。

首先在 APICloud 云平台的项目控制台中添加“bMap”模块。点击左侧菜单中的模块按钮，再点击右侧的模块库标签，搜索“bMap”模块并点击加号进行添加。

接下来需要注册百度地图开放平台账号并开通相关服务。打开百度地图开放平台页面，登录百度账号。点击控制台按钮，如果是第一次使用百度地图服务需要进行身份注册。点击页面中的创建应用按钮，如图 6-4 所示。

百度开放平台的安全码获取需要区分移动平台，这意味着如果同一个应用需要同时支持 iOS 和 Android 平台，那么必须为这两个平台分别申请 apiKey，即同一个应用申请两个 apiKey，并将这两个 apiKey 同时配置在 config 文件中。

图 6-4

点击“创建应用”，系统弹出创建 AK（APICloud 平台上称之为 apiKey）页面，输入应用名称，将应用类型改为 iOS 或 Android，如图 6-5 所示。

图 6-5

以 Android 为例，需要填入 SHA1 码和包名，在 APICloud 云平台的 App 控制台中可以获取这些信息，如图 6-6 所示。

将 SHA1 码和包名填入“发布版 SHA1”“开发版 SHA1”和“包名”即可。

在百度地图开放平台提交后会出现一条新的应用记录，其中“访问应用（AK）”就是申请到的 Key，iOS 的申请过程类似。

图 6-6

6.5.2　配置 ID 和 Key

配置项目的“config.xml”文件，添加如下代码：

```
<feature name="bMap">
    <param name="android_api_key" value="申请到的Android Key" />
    <param name="ios_api_key" value="申请到的iOS Key" />
</feature>
```

至此百度地图的引入就完成了，提交代码并生成自定义 AppLoader 即可开始调试。

6.5.3　百度地图的常用 API

下面是“bMap”的常用 API：

```
//初始化百度地图引擎
var map = api.require('bMap');
map.initMapSDK(function(ret) {
  if (ret.status) {
      alert('地图初始化成功，可以从百度地图服务器检索信息了！');
  }
});

//打开百度地图
map.open({
    rect: {
        x: 0,
        y: 0,
        w: 320,
        h: 300
    },
    center: {
```

```
        lon: 116.4021310000,//打开地图时的中心经度
        lat: 39.9994480000//打开地图时的中心纬度
    },
    zoomLevel: 10,//设置百度地图缩放等级，取值范围：3～18级
    showUserLocation: true,//是否在地图上显示用户位置
    fixedOn: api.frameName,//模块视图添加到指定 frame 的名字（只指 frame，传 window 无效）
}, function(ret) {
    if (ret.status) {
        alert('地图打开成功');
    }
});

//根据经纬度设置百度地图中心点，此接口可带动画效果
map.setCenter({
    coords: {
        lon: 116.404,//中心经度
        lat: 39.915//中心纬度
    },
    animation: false//是否使用动画
});

//获取百度地图中心点坐标
map.getCenter(function(ret) {
    //ret = {
    //     lon : 100, 中心经度
    //  lat : 100    中心纬度
    //}
});

//根据单个关键字搜索兴趣点，无需调用 open 接口即可搜索
map.searchInCity({
    city: '北京',//要搜索的城市
    keyword: '学校',//要搜索的关键字
    pageIndex: 0,//分页索引
    pageCapacity: 20//每页包含的条数
}, function(ret, err) {
// ret = {
//    status: true,             布尔型：true||false
//    totalNum: 10,             数字类型：本次搜索的总结果数
//    currentNum: 5,            数字类型：当前页的结果数
//    totalPage: 10,            数字类型：本次搜索的总页数
//    pageIndex: 1,             数字类型：当前页的索引
//    results: [{               数组类型：返回搜索结果列表
//        lon: 116.213,         数字类型：当前内容的经度
//        lat: 39.213,          数字类型：当前内容的纬度
//        name: '',             字符串类型：名称
//        uid: 123              数字类型：兴趣点的id
//        address: '',          字符串类型：地址
//        city: '',             字符串类型：所在城市
//        phone: '',            字符串类型：电话号码
//        poiType: 0            数字类型：POI 类型
//                             取值类型：
//                              0(普通点)
//                              1(公交站)
//                              2(公交线路)
//                              3(地铁站)
//                              4(地铁线路)
//    }]
```

```
//}
});
```

更多“bMap”模块的使用方法请参阅官方文档（Open-SDK 部分）。

6.6　微信分享与登录的接入和使用

为简化用户登录、提高页面曝光数，许多 App 都具有第三方登录和分享的功能。这里以微信的分享和登录模块为例，讲解这些功能的使用方法。

6.6.1　申请ID和Key

使用微信的相关模块同样需要去微信的开发者平台进行申请和认证，操作方法类似 6.5 节中提到的百度地图的申请流程，更多信息请参阅 APICloud 整理的官方文档（weChat 部分）。

6.6.2　配置ID和Key

在项目的“config.xml”文件中配置如下代码：

```
<feature name="wx">
    <param name="urlScheme" value="微信开放平台申请获得appid"/>
    <param name="apiKey" value="微信开放平台申请获得appid"/>
    <param name="apiSecret" value="微信开放平台申请获得的secret"/>
</feature>
```

提交代码并编译自定义 AppLoader 后可以开始测试应用。

6.6.3　微信分享模块的常用API

下面是“wx”模块的常见使用方法：

```
var wx = api.require('wx');

//判断是否安装了微信客户端
wx.isInstalled(function(ret, err) {
    if (ret.installed) {
        //已安装
    }
});

//授权登录
wx.auth({
    apiKey: ''//从微信开放平台获取的appid，若不传则从当前widget的config.xml中读取，不传或传入错误的
              //apiKey，则无法打开微信进行登录
}, function(ret, err) {
    //ret = {
    //    status:true,    是否成功
```

```
    //    code:''          getToken接口需传入此值，用于换取accessToken
    //}

    //err = { code:0 }  错误码 -1(未知错误)0(成功，用户同意) 1 (用户取消)  2 (用户拒绝授权) 3 (当
    //前设备未安装微信客户端)
});

//获取授权 accessToken(需要登录授权成功)
wx.getToken({
    apiKey: '',//从微信开放平台获取的appid，若不传则从当前widget的config.xml中读取
    apiSecret: '',//从微信开放平台获取的secret，若不传则从当前widget的config.xml中读取
    code: "12346857684"//auth()方法获得的code
}, function(ret, err) {
    // ret = {
    //      status: true,    布尔型；true||false
    //      accessToken: '',字符串类型；接口调用凭证，传给getUserInfo接口获取用户信息；有效期2小时
    //      dynamicToken: '', 字符串类型；当accessToken过期时把该值传给refreshToken接口，刷新
    //accessToken的有效期。dynamicToken的有效期为30天
    //      expires: 7200,      数字类型；accessToken有效期，单位（秒）
    //      openId: ''          字符串类型；授权用户唯一标识
    //    }
});

//获取用户信息（需要获取accessToken成功）
wx.getUserInfo({
    accessToken: '',//getToken接口或refreshToken接口成功获取的accessToken值
    openId: ''//getToken接口或refreshToken接口成功获取的openId值
}, function(ret, err) {
    //ret = {
    //      status: true,       布尔型；true||false
    //      openid: '',         字符串类型；普通用户的标识，对当前开发者账号唯一
    //      nickname: '',       字符串类型；普通用户昵称
    //      sex: 1,             数字类型；普通用户性别，1为男性，2为女性
    //      headimgurl: '',     字符串类型；用户头像，最后一个数值代表正方形头像大小（有0、46、64、96、
    //132数值可选，0代表640*640正方形头像），用户没有头像时该项为空
    //      privilege: [],      数组类型；用户特权信息，如微信沃卡用户为（chinaunicom）
    //      unionid: ''         字符串类型；用户统一标识。针对一个微信开放平台账号下的应用，同一用户的
    //unionid是唯一的
    //}
});

//调用 getUserInfo 接口错误码返回1时，代表accessToken过期，调用此接口刷新accessToken
wx.refreshToken({
    apiKey: '',//从微信开放平台获取的appid，若不传则从当前widget的config.xml中读取
    dynamicToken: ''//getToken接口或refreshToken接口获取的dynamicToken值
}, function(ret, err) {
    //ret = {
    //      status: true,    布尔型；true||false
    //      accessToken: '',字符串类型；接口调用凭证，传给getUserInfo接口获取用户信息；有效期2小时
    //      dynamicToken: '', 字符串类型；当accessToken过期时把该值传给refreshToken接口，刷新
    //accessToken的有效期。dynamicToken的有效期为30天
    //      expires: 7200,      数字类型；accessToken有效期，单位（秒）
    //      openId: ''          字符串类型；授权用户唯一标识
    //  }
});

//分享文本内容
wx.shareText({
    apiKey: '',//从微信开放平台获取的 appid，若不传则从当前widget的config.xml中读取
    scene: 'timeline',//场景仅可取timeline(朋友圈)
    text: '我分享的文本'//分享的文本
```

```
}, function(ret, err) {
    //ret = {status:true}
});

//分享图片
wx.shareImage({
    apiKey: '',//从微信开放平台获取的 appid，若不传则从当前widget的config.xml中读取
    scene: 'session',//场景，可取session(会话)timeline(朋友圈)favorite(收藏)
    thumb: 'widget://a.jpg',//缩略图片的地址，支持fs://、widget:// 协议。大小不能超过32KB，
//若 contentUrl为本地图片地址则本参数忽略，需要路径包含图片格式后缀，否则，如果原图片为非png格式，会分享失败
    contentUrl: 'widget://b.jpg'//分享图片的url地址（支持fs://、widget:// 和网络路径），长度不能超
//过10KB，在Android平台上若为网络图片时仅当scene为session时有效，iOS平台上不支持网络图片地址，若为本
//地图片大小不能超过10MB
}, function(ret, err) {
    //ret = { status:true }
});

//分享网络音频资源
wx.shareMusic({
    apiKey: '',//从微信开放平台获取的 appid，若不传则从当前widget的config.xml中读取
    scene: 'timeline',//场景，可取 session(会话)timeline(朋友圈)favorite(收藏)
    title: '测试标题',//分享网络音频的标题
    description: '分享内容的描述',//分享网络音频的描述
    thumb: 'widget://a.jpg',//分享网络音频的缩略图地址，要求本地路径（fs://、widget://）大小不能超
//过32KB,需要路径包含图片格式后缀，否则，如果原图片为非png格式，会分享失败
    contentUrl: 'http://docs.apicloud.com/test/m.mp3'//分享网络音频的url地址，长度不能超过10KB
}, function(ret, err) {
    //ret  = { status:true }
});

//分享网络视频资源
wx.shareVideo({
    apiKey: '',//从微信开放平台获取的 appid，若不传则从当前widget的config.xml中读取
    scene: 'timeline',//场景，可取 session(会话)timeline(朋友圈)favorite(收藏)
    title: '测试标题',//分享网络视频的标题
    description: '分享内容的描述',//分享网络视频的描述。由于微信平台限制，对不同平台部分场景本参数无效
    thumb: 'widget://a.jpg',//分享网络视频的缩略图地址，要求本地路径（fs://、widget://）大小不能超
//过32KB,需要路径包含图片格式后缀，否则，如果原图片为非png格式，会分享失败
    contentUrl: 'http://resource.apicloud.com/video/apicloud.mp4'//分享网络视频的 url 地址，
//长度不能超过10KB
}, function(ret, err) {
    //ret = { status:true}
});

//分享网页
wx.shareWebpage({
    apiKey: '',//从微信开放平台获取的 appid，若不传则从当前widget的config.xml中读取
    scene: 'timeline',//场景，可取 session(会话)timeline(朋友圈)favorite(收藏)
    title: '测试标题',//分享网页的标题
    description: '分享内容的描述',//分享网页的描述。由于微信平台限制，对不同平台部分场景本参数无效
    thumb: 'widget://a.jpg',//分享网页的缩略图地址，要求本地路径（fs://、widget://）大小不能超过
//32KB,需要路径包含图片格式后缀，否则，如果原图片为非png格式，会分享失败
    contentUrl: 'http://apicloud.com'//分享网页的url地址，长度不能超过10KB
}, function(ret, err) {
    //ret = { status:true }
});
```

关于“wx”模块的更多信息可参阅官方文档。

6.7　个推推送的接入和使用

为将消息即时送达用户，许多 App 都具有消息推送功能，本节以个推推送模块为例介绍推送模块的申请和使用方法。

6.7.1　申请ID和Key

这里以个推为例，需要开发者申请个推开发者账户并完成服务的申请。可根据官方指导文档（pushGeTui_manual 部分）在个推的开发者中心完成相关操作。

6.7.2　配置ID和Key

在“config.xml”文件中进行配置，“android_groupid”字段留空即可，代码如下：

```
<feature name="pushGeTui">
    <param name="ios_appkey" value="通过开发者中心获取" />
    <param name="ios_appid" value="通过开发者中心获取" />
    <param name="ios_appsecret" value="通过开发者中心获取" />
    <param name="android_appkey" value="通过开发者中心获取" />
    <param name="android_appid" value="通过开发者中心获取" />
    <param name="android_appsecret" value="通过开发者中心获取" />
    <param name="android_groupid" value="" />
</feature>
```

6.7.3　个推模块的常用方法

下面是个推模块的常见使用方法：

```
var uzgetuisdk = api.require('pushGeTui');
//初始化推送服务
uzgetuisdk.initialize(function(ret) {
    //ret = {
    //      result:1,                              操作成功状态值
    //      type:"cid",                            CID 类型
    //      cid:"sdwe435236fdfd"                   返回的cid的值
    //}

    //ret = {
    //      result:1,                              操作成功状态值
    //      type:"payload",                        payload 类型
    //      taskId:"taskId",                       taskId 值
    //      messageId:"messageId",                 messageId 值
    //      payload:"payload",                     payload 内容
    //      offLine:"true"                         判断推送时App是杀死还是启动状态
    //}

    //ret = {
```

```
    //      result:1,                                  操作成功状态值
    //      type:"apns",                               apns 类型
    //      msg:"msg"                                  apns 消息体
    //}

    //ret = {
    //      code:"errorCode",                           错误码
    //      description:"error description",           错误描述
    //      type:"occurError"                           occurError 类型
    //}
});

//注册deviceToken
uzgetuisdk.registerDeviceToken({
deviceToken: api.deviceToken,
}, function(ret, err) {
//ret = { result:1 }   1成功 0失败
});

 //App 处于未启动状态时，点击通知打开程序获取消息
 uzgetuisdk.payloadMessage(function(ret) {
    api.alert(ret.payload);
});
```

关于“pushGeTui”模块的更多信息请参阅官方文档。

6.8 支付宝支付模块的接入和使用

支付宝、微信支付等支付服务极大地改变了人们的日常支付方式，已经成为现代生活的重要组成部分。APICloud 提供了接入这些服务的模块，本节以支付宝模块为例，讲解支付模块在 App 开发过程中的使用。

6.8.1 申请应用 ID 和 Key

“aliPayPlus”模块是“aliPay”模块的升级版，主要区别是更新了支付宝移动端支付开放 SDK。新申请支付宝账号的开发者，应当使用本模块。“aliPay”模块仅支持老版支付宝账号。新版支付宝账号支付功能的开通，请参考支付宝官方文档 App 支付快速接入指南。

6.8.2 配置应用 ID 和 Key

在“config.xml”文件中做如下修改：

```
<feature name="aliPayPlus">
      <param name="urlScheme" value="AliPayPlusA000000011" />
</feature>
```

其中“urlScheme”字段值由字符串‘AliPayPlus’和本应用的 widgetId 拼接而成。

6.8.3 支付宝模块的常用 API

支付宝模块的常见使用方法如下：

```
//支付
var aliPayPlus = api.require('aliPayPlus');
aliPayPlus.payOrder({
    orderInfo: 'app_id=2015052600090779&biz_content=%7B%22timeout_express%22%3A%2230m%
22%2C%22seller_id%22%3A%22%22%2C%22product_code%22%3A%22QUICK_MSECURITY_PAY%22%2C%22total_
amount%22%3A%220.01%22%2C%22subject%22%3A%221%22%2C%22body%22%3A%22%E6%88%91%E6%98%AF%E6%
B5%8B%E8%AF%95%E6%95%B0%E6%8D%AE%22%2C%22out_trade_no%22%3A%22IQJZSRC1YMQB5HU%22%7D&chars
et=utf-8&format=json&method=alipay.trade.app.pay&notify_url=http%3A%2F%2Fdomain.merchant.
com%2Fpayment_notify&sign_type=RSA2&timestamp=2016-08-25%2020%3A26%3A31&version=1.0&sign=cYmuU
nKi5QdBsoZEAbMXVMmRWjsuUj%2By48A2DvWAVVBuYkiBj13CFDHu2vZQvmOfkjE0YqCUQE04kqm9Xg3tIX8tPeIGIFtsI
yp%2FM45w1ZsDOiduBbduGfRo1XRsvAyVAv2hCrBLLrDI5Vi7uZZ77Lo5J0PpUUWwyQGt0M4cj8g%3D'
}, function(ret, err) {
    //ret = { code:0 }
    //字符串类型；错误码，取值范围如下：
    //9000：支付成功
    //8000：正在处理中，支付结果未知（有可能已经支付成功），请查询商户订单列表中订单的支付状态
    //4000：订单支付失败
    //5000：重复请求
    //6001：用户中途取消支付操作
    //6002：网络连接出错
    //6004：支付结果未知（有可能已经支付成功），请查询商户订单列表中订单的支付状态
});
```

其中 orderInfo 字段由业务服务器根据支付宝官方文档生成。关于“aliPayPlus”的更多信息请参阅 APICloud 官方文档（aliPayPlus 部分）。

6.9 使用第三方开放服务模块，完善 App 功能和业务逻辑

本节将带领读者为 App 示例项目添加第三方服务模块。

6.9.1 获取当前城市

首先请参照 6.5 节的内容，在 APICloud 控制台示例项目中添加“bMap”模块、在百度地图开放平台上面申请开发者权限，然后修改“config.xml”并编译自定义 AppLoader。

注意

在编译自定义 AppLoader 之前，前面使用过的 APICloud 官方模块也需要进行单独添加，例如“UIInput”“UIScrollPicture”和“UIActionSelector”。

打开“html/main.html”，对“apiready”事件函数做如下修改：

```
bMap = api.require('bMap');
bMap.getLocation({
  accuracy: '1000m',
  autoStop: true,
  filter: 100000
}, function(ret, err) {
  if (ret.status) {
      fnGetCityNameFromLocation(ret);
  } else {
      alert(err.code);
  }
});

function fnGetCityNameFromLocation(location_){
    bMap.getNameFromCoords({
        lon: location_.lon,
        lat: location_.lat
    }, function(ret, err) {
        if (ret.status) {
            $api.setStorage('currentCity',ret.city);
            alert(ret.city);
        }
    });
}
```

这里首先通过 bMap.getLocation() 获取当前所在地的坐标，然后通过 bMap.getNameFromCoords() 返回坐标所在的城市。效果如图 6-7 所示。

图 6-7

之后通过 $api.html($api.byId('city')) 可将返回的城市显示到指定位置。

6.9.2　根据输入内容检索地址列表

下面实现根据输入的内容显示地址列表。首先要实现详细地址输入页面的静态页面“html/setaddressdetail.html”和“html/setaddressdetail_frame.html”。

打开“html/setaddressdetail_frame.html”页面，在 <body></body> 标签中插入如下内容：

```
<script type="text/template" id="template">
    {{~it.results:value}}
    <div class="option" tapmode onclick="fnSelectAddress('{{=value.address}}')">
        <div class="icon"></div>
        <div class="info">
            <div class="top">{{=value.name}}</div>
            <div class="bottom">{{=value.address}}</div>
        </div>
    </div>
    {{~}}
</script>
```

这是定义显示检索到的地址列表的 doT 模板。随后对 <script></script> 标签做如下修改：

```
apiready = function() {
    fnInitUIInput();
};

function fnInitUIInput() {
    var searchText = $api.byId('searchText');
    var rect = $api.offset(searchText);
    var UIInput = api.require('UIInput');
    UIInput.open({
        rect: {
            x: rect.l,
            y: rect.t,
            w: rect.w,
            h: rect.h
        },
        styles: {
            bgColor: '#eee',
            size: 14,
            color: '#000',
            placeholder: {
                color: '#ccc'
            }
        },
        autoFocus: false,
        maxRows: 1,
        placeholder: '请输入地址',
        keyboardType: 'default',
        fixedOn: api.frameName
    }, function(ret, err) {
        if (ret) {
```

```
                var uiInputId = ret.id;
                if (ret && ret.eventType == "change") {
                    UIInput.value({
                        id: uiInputId
                    }, function(ret, err) {
                        if (ret) {
                            if (ret.status) {
                                //console.log(ret.msg);
                                fnSearchInCity(ret.msg);
                            }
                        } else {
                            alert(JSON.stringify(err));
                        }
                    });
                }
            } else {
                alert(JSON.stringify(err));
            }
        });
    }

    function fnSearchInCity(msg_) {
        var currentCity = $api.getStorage('currentCity');
        var bMap = api.require('bMap');
        bMap.searchInCity({
            city: currentCity,
            keyword: msg_,
            pageIndex: 0,
            pageCapacity: 20
        }, function(ret) {
            if (ret.status) {
                fnUpdateSearchList(ret);
            }
        });
    }

    function fnUpdateSearchList(data_) {
        var template = $api.byId('template');
        var list = $api.byId('list');
        var tempFn = doT.template(template.innerHTML);
        var html = tempFn(data_);
        $api.html(list, html);
    }

    function fnSelectAddress(address_) {
        api.execScript({
            name: 'setaddress',
            frameName: 'setaddress_frame',
            script: 'setAddressDetail(\'' + address_ + '\');'
        });
        api.closeWin();
    }
```

这里首先创建了一个输入框，在输入变化时执行 fnSearchInCity() 函数。在 fnSearchInCity() 函数内首先引入了“bMap”模块，调用了 bMap.searchInCity() 方法来检索当前城市内的关键字地点。最后将返回的结果通过 doT 模板实时显示到页面上。效果如图 6-8 所示。

图 6-8

6.9.3　使用个推进行消息推送

首先参照 6.7 节的内容，在 APICloud 控制台示例项目中添加“pushGeTui”模块，在个推开发者平台上面为示例项目创建应用申请 ID 和 Key，并配置到“config.xml”中，编译自定义 AppLoader。

打开“html/main.html”，对“apiready”事件函数做如下修改：

```
var pushGeTui = api.require("pushGeTui");
        pushGeTui.initialize(function(ret) {
            var value = "";
            switch (ret.type) {
                case 'cid':
                    value = 'cid:' + ret.cid;
                    break;
                case 'payload':
                    value = 'payload:' + ret.payload;
```

```
                break;
            case 'occurError':
                value = 'occurError';
                break;
        }
        console.log(value);
    });
```

这里初始化了个推模块，不需要任何参数。

运行应用程序如看到开发工具的 log 输出“cid:xxxxx”说明初始化完成。之后，在个推的控制中心里选择“个推 - 消息推送”，选择刚刚创建的应用，然后点击“创建推送”，输入推送的内容即可完成推送。效果如图 6-9 所示。

图 6-9

6.10　小结

本章介绍了什么是第三方开放服务和自定义 AppLoader 以及它们的使用方法。

第 7 章

使用 APICloud 应用管理服务，实现 App 发布和运营

主要内容

前面的章节已经讲解了很多 App 的开发技术。本章将会针对 App 的编译、版本管理和闪屏广告等与发布运营相关的功能进行讲解。

学习目标

（1）学习如何使用 APICloud 云平台对 App 项目进行云编译及操作常用的配置项。

（2）学习在 APICloud 云平台上进行版本管理的方法。

（3）学习如何定制闪屏广告功能。

（4）了解 APICoud 项目开发的优化策略和编码规范。

（5）学习多 Widget 和 SuperWebView 的使用。

7.1　编译生成 App 安装包

在 App 开发完成后，需要对其进行编译以生成正式版才可以交付用户。在编译时也会涉及加密与权限设置等问题，本节将对这些内容加以介绍。

7.1.1　云编译

在开发完成后首先要对 App 进行编译。编译的过程是在 APICloud 云端完成的，开发者只需要根据需求选择对应的编译特性，就可以完成多平台的 App 编译。在编译之前可以对代码进行压缩和加密，也可以对编译后的 App 进行加固并进行云测试，如图 7-1 所示。

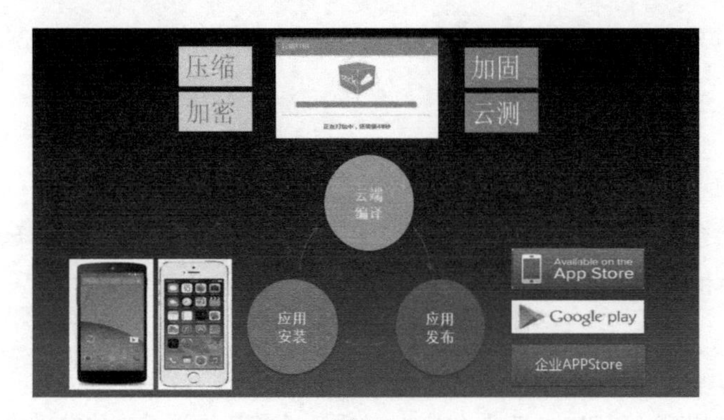

图 7-1

编译过程是在 APICloud 云控制台中 App 的云编译页面进行。在云编译页面可以进行多项设置，包括编译平台、权限、代码压缩（在右上角的高级设置中）、代码加密和加固等，如图 7-2 所示。

图 7-2

7.1.2 代码全包加密

APICloud 代码加密具有以下几个特点。

- 网页全包加密：对网页包中全部的 HTML、CSS 和 JavaScript 代码进行加密，加密后的网页代码都是不可读的，并且不能通过常用的格式化工具恢复。代码在运行前都是加密的，在运行时进行动态解密。
- 一键加密、运行时解密：在开发过程中无需对代码做任何特殊处理，在云编译时选择代码加密即可。
- 零修改、零影响：加密后不改变代码大小，不影响运行效率。
- 安全盒子：定义了一个安全盒子，在盒子内的代码按照加密和解密进行处理，其他代码不受影响。
- 重新定义资源标准：对保护的代码进行统一资源管理，加速资源加载，加速代码运行。

若想对代码进行加密，只要在编译时开启全局加密即可。

7.1.3 扩展 API 调用安全配置

access 用于配置哪些域下的 HTML 页面可以访问 APICloud 的扩展 API，如访问 `api.sms()`。一般配置“*”，代表所有页面都允许访问。

在“config.xml”中对 access 字段进行如下配置：

```
<access origin="local" />
<access origin="http://apicloud.com" />
```

origin 的取值范围如下。

- * ：所有页面都可以访问扩展 API 方法，包括本地页面及远程 Web 页面。
- local ：只允许本地页面可以访问扩展 API 方法。
- 其他域名：只有在该域及其子域下面的页面可以访问扩展 API 方法，注意，这里未区分 http 和 https，配置 http://apicloud.com 和 https://apicloud.com 的效果一样。
- nojailbreak ：不允许越狱 /Root 的设备使用本应用。若配置该值，在越狱 /Root 的设备上使用本 App 时，App 将强制退出。

默认值是“*”。

详细信息参阅官方应用配置说明（app-config-manual 部分）。

7.2　版本管理

随着 App 的运营，会不断地修复问题并进行功能迭代。对不同版本的 App 需要进行版本管理，本节对版本管理加以介绍。

7.2.1　在 APICloud 控制台管理版本

APICloud 支持 App 的版本管理，可以帮助用户升级到新版本的 App。

打开 App 控制台，左侧选择“版本”。版本页面如图 7-3 所示。更新操作方法如下。

（1）在平台中选择更新版本的平台。

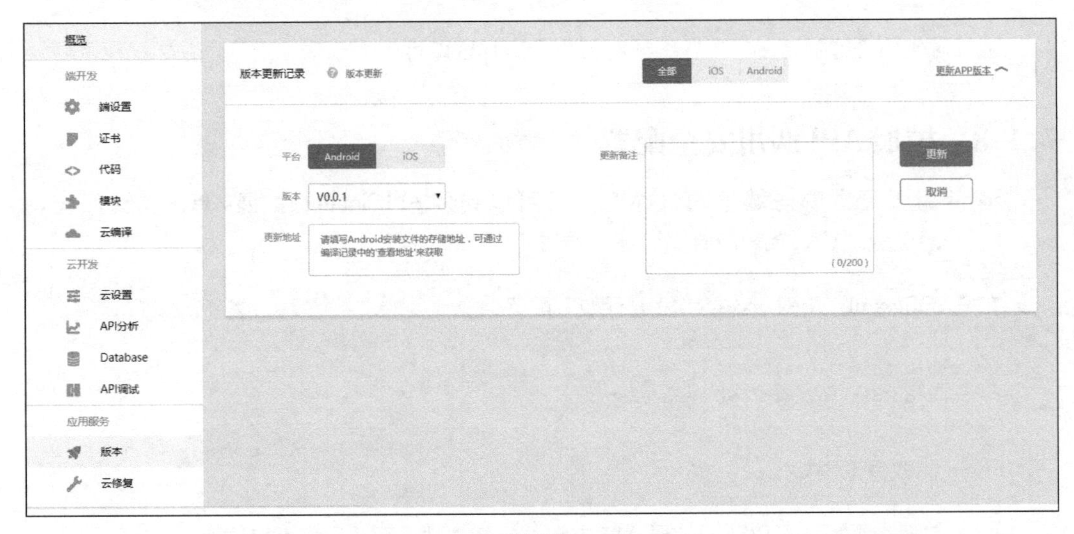

图 7-3

（2）在版本下拉列表中选择要发布的版本，这里的版本是在云编译中编译的正式版本 App 的版本号。

（3）更新地址中填写 App 的下载地址，如果使用 APICloud 云编译后的下载地址可在云编译页面查看，如图 7-4 所示。

（4）更新备注填写更新相关的提示信息。

（5）点击更新按钮。

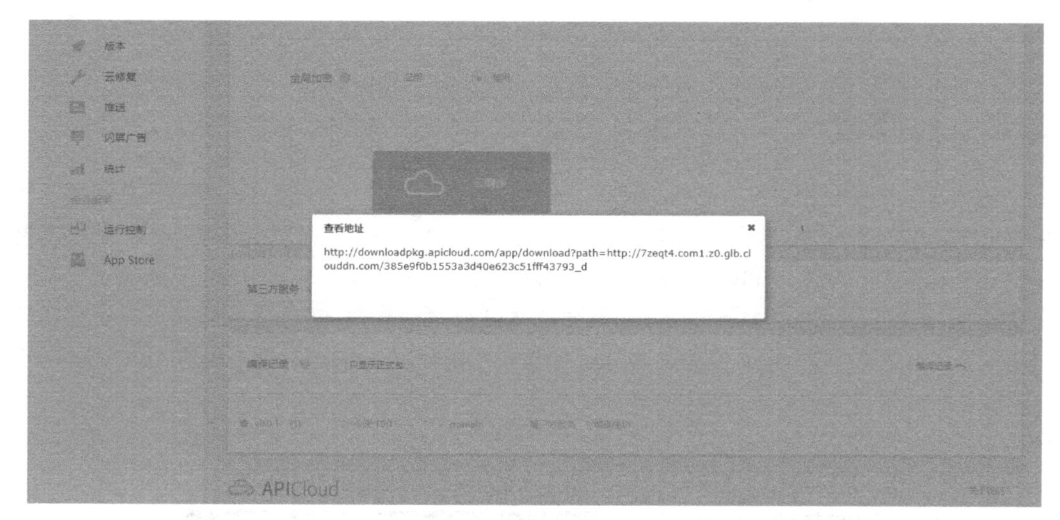

图 7-4

请参阅官方文档（version_update 部分）。

7.2.2 Config 文件相关配置

若要开启自动更新功能，则需要在“config.xml”文件中进行如下配置：

```
<preference name="autoUpdate" value="true" />
```

7.2.3 mam 模块

“mam”模块提供了在应用内手动检测更新的功能，代码如下：

```
var mam = api.require('mam');
mam.checkUpdate(function( ret, err ){
  //ret = {
    //status:true,                    操作成功状态值
    //result:
    //{
    //    update:true,                是否有更新
    //    closed:true,                设备上当前版本是否被强行关闭
    //    version:'1.0',              新版本版本号
    //    versionDes:'',              新版本更新描述
    //    closeTip:'',                提示用户应用版本被强行关闭时弹框的提示语
    //    updateTip:'',               提示用户有更新时弹框的提示语
    //    source:'',                  新版本安装包的下载地址
    //    time:''                     新版本的发布时间
    //}
}
});
```

更多信息参阅官方文档（Cloud-Service/mam 部分）。

7.3　云修复

通常 App 的发布和更新需要经过编译、应用市场审核、审核通过后用户安装这些流程。其中应用市场审核时间难以控制，通常要经过一周到一个月不等，这不适合频繁、紧急的版本更新。为了解决这个问题，APICloud 提供了云修复功能，在开启了云修复功能后，每当进行更新时 APICloud 端引擎会直接在网络上下载并使用 Widget 的增量包。例如，想修改某一页面的显示效果，只需要将修改后的页面按照 Widget 的目录结构制作 zip 压缩包并上传到 APICloud 云平台。客户端 App 在启动后会检测并应用这个更新。这个过程没有应用市场审核的环节，是即时的。云修复功能如图 7-5 所示。

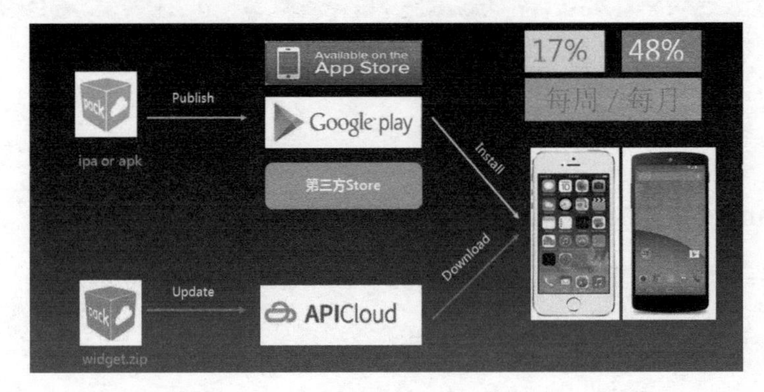

图 7-5

云修复位于 App 控制台的云修复页面。

7.3.1　Config 文件相关配置和 mam 模块

若想使用云修复功能需要对“config.xml”进行如下修改：

```
<preference name="autoUpdate" value="true" />
<preference name="smartUpdate" value="true" />
```

此外还需要为应用加入“mam”模块。

7.3.2　制作并发布云修复包

在开发者修改了某些项目文件，并想要使用云修复发布时，按照下面的步骤进行：

(1) 将需要更新的文件按照原目录结构进行保存，根目录为 widget 目录；

(2) 将 widget 目录打包为“widget.zip”压缩文件；

(3) 在控制台云修复页面进行相关设置并发布云修复。

例如，开发者修改了项目目录中“html/main.html”文件，那么在云修复包中则对应“widget/html/main.html”文件。

云修复页面如图 7-6 所示，这里可以设置修复应用的 App 版本号、静默修复或提示修复、使用 url 地址或上传 zip 包。

图 7-6

7.3.3 相关API使用

和云修复相关的常用 API 有下面两个：

- smartupdatefinish 事件；
- api.rebootApp() 方法。

`smartupdatefinish` 事件会在云修复结束后触发，以通知 App 进行了云修复。如果开发者想让云修复立即生效，可以调用 `api.rebootApp()` 这个 API 来重启 App。

关于云修复更多的信息参阅官方文档（smartUpdate 部分）。

7.4 闪屏广告

一些 App 启动时会显示一个闪屏广告，通常是一张图片，经过几秒后进入 App 首页。闪屏广告可以向用户传递信息，显示期间可以后台加载页面提高用户体验，用户点击广告可跳转到相关页面。本节将介绍闪屏广告功能。

7.4.1　在 APICloud 控制台使用闪屏广告

App 启动后，通常要初始化数据，1 ~ 2 秒后出现应用具体内容界面。在这段时间可以展示一些内容，通常是品牌 Logo、广告等。APICloud 封装好了启动页闪屏功能，开发者只需要上传相应图片。在 App 启动时，即可看到闪屏已被设置为上传的图片。广告页有倒计时功能，可以点击“跳过”按钮选择跳过，或点击广告页，跳转到配置好的 URL 页面。

在 App 控制台闪屏广告页面进行相关配置如图 7-7 所示。

图 7-7

在这个页面首先开启闪屏广告功能，开启后设置各个尺寸的闪屏广告图片，若只设置一个图片 APICloud 会自动为其切图。接着设置闪屏广告的显示时间，最后设置用户点击闪屏广告后的跳转地址（可以设置“http://”地址或“widget://”地址）。

闪屏广告设置后，App 在第一次启动时需要下载闪屏广告的相关配置，因此不会显示闪屏广告。之后再次启动时会生效。

7.4.2　相关 API 使用

和闪屏广告相关的 API 为 launchviewclicked 事件，当用户点击闪屏广告后会触发这个事件。

更多信息参阅官方文档（start-page-ad-guid）。

7.5 优化策略

在 App 开发过程中有许多优化方法，例如提高页面加载速度、屏幕适配、图片处理等。通过这些优化可以提高项目结构的合理性、加快运行速度、提高兼容性等。本节对这些优化策略加以介绍。

7.5.1 了解HTML5特性

在 HTML5 中有很多实用的优化技术，下面列举 4 个：

- 去掉浏览器默认样式；
- 可点击区域使用 div ；
- 使用语义化的标签；
- 发挥 HTML5 和 CSS3 的新特性。

为了实现各个移动端默认显示效果的统一，需要清除浏览器引擎的默认样式，APICloud 前端框架中的“api.css”文件实现了这个功能，引入它即可。

`<div></div>` 标签相对于 `<a></a>` 标签显示更简洁，不存在一些默认效果，对于点击区域推荐使用“div”标签。

语义化标签有助于人和机器对文档语义的理解，例如 `<nav></nav>` 标签适合存放页面导航部分。

一些 HTML5 和 CSS3 的新特性有助于使开发更加简洁高效，例如 CSS3 中的动画、圆角效果等。

7.5.2 窗口结构

对窗口结构的优化主要有以下 3 点：

- Window + Frame 结构布局；
- Frame 的高度使用 margin 布局；
- 按需求优先使用 Layout。

Window 和 Frame 是原生实现的，效率很高。详见第 2 章。

7.5.3 页面加载速度

对页面加载速度的优化主要有以下 3 点：

- HTML、CSS、JavaScript 代码写在同一个页面中；
- 公用的 CSS、JavaScript 尽量少和小，不随意加载无用的 CSS 或 JavaScript 文件；
- 尽量少地定义 link 和 script 标签。

以上 3 点目的是让浏览器引擎尽可能地一次读写（IO）加载完所有代码，加快页面的加载速度。

7.5.4 不用重型框架

使用 APICloud 开发混合 App 时不建议使用重型框架，下面是 3 条建议：

- 避免使用 jQuery 或 BootStrap 等重型的框架；
- 摆脱对 $ 的依赖，培养自己动手编写原生 JS 代码的习惯；
- 使用移动优先、功能独立的框架。

重型框架会降低加载速度，降低页面性能，在移动端存在兼容性问题，不推荐使用。

7.5.5 屏幕适配

对于屏幕适配的优化要注意以下 4 点：

- HTML 页面使用 viewport 声明；
- 合适的 UI 尺寸（推荐 720×1280）；
- 量图标准要考虑屏幕倍率；
- 布局方式（弹性响应式+流式）。

具体参考第 2 章内容。

7.5.6 数据加载

数据加载可以从以下 6 个角度进行优化：

- 掌握 api.ajax 所有参数配置作用，按需求配置使用；
- 监听网络状态；
- 合理处理异常信息；

- 下拉刷新和上拉加载；
- 使用 JavaScript 模板引擎；
- 数据缓存。

具体参考第 3 章和第 4 章内容。

7.5.7 图片处理

对图片的处理有以下 3 个优化方向：

- 减少内存占用，对图片做合适的缩略处理；
- 减少图片缩放等耗性能的操作；
- 在服务器端或使用第三方云服务来处理图片。

具体参考第 4 章内容。

7.5.8 交互响应速度

为提高交互响应速度可以从下面 4 点进行优化：

- 使用 tapmode 属性优化 click 事件响应速度；
- 使用平台扩展手势事件；
- 使用 api.parseTapmode 进行主动 tapmode 处理；
- 扩大点击区域和设计点击交互效果。

具体参考第 2 章内容。

7.5.9 尊重系统特性

在系统特性层面，可以从下面 3 个角度进行优化：

- 适时更新 UI，理解窗体切换和界面渲染时机的关系；
- 避免 body 级别的背景图片，以原生的方式高效实现；
- 页面之间使用 pageParam 完成轻量级参数传递，避免使用过大的参数。

7.6 编码规范

为规范编码，有以下几点建议。

- 遵循 APICloud Widget 包结构来组成应用代码。
- Window、Frame 及 HTML 文件命名规范。
- 使用语义化的标签组织页面结构，JavaScript 代码中获取的元素要明确指定 id，非语义化标签样式定义需要添加 class。
- 任何文件避免使用中文命名，也不要包含大写字母。
- 避免使用 url 进行参数传递，要使用 pageParam。

更多的 APICloud 编码规范和优化策略详见附录 A。

7.7　Widget 管理

通常一个 App 只需要一个 Widget，而 APICloud 端引擎也支持多个 Widget 协同工作，本节对这一技术加以介绍。

7.7.1　多 Widget 架构

APICloud App 可以由多个 Widget 组成，它们的关系如图 7-8 所示。

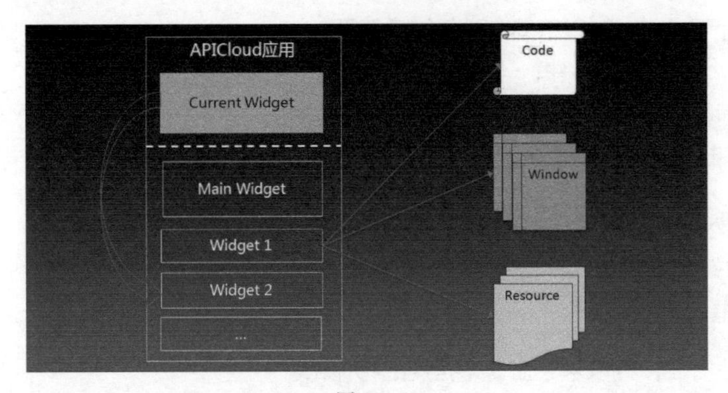

图 7-8

多 Widget 具有如下特性：

- 通过 ID 对 Widget 进行管理；
- Widget 在界面上表现为独立的窗口容器，由多个窗口组成；
- 每一个 Widget 在代码、资源、窗口上都完全独立；
- 同一时刻，应用中只能有一个 Widget 在界面显示；
- 按作用分为主 Widget 和子 Widget ；
- Widget 之间可以相互调用。

7.7.2 主Widget

主 Widget 是 App 的入口 Widget，具有如下特性。

- 加载机制：App 的入口 Widget，App 启动之后首先自动加载运行主 Widget。
- 生命周期：等于整个应用的生命周期，关闭主 Widget 就会退出 App。
- 配置文件：作为 App 的配置文件，在云端编译应用的时候使用。
- 代码位置：编译后存储于 App 的安装包中，即 ipa 或 apk 包中。

7.7.3 子Widget

子 Widget 被其他 Widget 调用运行，具有如下特性。

- 加载机制：不会被 App 自动加载运行，需要被其他的 Widget 调用才能运行。
- 生命周期：从 api.openWidget 开始，到 api.closeWidget 结束。
- 配置文件：对引擎和云端设置的配置项无效，其他的配置项有效。
- 代码位置：可以存在于 App 的安装包中，也可以存在于 App 沙箱中。

7.7.4 Widget管理相关API使用

下面列出了和 Widget 管理相关的 API。

- 打开子 Widget：api.openWidget()。
- 关闭子 Widget：api.closeWidget()。
- 获取参数：api.wgtParam。

子 Widget 搜索路径包括：主 Widget 包根路径下的 wgt 目录和沙箱中的 wgt 目录。

```
api.openWidget({
    id: 'A00000001',//Widget的ID
    animation: {//动画参数，不传时使用默认动画
        type: 'flip',
        subType: 'from_bottom',
        duration: 500
    }
}, function(ret, err) {

});

api.closeWidget({
    id: 'A00000001',//Widget的ID
    retData: {//返回给上个 widget 的返回值
        name: 'closeWidget'
```

```
    },
    animation: {//动画参数，不传时使用默认动画
        type: 'flip',
        subType: 'from_bottom',
        duration: 500
    }
});
```

7.8 SuperWebView

为了方便在原生App中应用APICloud技术，APICloud提供了SuperWebView，它用于替换系统原生的WebView，本节将介绍SuperWebView的基本概念。

7.8.1 SuperWebView介绍

SuperWebView是APICloud一款重要的端引擎产品，致力于解决系统WebView功能弱、体验差等问题，加速HTML5与Native的融合。SuperWebView以SDK的方式提供，原生应用嵌入SuperWebView替代系统WebView，即可在HTML5代码中使用APICloud平台的所有端API和云服务。

7.8.2 SuperWebView特点

SuperWebView具有以下几个特点：

- 以SDK的方式提供，嵌入到原生工程中使用；
- 可以为每个应用动态编译生成专属的SuperWebView；
- 可以调用平台所有端API，通过应用控制台进行配置；
- 可以使用平台所有的云服务，如版本管理、云修复、数据云等。

关于SuperWebView的更多信息参阅官方文档SuperWebview开发指南Android、SuperWebview开发指南IOS、SuperWebView Android API Reference和SuperWebView iOS API Reference部分。

7.9 使用APICloud应用管理服务，实现App的发布和运营管理

本节将带领读者对示例App进行发布和运营管理。

7.9.1 编译 App

在编译项目之前请将本地开发完毕的代码同步到 APICloud 云端，参照第 1 章 2.3 节。

进入示例项目控制台页面，选择左侧的“云编译”打开云编译页面。在右侧窗口中选择要编译的平台（如 Android）和权限（使用默认权限即可），类型选择正式版。其余根据需要进行设置，然后点击“云编译”按钮。页面会提示当前的编译进度，在编译完成后会分别显示相应平台的下载链接和二维码。

7.9.2 版本发布

每当 App 需要更新版本时可使用此功能。打开示例项目控制台页面，选择左侧的“版本”打开版本控制页面。在右侧窗口中选择想要更新的平台，并选择对应的云编译过的版本。更新地址可以从云编译页面获取，然后粘贴在这里即可。更新备注填写 App 本次更新的内容，之后点击“更新”按钮。

7.9.3 使用云修复

下面尝试使用云修复功能。修改示例项目的“config.xml”文件：

```
<preference name="autoUpdate" value="true" />
<preference name="smartUpdate" value="true" />
```

将修改后的项目代码同步到 APICloud 云端。在云编译页面发布示例项目的正式版本并安装到设备中。

打开“html/main.html”，在“apiready”函数中添加：

```
alert('进行了云修复');
```

在计算机本地任意位置建立一个“widget”文件夹，并在其中建立一个“html”文件夹，将工程中的“html/main.html”拷贝到刚创建的“html”文件夹中，即“widget/html/main.html”。将“widget”文件压缩为“widget.zip”文件，务必确保压缩包为 zip 格式。

打开 App 控制台进入“云修复”页面，选择“APICloud 应用”并选择刚编译的版本号。右侧选择上传更新文件，将刚创建的“widget.zip”进行上传，然后点击更新按钮。

运行刚刚安装的 App 即可自动进行云修复，修复后的 App 在启动后会弹出对话框显示“进行了云修复”。如图 7-9 所示。

图 7-9

7.9.4　闪屏广告

首先编译App的正式版本并安装到移动端，然后在控制台中打开闪屏广告页面，开启闪屏广告。选择想要使用的图片并设置显示时间后保存。

闪屏广告启用后，App的第一次启动需要下载闪屏广告的相关信息，不会应用闪屏广告，再次启动App即可观看效果。

7.10　小结

本章学习了APICloud项目编译、版本管理、云修复和闪屏广告功能的使用方法和开发APICloud项目的优化策略，以及多Widget和SuperWebView技术的简单使用。

通过第一部分的学习，读者已经了解了APICloud开发技术的基本原理、引擎架构和常用的开发技术。从如何创建一个项目到编译发布和版本管理，涉及了静态页面开发、与服务器的通讯、数据渲染和模板引擎、常用模块的使用以及第三方服务模块的接入和使用。由于篇幅限制很多静态页面的代码无法放入本书中，读者可以通过本书的在线资源获取这些已经编写好的内容。一些接口的调用，如获取城市列表、获取商品列表在本书的正文部分也没有体现，读者可以从相关在线文档获取并在合适的地方实现。读者在理解第一部分的内容后再加以灵活运用就可以开发常见的App了。

本书示例App完整版本的全部代码可以在GitHub仓库中获得（第一部分\示例项目资源\完整项目\widget）。

第二部分

实战技巧：如何开发一款优质的 App

通过第一部分的学习，相信大家已经能够使用 APICloud 技术开发一款 App 了。入门虽易，修行不易，通常需要积累更多的项目开发经验，才能够开发出一款优质的 App。本部分编制的目的就是快速增加读者的项目开发经验，本部分所述实战技巧由诸多一线资深 APICloud 开发工程师从实战角度出发，总结多个项目经验，由浅入深，精心提炼编制而成。

需要特别指出的是，本部分讲述的是 App 开发的进阶内容，适合已经具备 APICloud App 开发能力的开发者，对于新手朋友们，建议学完本书第一部分以后，再来学习这部分的内容。另外，本部分第 12 章调试技巧主要是讲解如何使用第三方软件工具来辅助 APICloud App 开发的中高级技巧。对于初学者，如感觉阅读有难度，可先忽略，并不会影响对 APICloud App 开发的学习。

本部分的诸多实战技巧 Demo，大家既可以将其当作一个学习参考对象，也可以直接将之应用到自己的具体 App 项目中。希望大家在学习技巧的同时，能够领会其中蕴含的设计思想。本部分的主要用意还是抛砖引玉，让大家从多角度、更深层次的发掘 APICloud 所蕴含的技术能力和技术潜力，从而能够开发出更优质的 App 产品。

这部分中的实战技巧的完整源码和应用模块配置说明详见本书 GitHub 仓库（第二部分 / 实战技巧示例源码），同时我们也准备了一个将所有实战技巧整合在一起的演示 App，读者可以在 GitHub 仓库（第二部分 / 实战技巧演示 Demo 安装包）中下载并安装演示 App，以查看这些实战技巧的实际运行效果。

第 8 章

如何与众不同

主要内容

示例 1 和示例 2 讲的是“融合”，示范了 APICloud 模块与 HTML5 代码混合开发的使用技巧；

示例 3 讲的是“基础特性”，帮助开发者理解与掌握 APICloud 的基础特性，这样需求实现就会变得简单；

示例 4～示例 6 讲的是 CSS 的使用技巧，APICloud 采用 HTML、CSS 和 JavaScript 为主开发语言，可以完美实现各种 CSS 样式效果。

学习目标

（1）实现自定义样式的日期选择器。

（2）实现自定义样式的三级联动城市选择器。

（3）实现固定不动的下拉筛选菜单。

（4）实现滑动页面时，动态改变导航条颜色。

（5）实现背景图片的高斯模糊效果。

（6）实现 0.5 px 的细线。

以下示例讲解仅选择部分核心代码进行详细说明，读者可在 GitHub 本书的资源范例中获取示例的完整代码。

8.1　自定义样式的日期选择器

APICloud 模块因其易用性、高效性，在 APICloud 应用开发中会被频繁地使用。UI 类的 APICloud 模块，可以修改颜色、字体、背景色等样式，形成不同的风格与外观样式，但模块的整体布局结构是无法改变的。本示例提供一种思路，将 HTML 页面与模块混合搭配，利用 HTML 快速布局形成不同的页面格局，形成另类的视觉体验。

下面采用 HTML 页面与 APICloud 模块混合嵌套的方式，实现一个不一样的日期选择器，如图 8-1 所示。

图 8-1

8.1.1　使用模块 UICustomPicker

UICustomPicker 模块是一个自定义内容选择器，可自定义模块位置、内容取值范围、内容标签、设置选中内容，还可用于实现固定取值范围的内容选择器；多项内容之间没有级联关系。

8.1.2 开发流程及要点概述

本示例的实现思路是先用 HTML 代码创建一个背景页面，然后将模块打开在这个背景层上面，从而从视觉上实现既定的目标样式。

(1) 实现 HTML 静态页面开发

为相关页面添加如下 HTML 代码，使用了弹性盒子布局。篇幅所限，CSS 样式部分就不在这里列出，具体可从示例源码中获取查看。注意页面中的 onclick 点击事件使用了 tapmode 属性去消除 300 ms 的点击延迟。

```
/* HTML页面部分代码 */

<body class="flex-box flex-column">
    <div class="flex-1"></div>
    <div class="sheet">
        <div class="flex-box sheet-header">
            <div class="Btn"></div>
            <div id="title" class="flex-1">请选择日期</div>
            <div class="Btn" tapmode="touched" onclick="fnCompleteBtnTouched();">完成</div>
        </div>
        <div class="sheet-body">
            <div class="title flex-box">
                <span class="flex-1">年</span>
                <span class="flex-1">月</span>
                <span class="flex-1">日</span>
            </div>
            <div id="picker-container" class="flex-box flex-column">
                <div class="flex-1"></div>
                <div class="cell"></div>
                <div class="flex-1"></div>
            </div>
        </div>
        <div class="cancel" tapmode="touched" onclick="fnCancelBtnTouched();">取消</div>
    </div>
</body>
```

(2) 创建日期选择器

创建模块实例，在 open 方法中定义了模块的位置、大小尺寸和颜色样式、可选的时间范围等参数。在 open 方法的回调中记录了模块的 ID 值，用于后续操作模块的逻辑方法时使用。同时加入了设置模块初始化显示的默认值方法和防止选择错误日期（如 2 月 30 日）的方法。

为相关页面添加如下代码：

```
// JavaScript 部分代码
var UICustomPicker; //模块对象
var vPickerId;  // 记录当前模块ID的变量
```

```
function fnOpenPicker() {  // 创建联动选择器
    UICustomPicker = api.require('UICustomPicker'); // 引入模块
    // 定义模块初始化需要的参数
    // 根据页面HTML布局，定义模块所在位置参数
    var tY = api.winHeight - 184 - 10;   // 定义模块rect中的Y，起始高度数值
    var tW = api.frameWidth - 40;        // 定义模块rect中的w，宽度数值
    // 定义模块可选择的时间范围参数
    // 获取当前年份
    var tNow = new Date();
    var tYear = tNow.getFullYear(); // 获取当前年份
    var tMonth = tNow.getMonth();   // 获取当前月份
    var tDate = tNow.getDate();     // 获取当前日期
    var tMinYear = tYear - 100;     // 可选最小时间,100年前
    var tMaxYear = tYear + 100;     // 可选最大时间,100年后
    UICustomPicker.open({
        rect: {
            x: 20,
            y: tY,
            w: tW,
            h: 135
        },
        styles: {
            bg: 'rgba(61,61,61,0.0)',
            normalColor: 'rgba(61,61,61,0.5)',
            selectedColor: '#3d3d3d',
            selectedSize: 28,
            tagColor: '#3685dd',
            tagSize: 16
        },
        data: [{
            scope: tMinYear + '-' + tMaxYear
        }, {
            scope: '1-12'
        }, {
            scope: '1-31'
        }],
        autoHide: false,
        loop: true,
        rows: 3,
        fixedOn: api.frameName,
        fixed: true
    }, function(ret, err) {
        if (ret) {
            if('number' == typeof ret.id) {
                vPickerId = ret.id;  // 记录当前模块的ID
            }
            if('show' === ret.eventType) {
                // 设置当前时间为默认值
                var tDefault = [tYear,tMonth+1,tDate];
                fnSetSelectedValue(tDefault);
            }
            if('selected' === ret.eventType) {
                //判断选择值的合法性
                fnCheckSelectedValue(ret.data);
            }
        }
    });
}
```

(3) 加入时间校验逻辑

因为现实时间存在闰年，并且每个月的天数不同，所以需要完善日期选择器，加上补充逻辑，以避免出现选择了 ×××× 年 2 月 31 日的错误发生。

```
/**
 * 闰年判断
 * @param  {Number} pYear 4位数字组成的年份值
 * @constructor
 */
Date.prototype.isLeapYear = function(pYear) {
    var self = this;
    var tYear = 'number' === typeof pYear ? pYear:self.getFullYear();
    return (tYear % 4 == 0) && (tYear % 100 != 0 || tYear % 400 == 0);
}

var oSelectedData; // 选择的时间数组
/**
 * 判断选择值的合法性
 * @param  {Array} pData 日期选择器选择后的回调数据
 * @return {void}
 */
function fnCheckSelectedValue(pData) {
  if('[object Array]' !== Object.prototype.toString.call(pData)) {
      return;
  }
  //判断特殊日期
  //获取月份进行判断
  var tData = pData;
  switch (tData[1]) {
      case '2':
          //判断是否为闰年
          var tNum = '28';
          if(new Date().isLeapYear(tData[0])){
              tNum = '29';
          }
          if( parseInt(tData[2]) > parseInt(tNum) ){
              tData[2] = tNum;
              fnSetSelectedValue(tData);
          }
          else {
              oSelectedData = tData;
          }
          break;
      case '4':
      case '6':
      case '9':
      case '11':
          if( tData[2] == '31') {
              tData[2] = '30';
              fnSetSelectedValue(tData);
          }
          else {
              oSelectedData = tData;
          }
          break;
      default:
          oSelectedData = tData;
```

```
    }
  }

  /**
   * 主动设置选择器的选择值
   * @param  {Array} pData 日期选择器选择后的回调数据
   * @return {void}
   */
  function fnSetSelectedValue(pData) {
      if('[object Array]' !== Object.prototype.toString.call(pData)) {
          return;
      }
      UICustomPicker.setValue({
          id: vPickerId,
          data: pData
      });
      oSelectedData = pData;
  }
```

(4) 加入 HTML 页面按钮点击事件

点击事件是实现模块和其他页面的交互逻辑的。

fnCancelBtnTouched() 函数方法中使用了 api.pageParam 这个 api 的属性，其中 cb_win(表示回调的 win 窗口名称)和 cb_frm（表示回调的 frame 窗口名称），具体对应的值是上一级打开本页面的窗口传送过来的，这样的好处是方便本页面封装成一个通用的公共页面，更加灵活。为相关页面添加如下 JS 代码：

```
//取消按钮点击事件
function fnCancelBtnTouched() {
  api.execScript({  // 调用上级页面方法来关闭选择器
      name: api.pageParam.cb_win,
      frameName: api.pageParam.cb_frm,
      script: 'fnCloseSheetFrame();'
  });
}
```

fnCompleteBtnTouched() 完成按钮的点击事件，将关闭页面的方法放在了上级页面，使用 api.execScript 方法去调用执行。这样处理是为了避免页面关闭的执行过快，后续的逻辑代码还没来得及执行或没有执行完，从而产生错误异常。

```
//完成按钮点击
function fnCompleteBtnTouched() {
  if(!oSelectedData || oSelectedData.length == 0) {
      api.toast({
          msg: '请选择日期! ',
          duration: 2000,
          location: 'bottom'
      });
      return;
  }
  else {
```

```
        /* 执行完成后续业务逻辑 */
      // console.log('选择数据:'+JSON.stringify(oSelectedData));
      api.execScript({ //执行选择后的回调方法
          name: api.pageParam.cb_win,
          frameName: api.pageParam.cb_frm,
          script: api.pageParam.cb_fun+'('+JSON.stringify(oSelectedData)+');'
      });
    }
  }
```

本示例的点击事件中使用的 api.pageParam 对象是由上级页面传递的，目的是将页面选择的数据回传给调用的上级页面。

8.2　自定义样式的三级联动城市选择器

本示例是一个“省、市、区”三级联动选择器，在实际 App 开发中，用户会经常遇到选择省、市、区的功能需求。本示例开发思路及原理与 8.1 示例相同，均展示如何使用 HTML 页面结合模块实现功能逻辑。完成效果图如图 8-2 所示。

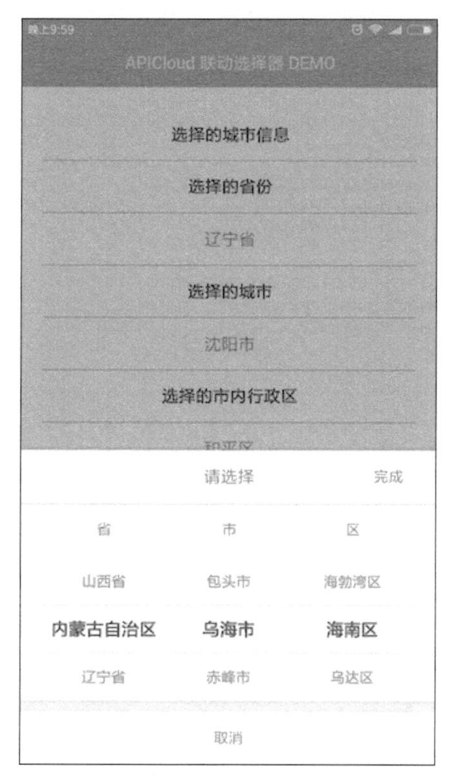

图 8-2

8.2.1　使用模块：UILinkedPicker

UILinkedPicker 是分级联动选择器模块，支持自定义选择器的大小、位置、内容及其级别（Android 暂仅最大支持 3 级）和数据源，可手动设置指定选中项，用于实现固定取值范围的内容选择器，多项内容之间有级联关系。

8.2.2　开发流程及要点概述

本示例的设计思想与 8.1 节示例相同，但区别在于使用了不同的模块，8.1 节是非联动的模块，而本示例模块是层级联动的。

（1）实现 HTML 静态页面开发，为相关页面添加如下 HTML 代码：

```
/* HTML页面部分代码 */

<body class="flex-box flex-column">
    <div class="flex-1"></div>
    <div class="sheet">
        <div class="flex-box sheet-header">
            <div class="Btn"></div>
            <div class="flex-1">请选择</div>
            <div class="Btn" tapmode="touched" onclick="fnCompleteBtnTouched();">完成</div>
        </div>
        <div class="sheet-body">
            <div class="title flex-box">
                <span class="flex-1">省</span>
                <span class="flex-1">市</span>
                <span class="flex-1">区</span>
            </div>
            <div id="picker-container" class="flex-box flex-column">
                <div class="flex-1"></div>
                <div class="cell"></div>
                <div class="flex-1"></div>
            </div>
        </div>
        <div class="cancel" tapmode="touched" onclick="fnCancelBtnTouched();">取消</div>
    </div>
</body>
```

（2）创建联动选择器，为相关页面添加如下代码：

```
 //JavaScript部分代码
var UILinkedPicker; // 模块对象
var oSelectedData;  // 用户选择内容
function fnOpenPicker() {  // 创建联动选择器
  UILinkedPicker = api.require('UILinkedPicker'); // 初始化模块对象
  var tY = api.winHeight - 184 - 10;     // 计算选择器高度坐标 y 数值
  var tW = api.frameWidth - 40;          // 计算选择器宽度 w 数值

  UILinkedPicker.open({
```

```
        rect: {
            x: 20,
            y: tY,
            w: tW,
            h: 135
        },
        styles: {
            bg: 'rgba(61,61,61,0)',
            text: {
                size: 14,
                selected: '#3d3d3d',
                normal: 'rgba(61,61,61,0.5)'
            },
            item: {
                // w: 80,//(可选项) 数字类型; 背景视图的宽; 默认值: 单元格宽-20, 本页面该参数使用默认值即可
                h: 45,    //(可选项) 数字类型; 背景视图的高; 默认值: 单元格高-20
                normal: 'rgba(61,61,61,0)', //(可选项) 字符串类型; 常态背景色, 支持 rgb、rgba、#; 默
认值: #87ceeb
                    selected: 'rgba(61,61,61,0)', //(可选项) 字符串类型; 选中后的背景色, 支持 rgb、
rgba、#; 默认值: #218868
                zoomIn: 1.2 //(可选项) 数字类型; 选中后放大倍数,; 默认值: 1.2
            }
        },
        data: 'widget://res/city_level3.json',  // 引用的数据源文件
        rows: 3,
        fixedOn: api.frameName
    }, function(ret, err) {
        if (ret) {
            if (ret && 'object' === typeof ret.selects) {
                oSelectedData = ret.selects;
            }
        }
    });
    }
```

（3）加入HTML页面按钮点击事件，添加如下代码：

```
//取消按钮点击事件
function fnCancelBtnTouched() {
    api.execScript({
        name: api.pageParam.cb_win,
        frameName: api.pageParam.cb_frm,
        script: 'fnCloseSheetFrame();'
    });
}

//完成按钮点击
var vBtnTouched = false;
function fnCompleteBtnTouched() {
    if (!oSelectedData || oSelectedData.length == 0) {   // 判断是否已选择数据
        api.toast({
            msg: '请选择省市区!',
            duration: 2000,
            location: 'bottom'
        });
        return;
    } else {
        // console.log('选择数据:'+JSON.stringify(oSelectedData));
```

```
        api.execScript({ //执行选择后的回调方法
            name: api.pageParam.cb_win,
            frameName: api.pageParam.cb_frm,
            script: api.pageParam.cb_fun+'('+JSON.stringify(oSelectedData)+');'
        });

    }
}
```

8.3　实现固定不动的下拉筛选菜单

本示例展示了利用 APICloud 的系统特性，巧妙实现固定不动的下拉筛选菜单，如图 8-3 所示。

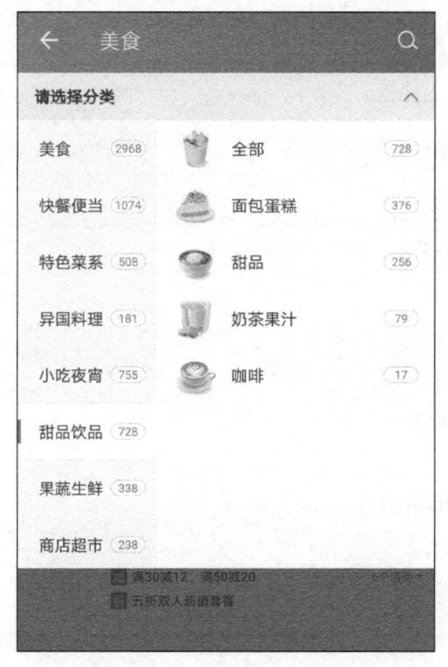

图 8-3

实现这种菜单的难点在于，如果采用 CSS 定位的方式使用下拉刷新，不可避免的就会出现筛选菜单跟随页面一起滑动，做不到固定在页面上方。解决这个问题可以用一个 APICloud 最基本的概念来实现，即 Window+Frame 的 UI 结构。使用 Frame，可以使菜单层对列表层达到完全覆盖，并且列表下拉刷新时不会拖动菜单。

APICloud 的 App 的窗口结构是 Window+Frame，Window 一般是固定不动的 header 和 footer。可以根据这种思想，将固定不动的筛选栏放在 Window 的头部中，列表放在 Frame1 中，筛选菜单放在另一个 Frame2 中。

在 Window 中的关键代码片段如下：

```
/*
 * 首先在window中打开列表页 frame1
 */
api.openFrame({
    name: 'frame1',// frameName
    url: 'path1',// 文件的地址
    rect: {
        x: 0,
        y: header.h, // header.h代表的是header的高度（纯数字，不带px等单位）
        w: 'auto',
        h: 'auto'
    },
    bounces: true // 页面的弹动效果，当页面使用下拉刷新的时候，会强制变成true
});
/*
 * 之后在window中打开列表页 frame2
 * 打开的时候，要将frame打开在屏幕之外，来隐藏这个frame，不让用户看到
 */
api.openFrame({
    name: 'frame2',// frameName
    url: 'path2',// 文件的地址
    rect: {
        x: api.winWidth, // window的宽度，这样就可以将frame2先隐藏掉
        y: header.h, // header.h代表的是header的高度（纯数字，不带px等单位）
        w: 'auto',
        h: 'auto'
    },
    bounces: false, // 菜单页面不需要弹动的效果
    bgColor: 'rgba(0,0,0,0.3)' // 淡淡的遮罩层
});
```

之后是在 Frame2 中的关键代码片段：

```
/*
 * 在Frame2的apiready方法被调用之后，执行一下setFrameAttr方法，来改变Frame2的位置，并隐藏
 */
apiready = function(){
    api.setFrameAttr({
        name: api.frameName, // 这里获取的是自己的frameName —— frame2
        rect: {
            x: 0 // 让frame2的x轴位置归0
        },
        hidden: true // 让frame2隐藏
    });
};
```

这样一来，Frame2 就处于隐藏状态了。需要显示的时候，在 Window 里面进行调用，代码如下：

```
api.openFrame({
    name: 'frame2',// frameName
```

```
    url: 'path2',// 文件的地址
    rect: {
        x: api.winWidth, // window的宽度，这样就可以将frame2先隐藏掉
        y: header.h, // header.h代表的是header的高度（纯数字，不带px等单位）
        w: 'auto',
        h: 'auto'
    },
    bounces: false, // 菜单页面不需要弹动的效果
    bgColor:'rgba(0,0,0,0.3)' // 淡淡的遮罩层
});
/*
 * 在frame被隐藏的状态下,openFrame会把这个隐藏的frame提到这个window的最上层，不需要重新打开
 * 这样做是为了对打开页面的性能做优化，先打开，之后隐藏，下次需要的时候打开，会极大的加快打开页面的速度
 */
```

在需要隐藏菜单的时候，可以使用下面的代码：

```
api.setFrameAttr({
    name: api.frameName, // 这里获取的是自己的frameName —— frame2
    hidden: true // 让frame2隐藏
});
/*
 * 让frame2继续处于隐藏的状态
 */
```

结果如图 8-4 所示：

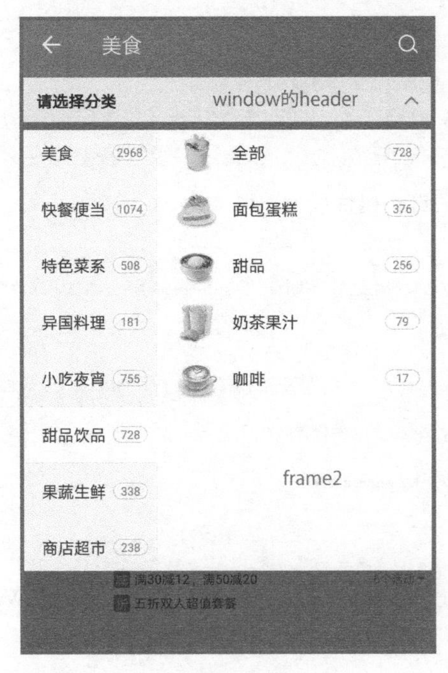

图 8-4

8.4 滑动页面动态改变导航条颜色

我们经常可以在一些 App 中看到在上下滑动页面时，顶部导航条的颜色会跟随滑动状态发生改变。本节将示范如何实现这一功能。

8.4.1 实现思路

此功能由两个功能单元组成：获取页面滑动事件和改变头部颜色样式。

在页面滑动事件的回调中，调用改变导航条样式的方法，就可以完成该功能的开发，获取页面滑动事件。可以通过定义窗口的 onscroll 事件，即 `window.onscroll` 来实现，`window.onscroll` 用来为当前页面的页面滚动事件添加事件处理函数。

```
函数方法定义
window.onscroll = function() {
/*
这里写滑动事件触发时的执行逻辑代码
移动端获取滚动条距离scrolltop方法
var scrolltop = document.body.scrollTop;
*/
}
```

改变头部样式就是一个简单的 DOM 元素操作，使用 JS 改变导航条 header 元素的样式可以实现。

8.4.2 知识点说明

本示例将导航条 header 部分单独放置在一个 Frame 页面中，这样做的目的是当滑动页面内使用了 UI 类模块时，因为 UI 类模块的显示优先级高，普通的 DOM 元素无法遮挡模块，一旦 UI 类模块和导航条 header 重叠，就会出现 UI 类模块在导航条 header 的上面划过，导航条会被遮挡住，所以将导航条 header 放在 Frame 页面中，避免此类问题的发生。

window.onscroll 事件方法会在很多需要通过监听页面滑动距离来触发事件的场景中用到，比如通讯录功能中在滑动通讯录列表页面时右侧的竖排 26 个字母会跟随当前列表的姓名首字母做相应变化，这个就可以通过 onscroll 事件来完成实现。

8.4.3 核心部分代码

下面是实现本示例的核心代码。

- index.html 主页面获取页面滑动高度，调用 window.onscroll 的实际代码，示例如下：

```
function addChangeHeaderColorMethod() { // 添加滚动改变头部颜色方法
  var tHeight = api.winHeight/2;
  window.onscroll = function(){
    // 核心代码，获取当前页面的滑动距离
    var tScrollTop = document.body.scrollTop;
    // 人为控制滑动距离参数值，实现颜色的可控变化
    if(tScrollTop>tHeight) {
      tScrollTop = tHeight;
    }
     // 使用execScript方法远程调用header页面的 changeHeaderColor方法，并将滑动距离参数传递过去，实现滑动距离和颜色变化的动态关联
    api.execScript({
        name: api.winName,
        frameName: 'index_header_frm',
        script: 'changeHeaderColor('+tScrollTop+');'
    });
  }
  }
```

- index_header_frm 页面改变头部颜色的方法，代码如下：

```
  /**
 * 添加滚动改变头部颜色方法
 * @param  {Number} pScrollTop 滚动高度
 * @return {Void}
 */
function changeHeaderColor(pScrollTop) {
  var tScrollTop = pScrollTop;
  // 头部透明度,当滚动高度是屏幕高度一半是，设置透明度为1(不透明)
  var tHeaderAlpha = tScrollTop/(api.winHeight/2);
  // 改变头部 Header 的背景色
  eHeader.style.backgroundColor = 'rgba(254,88,94,'+tHeaderAlpha+')';
  // 改变头部 Header 的字体颜色
  eHeader.style.color = 'rgba(255,255,255,'+tHeaderAlpha+')';
}
```

8.5　实现高斯模糊的背景图片

移动应用中一般都会有个人中心这样的功能模块。在显示头像的布局中有时会要求以高斯模糊效果的头像为背景。然而在使用 CSS 的滤镜效果时，会发现图像的四周出现白色的模糊边框，无法满足 UI 的设计效果。那么这种场景应该怎样实现呢？下面将详细讲解如何实现高斯模糊的背景图片。

界面效果如图 8-5 和图 8-6 所示，分别为未处理过的滤镜效果和处理过的滤镜效果。

图 8-5

图 8-6

具体实现高斯模糊功能的步骤如下。

（1）HTML 布局参照如下代码：

```
//背景布局
<div class="main">
  <img class="blur" src="image/index_bg.jpg" />//背景图片
</div>

//头像布局
<div class="content">
  <img class="content_img" src="image/index_bg.jpg" />//头像图片
</div>
```

（2）CSS 处理高斯模糊背景参照如下代码：

```
.main {
  position: relative;
  width: 100%;
  height: 200px;
  overflow: hidden; //重点：设置超出隐藏
}
.content {
  position: absolute;
  top: 50px;
  left: 50px;
  width: 52px;
  height: 52px;
}

.content_img {
  width: 50px;
  height: 50px;
  border-radius: 26px;
  border: 1px solid #ccc;
}

.blur{
  position : absolute;
  top : -10%;     //重点：设置背景图片比背景布局整体大一些，由于超出隐藏，解决白色模糊边框问题
  left : -10%;
  width: 120%;
```

```
    height: 120%;
    -webkit-filter: blur(5px);//高斯模糊的滤镜效果，兼容多浏览器
    -moz-filter: blur(5px);
    -ms-filter: blur(5px);
    filter: blur(5px);
  }
```

8.6　精致 0.5 px 细线的实现

移动端 HTML 文件中通常需要正确设置 viewport，`<meta name="viewport" content="width=device-width, initial-scale=1.0, maximum-scale=1.0, user-scalable=no">` 定义了本页面的 viewport 的宽度为设备宽度，初始缩放值和最大缩放值都为 1，并禁止了用户缩放。理解了 viewport 的设计原理会使得移动端 CSS 里面写了 1 px，实际 App 中看起来比 1 px 粗。所以当前很多 App 页面的 UI 设计会使用 0.5 px 的细线作为分割线或边框线，以使画面线条显得更加细腻、精致。

本示例采用 CSS 中的伪类 +transform 方法来实现 0.5 px 细线，这是当前各种开发方案中兼容性比较好的一种实现方案。实现方法说明如下。

使用 CSS 伪类 :before 或者 :after 来模拟一个仅包含 border 的元素，然后使用 transform 的 scale 将此元素缩小一半，即实现了 1 px 到 0.5 px 的转变。这里要求原设计元素相对定位，伪类创建的 border 绝对定位。

具体代码如下：

```
/*单条border样式设置*/
.obj {                          /*目标元素*/
  position: relative;       /*相对定位*/
  border:none;
}
/*伪类元素，创建底部细线*/
.obj:after{
  content: '';
  position: absolute;       /*绝对定位*/
  bottom: 0;                /*设置位置*/
  background: #000;         /*设置颜色*/
  width: 100%;              /*设置宽高*/
  height: 1px;
  -webkit-transform: scaleY(0.5);  /*设置缩放*/
  transform: scaleY(0.5);
  -webkit-transform-origin: 0 0;
  transform-origin: 0 0;
}

/*四条border样式设置*/
.scale-1px{
   position: relative;
```

```
    margin-bottom: 20px;
    border:none;
}
.scale-1px:after{
    content: '';
    position: absolute;
    top: 0;
    left: 0;
    border: 1px solid #000;
    -webkit-box-sizing: border-box;
    box-sizing: border-box;
    width: 200%;
    height: 200%;
    -webkit-transform: scale(0.5);
    transform: scale(0.5);
    -webkit-transform-origin: left top;
    transform-origin: left top;
}
```

iOS8.0 以上版本支持直接设置 0.5 px 的线宽，而本示例所述方法是单纯使用 CSS 实现了 0.5 px 细线，其优点是自动兼容不需要考虑操作系统版本。在实际的开发中，可以通过 JavaScript 来判断当前系统版本，针对不同的手机系统版本使用不同的 CSS 样式，可实现更好的效果搭配。

8.7 小结

本章介绍了开发 App 一些特定效果的常见技巧，但好的创意远不止这些，限于篇幅我们也无法一一展示。任何酷炫功能都可以在 APICloud 平台上实现，如果你有好的创意或实现方法欢迎公开到 APICloud 开发者社区中，让更多人开发出更具特色的优质 App。

第 9 章

挖掘 API 潜力

主要内容

本章将介绍 API 对象的高级内容，读者可以通过这些内容构建用户体验更好的 App。

示例 1 巧妙地展示了如何使用 Frame 的系统特性，去模拟实现一些功能组件；

示例 2 展示了 UIScorllPicture 模块的另类使用场景；

示例 3 ～示例 5 展示了模块在复杂逻辑下的实现方式；

示例 6 详细讲解了 api.ajax 方法在实战中的使用技巧和需要注意的事项。理解此示例的讲解内容，对以后的项目开发工作帮助很大。

学习目标

（1）使用 Frame 模拟实现按钮功能、窗口组件和侧滑式窗口布局。

（2）使用 UIScrollPicture 模块完成引导页的开发。

（3）使用 photoBrowser 模块实现自定义样式的图片浏览功能。

（4）使用 UIInput 模块实现自定义搜索界面。

（5）使用 UIChatBox 模块实现聊天界面。

（6）使用 api.ajax 进行接口调用。

9.1 深入挖掘 Frame 的各种应用场景

APICloud App 应用的页面是由 Window+Frame 方式构成，通常认为 Frame 就是作为 Window 的一个子页面存在的。本节将介绍 Frame 的更多使用场景。本示例所使用的技术难度并不高，但本示例使用的方法和技巧，在 Frame 的相关介绍文档中并没有明确的提及和说明。

换一种思维模式，换一个角度，可能会看到不同的风景。本示例更多想展示的是使用这种技巧进行发的思维方式。

下面具体列举几种利用 Frame 的窗口特性来实现不同效果页面的方法。

9.1.1 模拟页面按钮

在 APICloud App 中，UI 类模块的显示级别较高，一般的 DOM 元素无法覆盖在其上。通常遇到需要在 UI 类模块上添加按钮功能时，都使用 UIButton 模块来实现。在遇到一些 UIButton 模块难以实现的特殊 UI 样式时，就可以利用 Frame 与 UI 模块显示层级同级的特性：在 UI 类模块上，使用 `api.openFrame()` 方法，创建一个 Button 尺寸的 Frame，在此 Frame 中使用 HTML 元素实现 UI 设计样式的按钮，从而完成 Frame 版本的 Button 效果。

常见使用场景是在地图类模块上实现自定义按钮，如定位按钮、放大和缩小按钮等。

注意

在打开 Frame 页面后，需要开发者要自己负责 Frame 页面的显示与隐藏。因为 Frame 页面与其他 Frame 及 UI 类模块之间没有关联关系，所以在需要按钮与模块界面一起显示及一起隐藏的功能逻辑时，要开发者自己封装方法完成同步显示或同步隐藏的关联。本书第 8 章的 8.3 节也对 Frame 的特性和使用做了相关说明，可以关联起来进行学习。

Frame 初始化后是无法跟随页面滑动的，所以此种方法不适合需要按钮跟随页面滑动的场景。

9.1.2 模拟窗口组件

App 中的各种模态对话框组件也可以通过 frame 来模拟实现，这样能让页面的布局变得更加灵活。

1．实现原理

下面介绍两种模拟窗口组件的实用方法。有兴趣的开发者可以根据本例展示的方法，自行模拟实现更多特性的窗口组件。

一种是利用 CSS 动画实现窗口组件的滑入效果。

另一种是利用 Frame 窗口实用特性设置窗口背景的透明度，这一点是 Window 窗口无法达到的。通过这一特性可以模拟出页面遮罩效果，从而实现当前多种窗口组件。

2．组件效果图

下面列出了几种窗口组件的效果图，实现的技术难度并不高。由于篇幅所限，读者可在本书的 GitHub 分支中查看本示例的源码。

- 模拟 Alert 弹窗，如图 9-1 所示。

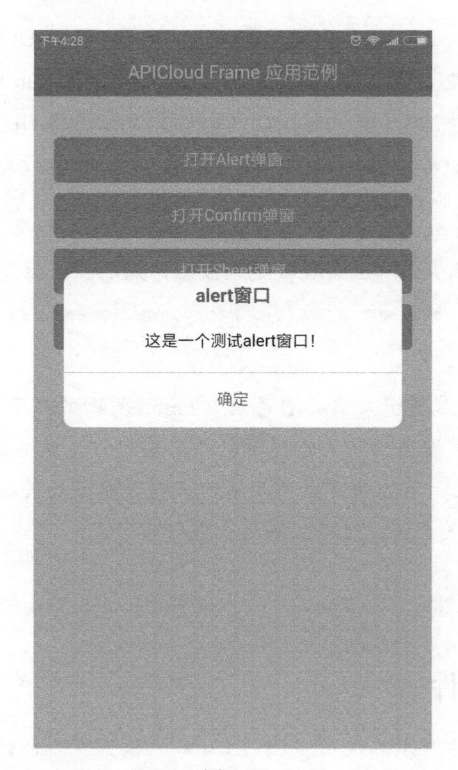

图 9-1

- 模拟 Confirm 弹窗，如图 9-2 所示。
- 模拟 Sheet 弹窗，如图 9-3 所示。

图 9-2

图 9-3

补充说明：第 8 章的 8.1 节和 8.2 节中的实例就是两个特殊效果的 Sheet 弹窗。

9.1.3 模拟侧滑窗口

通过 Frame 和 CSS 动画模拟侧滑窗口，效果如图 9-4 所示。

根据实际场景需要，考虑是否屏蔽当前 Frame 所在的 Window 窗口的返回功能，如 Android 的物理返回键功能和 iOS 的侧滑返回功能。

- 监听并拦截 Android 的物理返回键按键事件（keyback 事件），定义一个空回调函数即可，代码如下：

```
api.addEventListener({
  name: 'keyback'
},function(ret,err){
  /* 留空，不执行任何方法 */
});
```

- 禁止 iOS 的侧滑返回功能，设置 Frame 所在的 Window 窗口的侧滑返回属性为 false，示例如下：

```
api.setWinAttr({
  slidBackEnabled: false  //禁止滑动返回
});
```

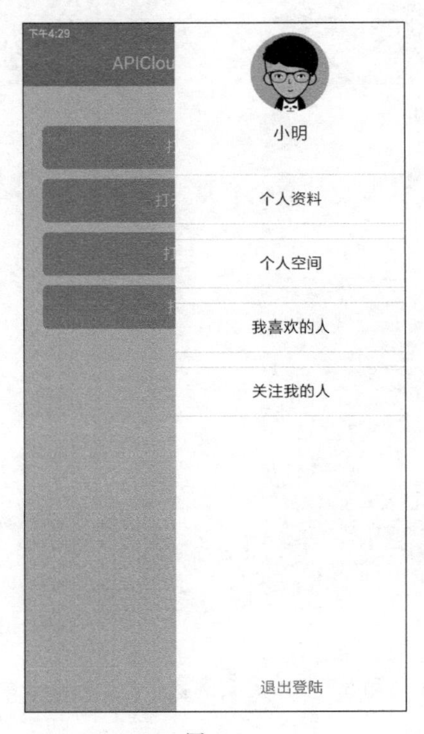

图 9-4

从项目优化角度出发，以上两个方法应在 Frame 所属的 Window 窗口中定义。在 Frame 打开和关闭两个生命周期事件中，使用 api.execScript 远程控制该功能属性的启用和禁用。

- Frame 弹窗出现时，拦截 keyback 事件和禁止侧滑返回功能。
- Frame 弹窗关闭时，取消拦截 keyback 事件和禁止侧滑返回功能。

补充说明：api.openSlidLayout 方法可实现侧滑抽屉式布局，本示例仅为了展现 Frame 的多种可塑性。

9.2　使用 UIScrollPicture 模块开发引导页

本节将介绍如何使用 UIScrollPicture 模块开发引导页。

9.2.1 概述

引导页（GuidePages）现在已经成为 App 的固定功能组件之一了。引导页可以有多种实现方式，本例使用 UIScrollPicture 模块进行引导页的开发。使用 UIScrollPicture 原生模块为引导页，可以让用户体验到与原生 App 一样的滑动翻页效果。

UIScrollPicture 模块通常是作为轮播图组件而被开发出来的。本例作为实战技巧之一，希望能起到一个示范作用。模块的使用并不需要局限于说明文档中的功能介绍，开发者完全可以根据自己的理解，扩展和丰富原有功能模块或功能 API。

9.2.2 实现思路

1. 分解引导页功能点

引导页在 App 第一次启动时显示，一般由几张全屏图片组成。用户滑动到尾页时，点击进入 App 主页面，由此归纳出下面的功能点列表：

- 引导页的显示判断（通常只有第一次 App 启动时才显示）；
- 引导页的内容图片展示；
- 引导页的滑动切换图片功能；
- 点击引导页尾页进入 App 主页面。

2. 功能点实现

下面将讲解引导页的主要实现步骤。

（1）引导页的显示判断。引导页在第一次启动 App 时显示，可使用 `api.getPrefs` 方法对第一次启动进行变量标识缓存，以后每次启动都判断该标识是否存在，如不存在，则判断该 App 为第一次启动。代码如下：

```
//程序启动入口
apiready = function(){
  //引导页显示判断
  var isFirst = api.getPrefs({
      key: 'isFirst',
      sync: true,
  });
  if (!isFirst) { // 第一次启动App,启动引导页面
      fnStartGuidePage();
  } else {  // 不是第一次启动App, 跳转正常主页面
      fnStartMainPage();
  }
};
```

(2) 引导页的内容图片展示与滑动切换图片。UIScrollPicture模块支持多张本地或网络图片的显示，并支持手势滑动切换图片。只要将UIScrollPicture的模块尺寸设置为全屏，就实现了引导页的主体功能。

(3) 点击引导页尾页启动App主页面。引导页滑动到尾页的判断可以通过UIScrollPicture.open方法的回调callback中的index来判断，点击事件可以写在callback中的click事件触发逻辑中。

需要说明的是，一般引导页的UI设计，在尾页一般是添加一个按钮，点击按钮后跳转到主页面。因为模块的特殊性，一般的DOM元素是无法存在于模块UI之上的，所以可以添加一个UIButton模块，然后在UIButton模块的点击事件中写入跳转主页面逻辑。如果UI设计的按钮样式特殊，开发者也可以使用Frame来模拟一个按钮。本示例使用UIButton模块来实现引导页尾页的按钮点击跳转主页面功能。

核心逻辑都写在fnStartGuidePage方法中，具体代码如下：

```
function fnStartGuidePage() {  // 启动显示引导页
        //设置页面默认图片;
        var tData = [
            'widget://res/guide1.jpg',
            'widget://res/guide2.jpg',
            'widget://res/guide3.jpg',
            'widget://res/guide4.jpg',
        ];
        UIScrollPicture = api.require('UIScrollPicture');
        UIScrollPicture.open({
            rect: {
                x: 0,
                y: 0,
                w: 'auto',
                h: 'auto'//此处用'auto'是为了动态适配手机屏幕变化，如部分手机虚拟键的显示/隐藏地切换
            },
            data: {
                paths: tData,
            },
            styles: {
                indicator: {
                    align: 'center',
                    color: 'rgba(255,255,255,0.4)',
                    activeColor: '#FFFFFF'
                }
            },
            contentMode: 'scaleToFill',
            auto: false,            //禁止自动滚动
            loop: false,            //禁止循环播放
        }, function(ret, err) {
            if (ret) {

                /*
                  //方法1  点击末页任意位置进入主页面
                  if('click' == ret.eventType){
                      if(ret.index==3){
                          //关闭页面，进入主页面
```

```
                        fnStartMainPage();
                    }
                }
            */

            //方法2  点击末页按钮进入主页面（使用前，需在控制台添加UIButton模块）
             //设计思路：添加一个UIButton模块，在UIScrollPicture页面滑动到末页时显示UIButton
模块，其余页面隐藏按钮模块，在按钮模块添加点事件点击模块进入主页面

            //添加末页点击进入主页面方法
            if ('show' == ret.eventType) {
                UIScrollPicture.addEventListener({
                    name: 'scroll'
                }, function(ret, err) {
                    if (ret.status) {
                        if (ret.index == (tData.length - 1)) {
                            //显示进入按钮
                            fnShowStartBtn();
                        } else {
                            //隐藏进入按钮
                            fnHideStartBtn();
                        }
                    }
                });
            }
        }
    });
}
```

上面 UIScrollPicture 模块的 open 方法中 rect 参数的高度 h 使用 'auto' 属性，这个点很重要。现在 Android 机型多样，部分手机系统在屏幕底部存在一个可以显示或隐藏的虚拟按键栏，此虚拟键栏可以在 App 运行的过程中随时显示或隐藏。当在虚拟键栏显示或隐藏时，会动态地改变设备屏幕的可用高度。如果不将模块的 rect 尺寸设置为 'auto'，则模块尺寸不会跟随窗口的可用高度变化而改变，从而导致出现空白区域，产生屏幕适配 Bug。

综上所述，为了适应屏幕的动态变化需要在 UI 类模块的使用中考虑使用 'auto' 属性来进行尺寸定义。在 api.openFrame 方法中使用 'auto' 或 margin 布局来定义 Frame 的尺寸。

9.3 使用 photoBrowser 模块实现自定义样式的图片浏览功能

本节将介绍如何使用 photoBrowser 模块自定义图片浏览功能。

9.3.1 概述

开发应用的过程中，很多地方会使用到图片浏览的功能。切换图片、通过手势放大缩小图片的功能几乎是统一的，这样的功能已经集成在 photoBrowser 模块中。然而图片浏览界面的样式却是多种多样的。那么应该怎样基于现有的原生模块实现不同的界面效果呢？以下将具体讲

解怎样实现相应的需求。

9.3.2　自定义样式图片浏览器功能实现步骤

（1）图片浏览器界面效果，如图 9-5 所示。

图 9-5

（2）使用 photoBrowser 模块实现基本图片浏览功能。打开 photoBrowser 模块，设置图片路径数组，以及基本样式和功能。详细信息可参阅模块文档。代码如下：

```
//打开photoBrowser模块
function fnOpenPhotoBroswer() {
  var photoBrowser = api.require('photoBrowser');
  photoBrowser.open({
    images : fnBuildImages(), //要展示的图片路径数组
    bgColor : '#000',         //设置背景色
    activeIndex : activeIndex //设置当前要显示的图片的索引
  }, function(ret, err) {
    if (ret.eventType == "show") {//当模块打开时，打开一个frame做标题栏
      fnOpenHeader();
    } else if (ret.eventType == "change") {//当切换浏览的图片时，改变标题栏frame中显示的值
      fnSetTitle(ret.index);
    }
  });
}
```

因为在原生模块被打开时，会显示在当前页面所有 HTML 元素之上。且 photoBrowser 模块是一个全屏的，不可设置模块的大小。所以如果需要在模块之上添加自定义样式的界面，则需

通过再次打开一个 Frame 来实现。

然后可以在 photoBrowser 模块的回调事件中，监听 show 以及 change 等事件来操作 Frame 中的元素。当 eventType 为 show 时，表示模块已经打开，此时可以通过打开一个 Frame 来展示在模块之上。当 eventType 为 change 时，可以通过页面间通讯来实现对 Frame 中元素的控制。

(3) 显示以及操作自定义界面。使用下面的代码创建新的 Frame 并且设置标题。代码如下：

```
//打开一个frame做标题栏
function fnOpenHeader() {
  api.openFrame({
    name : 'show_picture_header', //设置frame的别名
    url : 'html/show_picture_header.html',
    rect : {
      y : 0,
      h : 65     //设置标题栏的高度
    },
    pageParam : {  //向打开的frame中传参数
      pictureName : picturesName[activeIndex],
      pictureSum : 5,
      activeIndex : activeIndex
    }
  });
}

//页面间通讯，改变标题栏中显示的值
function fnSetTitle(index) {
  api.execScript({
    frameName : 'show_picture_header', //frame的别名，与openFrame中的name参数相对应
    script : 'fnSetTitle("' + picturesName[index] + '","' + index + ');'  //执行frame中名
为fnSetTitle的方法
  });
}
```

(4) 在 Frame 中接收参数，并编写被模块界面调用的方法。接收到参数后通过下面的代码处理。

```
//从上一个界面接收参数，并设置标题栏中的值
function fnInit() {
  pictureSum = api.pageParam.pictureSum;
  var activeIndex = api.pageParam.activeIndex;
  fnSetTitle(api.pageParam.pictureName, activeIndex, pictureSum);
}

//设置标题栏中的值
function fnSetTitle(title, index) {
  $api.byId("pic_name").innerHTML = title + "(" + (index + 1) + "/" + pictureSum + ")";
}
```

当遇到无法通过模块完全实现的界面效果时，可以通过模块与 Frame 结合的方式来解决。甚至可以打开多个 Frame，并设置不同的位置及大小来实现悬浮在模块之上的按钮等功能。并通过 `api.execScript()` 等方法来实现模块与 Frame 之间的通讯。

9.4 使用UIInput模块实现自定义搜索界面

本节将介绍如何使用UIInput模块实现自定义搜索界面。

9.4.1 概述

输入框的功能使用input标签就可以很简单地实现了。但是当产品设计要求通过点击输入法右下角自带的“搜索”“下一项”“发送”“完成”等按钮来进行下一步操作的时候，应该怎样实现呢?

这种场景下就需要用到原生的UIInput模块来实现该功能。以下将具体讲解如何使用UIInput的一些特殊功能。

9.4.2 自定义搜索界面实现步骤

(1)前端代码实现基本界面效果，如图9-6所示。

图9-6

(2)使用UIInput模块实现输入框，通过HTML元素对输入框进行占位，然后根据占位元素的位置确定UIInput的rect参数，从而控制UIInput输入框的位置和大小。详细内容可参阅相关文档。

```
function fnOpenUIInput() {
var UIInput = api.require('UIInput');
UIInput.open({
  rect : {
    x : 60,//x坐标是back按钮的宽度加上border-radius
    y : $api.offset($api.byId("input_div")).t,//y坐标与input_div相同
    w : $api.offset($api.byId("input_div")).w - 30,//宽度要减去border-radius*2
    h : 30//高度与input_div相同
  },
  styles : {
    bgColor : '#EEE',//设置输入框背景色与input_div相同
    size : 14,
    color : '#000',
    placeholder : {
      color : '#ccc'
    }
  },
  keyboardType : 'search',//输入框获取焦点时，弹出的键盘类型
  autoFocus : false,
  placeholder : '输入关键词'//输入框的占位提示文本
}, function(ret) {
  if (ret.eventType == 'show') {//当UIInput打开的时候，也同时显示搜索历史
    getSearchHistory();
  } else if (ret.eventType == 'search') {//当点击输入法的搜索按钮时，进行搜索操作
    fnOnSearchClick();
  }
});
}
```

JavaScript代码中的keyboardType参数是关键。keboardType可以设置弹出的键盘类型，也就是指定系统输入法右下角自带的“搜索”“下一项”“发送”“完成”等按钮。同时UIInput模块可以通过回调中的`ret.eventType`来监听这些按钮的点击事件，从而实现相应的后续操作。

注意

maxRows参数取值大于1时（多行显示时），不触发search事件回调。所以maxRows参数在显示多行时，无法实现该功能。

(3) 监听搜索事件进行搜索。在输入框中输入完毕，点击搜索输入法的搜索按钮时，获取输入框的值并进行搜索操作。

```
//获取输入框的值并进行搜索操作
function fnOnSearchClick() {
  var UIInput = api.require('UIInput');
  UIInput.value(function(ret, err) {//调用UIInput模块的接口获取输入框中的值
    if (ret) {
      var searchStr = ret.msg;
      if (searchStr != '') {
        fnSearch(searchStr);//执行搜索操作
        fnSaveStorage(searchStr);//存储搜索记录
```

```
        }
      }
    });
  }
```

（4）实现存储记录功能。

```
//存储搜索记录
function fnSaveStorage(searchStr) {
  var searchHistory = $api.getStorage('searchHistory');//从storage获取搜索记录
  if (searchHistory) {
    if (searchHistory.length > 4) {//限制搜索历史数目
      searchHistory.splice(0, 1);//如果超出数目则删除最早存储的元素
    }
  } else {
    searchHistory = [];
  }
  if (fnIsExist(searchHistory, searchStr)) {//判断当前搜索的值是否在历史记录中
    return;
  }
  searchHistory.push(searchStr);//将新的搜索记录存储
  $api.setStorage('searchHistory', searchHistory);
}

//判断当前搜索的值是否在历史记录中
function fnIsExist(searchHistory, searchStr) {
  if (searchHistory && searchHistory.length > 0) {
    for (var i = 0; i < searchHistory.length; i++) {
      if (searchHistory[i] == searchStr) {
        return true;
      }
    }
  }
  return false;
}

//从storage中清除搜索历史
function fnClearHistory() {
  $api.rmStorage('searchHistory');
}
```

当遇到前端代码无法实现的产品需求的功能时，可以在官方网站的模块库中搜索，查看是否有满足需求的模块，这样不仅可以解决需求问题，还可以提高工作效率。

9.5　使用 UIChatBox 模块实现聊天界面

本节将介绍如何使用 UIChatBox 模块实现聊天界面。

9.5.1　概述

移动应用中即时通讯的功能是经常被用到的。如果只是使用前端代码编写界面的话，很

难实现良好的体验效果。那么使用 UIChatBox 模块来实现聊天输入框的功能是一个很不错的选择。UIChatBox 模块几乎包含了所有聊天时可能用到的功能与界面。以下将详细讲解如何使用 UIChatBox 模块来实现聊天界面。

9.5.2 UIChatBox 模块实现聊天界面实现步骤

（1）前端代码以及模块实现基本界面效果，如图 9-7 所示。

图 9-7

（2）打开聊天内容界面，用于显示聊天内容，代码如下。聊天输入框模块则在 Window 中打开。

```
function openFrame() {
  api.openFrame({
    name : 'chat_frame',
    url : 'html/chat_frame.html',
    rect : {
      y : $api.dom('header').offsetHeight,
      h : api.winHeight - $api.dom('header').offsetHeight
```

```
    },
    pageParam : api.pageParam
  });
}
```

（3）使用UIChatBox模块实现输入框，根据官网的模块文档，设置模块参数，在Window中打开模块，并在回调中添加各种事件的监听，代码如下。更多信息请参阅模块文档。

```
function fnOpenUIChatBox() {
  var UIChatBox = api.require('UIChatBox');
  UIChatBox.open({
    emotionPath : 'widget://res/emotion',
    texts : {
      recordBtn : {
        normalTitle : '按住说话',
        activeTitle : '松开结束'
      },
      sendBtn : {
        title : '发送'
      }
    },
    styles : {
      emotionBtn : {
      },
      extrasBtn : {
        normalImg : 'widget://image/chat/chat_add.png'
      },
      inputBar : {
        borderColor : '#dddddd',
        bgColor : '#FFF'
      },
      speechBtn : {
        normalImg : 'widget://image/chat/chat_voice.png'
      },
      recordBtn : {
        normalBg : 'widget://image/chat/chat_record.png',
        activeBg : 'widget://image/chat/chat_record.png',
        color : '#6d6d6d',
        size : 13
      },
      keyboardBtn : {
      },
    },
    extras : {
      titleSize : 13,
      titleColor : '#888888',
      btns : [{
        title : '照片',
        normalImg : 'widget://image/chat/chat_ablum.png'
      }, {
        title : '拍摄',
        normalImg : 'widget://image/chat/chat_camera.png'
      }]
    }
  }, function(ret, err) {
    if (ret.eventType == "send") {
    } else if (ret.eventType == "show") {
      inputListener();//添加输入框高度变化事件监听，用于改变聊天内容界面的高度
```

```
            addChatRecordLis();//录音按钮事件监听
        } else if (ret.eventType == "clickExtras") {
            //监听附加按钮监听
            if (ret.index == 0) {
                clickSelectPicture("album");
            } else {
                clickSelectPicture("camera");
            }
        }
    });
}
```

(4) 监听输入框高度变化事件来改变聊天内容界面高度。根据文档基本能实现模块的功能，但是开发过程中需要实现当聊天输入框高度变化时和键盘弹出与收起时，聊天内容界面不被模块遮盖，并可滚动到底部。以下主要讲解这个功能的实现，也是使用 UIChatBox 模块开发聊天界面的唯一难点。

调用 UIChatBox 的 addEventListener 接口，分别监听 inputBar 的 move 和 change 事件，move 是监听键盘弹出和收回时高度的变化，change 是监听输入框的高度变化。

根据计算好的高度来重新设置聊天内容界面的高度。代码如下：

```
function inputListener() {
  var UIChatBox = api.require('UIChatBox');
  UIChatBox.addEventListener({
    target : 'inputBar',
    name : 'move'
  }, function(ret, err) {
    fnChangeFrameHeight(ret);
  });
  UIChatBox.addEventListener({
    target : 'inputBar',
    name : 'change'
  }, function(ret, err) {
    fnChangeFrameHeight(ret);
  });
}

function fnChangeFrameHeight(ret){
  if (ret) {
    h1 = ret.inputBarHeight;
    h2 = ret.panelHeight;
    var systemType = api.systemType;
    if (systemType == "ios") {
      resetFrameAttr(h1 + h2);
    }else {
      resetFrameAttr(h1 + h2 + 15);
    }
  }
}
```

重新设置聊天内容界面高度，并将消息滚动到最底部，代码如下：

```
function resetFrameAttr(h) {
  api.setFrameAttr({
    name : 'chat_frame',
    rect : {
      x : 0,
      y : $api.dom('header').offsetHeight,
      h : api.winHeight - $api.dom('header').offsetHeight - h + 10
    }
  });
  api.execScript({
    frameName : 'chat_frame',
    script : 'scrollToBottom();'
  });
}
```

9.6 使用api.ajax进行网络请求

api.ajax是APICloud基于系统原生网络通信能力封装的Ajax功能。跟普通JavaScript框架中的Ajax相比，多了跨域的功能，而且在代码加密之后，不会出现某些兼容性问题。

api.ajax简单好用，但是在实际调用接口的过程中，可能会遇到一些问题，比如接口要求上报的数据是JSON、array、number等类型，结果传上去的都是string类型的数据。

在需要传递JSON或array的参数时可以选择放在data values参数中。示例如下：

```
api.ajax({
  url: 'http://192.168.1.1/test',
    method: 'post',
    data: {
      values: {
          tags: ['a', 'b', 'c']
        }
    }
}, function(ret, err){
  //your codes
});
```

当方法改成get类型之后，要把参数放在url里，而不是放在data中，需要进行如下处理：

```
api.ajax({
  url: 'http://192.168.1.1/test?tags='+JSON.stringify(['a', 'b', 'c']),
    method: 'get'
}, function(ret, err){
  //your codes
});
```

把需要传的参数从object转为字符串就可以了。另外，在上传文件的时候，也可能会遇到以下这个问题：

```
api.ajax({
    url: 'http://192.168.1.1/upload',
    method: 'post',
    report: 'true', // 在上传文件的时候,report 设置为 true，会有实时返回上传文件进度的功能
    data: {
        values: {
            name: 'test'
        },
        files: {
            file: 'fs://a.gif'
        }
    }
}, function(ret, err) {
    if (ret) {
      /*
         *{
         *  progress: 100, // 上传进度,0.00-100.00
         *    status: '', // 上传状态，数字类型。(0：上传中、1：上传完成、2：上传失败)
         *    body: '' // 上传完成时，服务器返回的数据
         *}
         */
    }
});
```

当监听到上传进度 ret.progress 是 100 后，就会进入下一个步骤。例如上传完图片，从 body 中获取远程图片地址，然后将图片展示在页面里。但实际上这样不是真正的上传完成，progress 等于 100 的时候，body 里可能不会返回上传完成后的远程图片地址。上传完成需要判断 status 值是否为 1，当 ret.status 等于 1 时 body 中才会有返回数据。所以，需要根据 status 的状态来确认是否上传完成。

```
api.ajax({
    url: 'http://192.168.1.1/upload',
    method: 'post',
    report: 'true', // 在上传文件的时候,report 设置为 true，会有实时返回上传文件进度的功能
    data: {
        values: {
            name: 'test'
        },
        files: {
            file: 'fs://a.gif'
        }
    }
}, function(ret, err) {
     if (ret) {
      if (ret.status == 1) {
          // todos
      }
      /*
         *{
         *  progress: 100, // 上传进度,0.00-100.00
         *  status: '', // 上传状态，数字类型（0：上传中、1：上传完成、2：上传失败）
         *  body: '' // 上传完成时，服务器返回的数据
         *}
         */
    }
});
```

通常开发者会对 api.ajax 进行封装，这样很容易出现一个问题。在封装成方法的时候，可能会将 body、values 和 files 一起封装进去，这样就会违反接口文档中的约定，造成接口调用不通。APICloud 中的 api.ajax 的接口文档，对 data 字段的描述如下。

描述：（可选项）POST 数据，method 为 get 时不传。以下字段除了 values 和 files 可以同时使用，其他参数都不能同时使用。

所以在封装 ajax 请求的时候，建议只使用 values，不使用 body。代码如下：

```
function fnConvertParam(param) {
    // 简单的 对get类型的网络请求参数的序列化
    var _param = '';
    for (var key in param) {
        if (typeof param[key] == 'function') {
            continue;
        }
        if (_param == '') {
            _param += ('?' + key + '=' + param[key]);
        } else {
            _param += ('&' + key + '=' + param[key]);
        }
    }
    return _param;
};
function ajaxRequest(url, options, callBack) {
    // options method, values, files
    var method = options.method || 'get';
    var values = options.values;
    var files = options.files;
    var host = 'https://www.apicloud.com';
    // 服务器地址
    var account = {
        Authorization: '3APIaWg7BNbH2nIy4AecVfDfwrqgUaonjaEDIs0in6EuDZP9PA9J1f1hq32N7VKUGy'
    };
    // 保存在App端的accessToken

    var data = {};
    // api.ajax中的参数 data
    if (method.toLowerCase() == 'get') {
        url += fnConvertParam(values);
        values = {};
        // 如果是get类型的接口，需要把values里的内容清空
    } else {
        data.values = values;
    }

    if (files) {
        data.files = files;
        // 传入了files参数，说明是上传文件
    }
    var ajaxJson = {
        url: host + url,
        method: method,
        cache: true,
        timeout: 20,
        data: data,
```

```
    };
    // ajaxJson是发送请求所要传入的数据
    if (account) {
        ajaxJson.headers = account;
    }
    if (!files) {
        if (ajaxJson.headers) {
            ajaxJson.headers['Content-Type'] = 'application/json';
        } else {
            ajaxJson.headers = {
                'Content-Type': 'application/json'
            };
        }
    } else {
        ajaxJson.report = true;
        // 将report设置为true，使返回上传进度生效，可以通过获取ret.progress得到上传的进度
        delete ajaxJson.headers;
        // 上传文件可能用不到认证，此时可以把请求中的headers删掉
    }
    api.ajax(ajaxJson, function(ret, err) {
        if (err) {
            if(err && (err.statusCode == 0|| err.statusCode == 502)){
                // 对网络链接错误的统一错误处理，可以不使用这段代码
                api.toast({
                    msg: '与服务器断开连接',
                    location: 'middle'
                });
            }
        }
        callBack && callBack(ret, err);
        // 将数据传给传入的回调函数并执行
    });
}
```

如果必须使用 body，要注意避免 body 与 values、files 同时出现。

9.7 小结

本章的示例代码主要展示了如何使用 APICloud 的 API 方法及 APICloud 模块去实现一些更复杂的功能业务逻辑，其中部分示例代码使用的方法技巧属于另辟蹊径，展示了程序开发的多样性。APICloud 提供了丰富的 API 和海量的模块供开发者选择，这些模块同样具有高度的自定义支持，开发者可以灵活运用、深入挖掘这些 APICloud 模块和 API 对象的应用场景，从而开发出功能强大而且与众不同的 App。

第 10 章

超级实用技巧

主要内容

本章将向读者介绍一些开发中常用的功能和技巧，这些技巧涉及应用开发的方方面面。

示例 1 讲解了屏幕动态适配的方法，是开发 App 必须具备要掌握的技能之一；

示例 2、示例 7、示例 9～示例 11 具体讲解了一些常见的业务需求的实现方法，重点理解其功能实现时的相关逻辑处理；

示例 3 讲解了打开 Web 页面的处理、示例 4 介绍了 App 的换皮肤功能、示例 5 讲解了如何实现语言国际化、示例 6 介绍如何唤起其他 App，这些示例都是很实用的实战功能技巧，在 App 开发中会经常用到；

示例 8 讲解了 APICloud 运行原理方面的相关知识，了解并掌握这些知识会对优化 App 功能体验有很大帮助。

学习目标

（1）页面动态适配有虚拟按键栏的 Android 手机。

（2）实现获取手机验证码的功能。

（3）打开一个外部链接作为新页面，并设置样式以及事件监听。

（4）实现 App 的皮肤样式切换功能。

（5）实现 App 多语言版本切换功能。

（6）调用任意 App。

（7）快速开发数据表格。

（8）apiready 与 window.onload 的平衡使用。

（9）在地图上添加自定义按钮。

（10）如何获取城市的地铁线路列表。

（11）实现极光推送。

10.1 如何让页面动态适配有虚拟按键栏的 Android 手机

为达到屏幕的最大利用率，很多 Android 手机厂商在生产手机时，会将手机物理按键栏（Back 键和 Home 键等操作栏）取消，将其通过虚拟的方式嵌入到手机的屏幕中。我们称之为虚拟按键栏，该按键栏可以随时显示或者收起。正常状态下如图 10-1 所示。

之后点击左下角的收起按钮，会出现如下的问题，如图 10-2 所示。

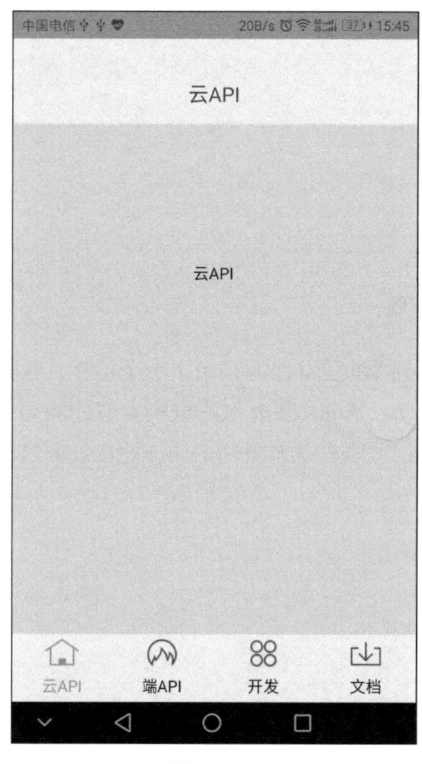

图 10-1

图 10-2

很明显，因为虚拟按键栏收起，Window 的高度增加，页面的 Footer 部分下沉，而 Frame 中的高度是固定的，这样就会出现图 10-2 中的问题，页面底部多出了一条空白区域。

```
// 这是文档中的示例代码
api.openFrame({
    name: 'page2',
    url: './page2.html',
    rect: {
```

```
        x: 0,
        y: 0,
        w: 'auto',
        h: 'auto' // 如果使用h参数，就会出现上面的问题
    },
    pageParam: {
        name: 'test'
    }
});
```

针对上面出现的问题，APICloud 平台的适配机制是在 rect 参数中，增加了 margin 系列参数来解决虚拟按键栏的问题，对上面的接口进行简单的修改。代码如下：

```
api.openFrame({
    name: 'page2',
    url: './page2.html',
    rect: {
        x: 0,
        y: 0,
        w: 'auto',
        marginBottom: '50' // 计算出来的footer的高度
    }
});
```

这样，就可以完美解决 Android 虚拟按键栏的问题。

iOS 也可能出现类似的问题：当用户在使用 App 的过程中，如果来了一个电话，这时会在状态栏与 App 之间插入一条电话的状态栏，就会出现和 Android 虚拟按键栏类似的问题。我们也可以按照以上思路来解决这个问题，即使用 margin 布局来动态控制 Frame 的位置高度。示例如下：

```
// 这是文档中的示例代码
api.openFrame({
    name: 'page2',
    url: './page2.html',
    rect: {
        x: 0,
        marginTop: 50, // 计算出来的header的高度
        w: 'auto',
        marginBottom: 50 // 计算出来的footer的高度
    }
});
```

10.2　获取手机验证码功能的实现

获取手机验证码，在 App 的项目开发中，几乎是必需的功能。本示例是从实战项目中提炼的相关功能代码，示范如何获取手机验证码。

本示例实现了以下功能点：

- 点击获取验证码按钮，显示倒计时数字功能；
- 输入验证码错误 3 次后，显示图形校验码。

本示例模拟实战项目，示范了如何使用 Data URI 方式显示图片。在真实项目中，服务器在请求获取验证码的 API 时，通常会返回图片经过 base64 编码后的 data 数据作为图形校验码。图形校验码的存在可以有效防止恶意脚本的执行破坏。一个健壮的获取手机验证码功能中，图形校验码是必不可少的。如果服务端没有更进一步的识别机制，建议可以直接显示图形校验码，即不要 3 次错误后再显示，以免被恶意脚本利用，造成损失。

其具体的开发要点包括以下几点。

- 点击获取验证码按钮，显示倒计时数字的功能。倒计时功能使用 setInterval() 方法来实现，setInterval() 方法可按照指定的周期（以毫秒计）来调用函数或计算表达式。setInterval() 方法会不停地调用函数，直到 clearInterval() 方法被调用或窗口被关闭。示例如下：

```
function getCode() { //获取验证码
  if (timeCode !== 60) {  // 倒计时中，屏蔽点击事件
    return
  } else {
    $api.dom('input[name="phone"]').blur()
    $api.dom('input[name="code"]').blur()
    timeCode -= 1
    $api.text($api.dom('.get-code'), timeCode + '秒重发');
    var loopTime = setInterval(function(){
      if (timeCode !== 0) {
        timeCode -= 1;  // 计时器计数 -1
        $api.text($api.dom('.get-code'), timeCode + '秒重发');
        getCode();
      } else {
        clearInterval(loopTime); // 计时器计数为 0，取消计时器
        $api.text($api.dom('.get-code'), '获取验证码');
        timeCode = 60;
      }
    }, 1000);
  }
}
```

- 使用 Data URI 方式显示图片。Data URI Scheme 是在 RFC2397 中定义的，目的是将一些小的数据，直接嵌入到网页中，从而不用再从外部文件载入。如本示例中的 img 图片元素代码。在如下的 Data URI 中，data 表示取得数据的协定名称，image/png 是数据类型名称，base64 是数据的编码方法，逗号后面就是这个 image/png 文件 base64 编码后的数据。

```
<img src="data:image/png;base64,iVBO...代码省略...SuQmCC">
```

10.3 打开一个外部链接作为新的页面，并设置样式以及事件监听

一款移动应用中经常有点击轮播图进入广告展示界面的场景。一般情况下，这样的广告都是根据不同的活动随时更换的。这样的界面就不能硬编码在应用中，而是通过打开一个外部链接来展示不同的广告。那么这种场景应该怎样实现呢？以下将详细讲解如何打开一个外部链接来作为页面展示，并设置某些样式以及各种事件的监听。

打开外部链接功能实现步骤如下：

（1）界面效果，如图 10-3 所示。

图 10-3

（2）使用 api.openFrame 方法打开远程链接，代码如下：

```
api.openFrame({
  name: 'remote_html',  //设置frame别名
  url: 'https://www.apicloud.com/',
```

```
    bounces: false,
    rect: {
      marginTop:44,//与屏幕上方间距
      marginBottom:50//与屏幕下方间距
    },
    progress:{//设置进度条类型和样式
       type:'page',    //加载进度效果类型，默认值为default，取值范围为default|page,default等同于
//showProgress参数效果；为page时，进度效果为仿浏览器类型，固定在页面的顶部
       color:'#45C01A'   //type为page时进度条的颜色，默认值为#45C01A，支持#FFF,#FFFFFF,
//rgb(255,255,255),rgba(255,255,255,1.0)等格式
    }
  });
```

作为界面的方式打开远程链接与打开普通的Frame基本相同，但是url可以直接设置为远程链接。

（3）为远程链接界面设置监听事件，代码如下：

```
//监听Android back键，回退历史记录
  api.addEventListener({
  name:'keyback'
},function(ret,err){
  GoToHisBack();
});
//为名为remote_html的Frame设置事件监听
api.setFrameClient({
  frameName:'remote_html' //frame别名，与openFrame中的name相对应
},function(ret){
  onFrameStateChange(ret);
});

//监听frame事件
function onFrameStateChange(ret){
    if(0 == ret.state){//frame开始加载
      var url = ret.url;
      console.log('frame loading start: ' + url);
    }else if(1 == ret.state){//frame加载进度发生变化
      var p = ret.progress;
      console.log('frame loading: ' + p);
    }else if(2 == ret.state){//frame结束加载
      var url = ret.url;
      console.log('frame loading finish: ' + url);
    }else if(3 == ret.state){//frame标题发生变化
      $('title').innerHTML = ret.title;
    }
  }
```

（4）操作远程链接HTML，代码如下：

```
//历史记录后退
  function GoToHisBack(){
    api.historyBack({
      frameName:"remote_html" //frame别名，与openFrame中的name相对应
    }, function(ret){
      if(!ret.status){//没有历史记录了则关闭当前窗口
        api.closeWin();
```

```
      }
    });
  }

//历史记录前进
  function GoToHisForward(){
    api.historyForward({
      frameName:"remote_html" //frame别名，与openFrame中的name相对应
    });
  }

//刷新页面
  function GoToRefresh(){
    api.execScript({
          frameName: 'remote_html', //frame别名，与openFrame中的name相对应
          script: 'location.reload();'
      });
  }
```

10.4　实现更换皮肤功能

移动应用中会有更换皮肤的应用场景。比较简单的就是实现日间模式与夜间模式。以下将详细讲解如何实现更换皮肤的功能。

更换皮肤功能实现步骤如下：

（1）准备多套CSS皮肤样式，以下面两种CSS主题为例：

```
//black.css
body {
  background: #000;
  color: #FFF;
}

//wihte.css
body {
  background: #FFF;
  color: #000;
}
```

（2）设置默认皮肤的CSS。给link标签添加名为theme的id属性，用于页面初始化时，为href重新赋值。示例如下。

```
<link id="theme" rel="stylesheet" type="text/css" href="../css/wihte.css" />
```

（3）页面加载时，根据存储的皮肤类型引入不同的CSS样式。由于APICloud引擎的实现机制，window.onload将会在apiready之前执行，在window.onload里初始化皮肤，能有效避免更换皮肤时闪屏的问题。示例如下：

```
window.onload = function() {
  fnInitBg();
};

function fnInitBg(){
  var theme = $api.getStorage('theme'); //从storage中取出存储的皮肤类型
  var oTheme = document.getElementById('theme');
  if(theme == "white"){ //重新为id为theme的link标签赋值
    oTheme.href = "../css/wihte.css";
  }else{
    oTheme.href = "../css/black.css";
  }
}
```

（4）更换皮肤类型，需要存储将要使用的皮肤类型，并重启 App。

注意

这里并不建议通过界面间通信来改变已经被打开的 Window 的皮肤，那样会出现改变皮肤时闪屏的问题。

```
function fnChangeWihteTheme(){
  $api.setStorage("theme",'white');//存储将要使用的皮肤类型
  api.rebootApp();          //重启app
}

function fnChangeBlackTheme(){
  $api.setStorage("theme",'black');
  api.rebootApp();
}
```

10.5　实现多语言切换功能

如今许多 App 会同时在国内国外多个市场上发布，这时就需要针对不同语种的用户来切换不同的语言模式。以下将详细讲解如何实现多语言切换的功能。

语言切换功能实现步骤如下。

（1）准备多种语言对应的 JSON 数据，写到 JavaScript 中，并引入到界面。准备语言数据，参照如下代码：

```
<script type="text/javascript" src="script/lan.js"></script>

//lan.js
var chLanJson = {
  "select_lan" : "选择语言",
  "ch" : "中文",
```

```
    "en" : "英文"
  };

  var enLanJson = {
    "select_lan" : "select language",
    "ch" : "Chinese",
    "en" : "English"
  };
```

其中每一个JSON为一种语言的翻译集合。在不同语言翻译集合JSON中，key是相同的，value则对应不同语言的翻译。

（2）为要切换语言的标签设置类名以及自定义属性。需要切换语言的标签统一设置class为lan，同时设置自定义属性set-lan。set-lan属性中html或value为标签要设置的内容类型。

例如div中的set-lan="html:ch"的意义是，该标签的innerHTML设置为chLanJson或enLanJson中key为ch所对应的值，即为“中文”或“Chinese”。代码如下：

```
<div class="lan" set-lan="html:ch" tapmode onclick="fnChangeCh()"></div>
<div class="lan" set-lan="html:en" tapmode onclick="fnChangeEn()"></div>
<input  class="lan" type="text" set-lan="value:en"/>
```

（3）页面初始化时根据存储的语言类型切换语言。由于APICloud引擎的实现机制，window.onload将会在apiready之前执行，在window.onload里初始化语言，能有效避免更换语言时闪屏的问题。代码如下：

```
  window.onload = function() {
    fnInitLan();
  };

  function fnInitLan() {
    var all = $api.domAll(".lan"); //获取所有class为lan的元素
    var lan = $api.getStorage("lan"); //获取存储的语言类型
    for (var i = 0; i < all.length; i++) {
      var el = all[i];
      var attr = el.getAttribute('set-lan'); //获取set-lan属性
      if (attr) {
        var attrs = attr.split(':');  //解析set-lan中的值，冒号之前的为标签要设置的内容类型；冒号
//之后的为翻译集合中的key
        var attrType = attrs[0];
        var lanVal;
        if(lan == 'ch'){  //根据获取到的key，获取标签要设置的内容
          lanVal = chLanJson[attrs[1]];
        }else{
          lanVal = enLanJson[attrs[1]];
        }
        if (attrType == 'html') {//根据获取到的内容类型，为标签设置获取到的内容
          $api.html(el, lanVal);
        } else if (attrType == 'value') {
          $api.val(el, lanVal);
```

```
            }
        }
    }
}
```

（4）切换语言类型，存储将要使用的语言类型，并重启 App。代码如下：

```
function fnChangeCh() {
  $api.setStorage("lan", 'ch');
  api.rebootApp();
}

function fnChangeEn() {
  $api.setStorage("lan", 'en');
  api.rebootApp();
}
```

10.6 调用任意 App

在移动端，App 可以向操作系统声明一个或多个 URL Scheme，该 Scheme 用于响应浏览器或者其他 App 发出的启动本 App 的动作。URL Scheme 以字符串形式存在，通常注册在 App 的主配置文件中，可以看成从一个 App 调用另一个 App 的行为及传参数据的载体。URL Scheme 遵循 RFC1808 标准，跟常见的网址格式一样，如 http://www.apicloud.com。

10.6.1 URL Scheme 应用场景

App 在被调起后可通过接收约定好的参数进行逻辑处理，以实现不同的业务逻辑，比如跳转到指定页（商品详情、通知、广告页等），或者执行指定动作（例如实现支付宝的订单支付）。

一个典型 URL Scheme 格式如下：

```
market://details?id=com.tencent.mm
```

该 URL Scheme 用于打开手机上已安装的应用商店，并跳转到包名（BundleID）为 "com.tencent.mm" 的 App 详情页。

10.6.2 URL Scheme 在 APICloud 中的应用

APICloud 平台 App 具有完整的 URL Scheme 体系，支持通过 URL Scheme 打开 App、在 config 中配置 URL Scheme 响应来自浏览器或者其他 App 的打开动作、通过监听打开事件获取传参等。

（1）如何在 HTML5 中通过 URL Scheme 打开 App。

首先，需要通过公开资料或者对应 App 的官方说明，获得 App 所开放的 URL Scheme。

在获取到 URL Scheme 后，HTML5 网页可通过使用 <a> 标签，并给 href 赋值为该 URL Scheme 的方式，执行打开 App 的操作。示例如下：

```
<a href="market://details?id=com.tencent.mm" >给微信评分</a>
```

其中，market 是应用商店的 Scheme，"com.tencent.mm" 是微信 App 的包名。当用户在页面上点击“给微信评分”时，当前 App 或者浏览器将打开手机上安装的应用商店，比如 Google Play、小米应用商店等，并自动跳转到微信 App 在该应用商店的详情页面，完成一次打开应用商店的操作。

使用 <a> 标签静态编码的方式打开 App 不够灵活，在此可以通过 JavaScript 操作 DOM，更新页面 url 的方式实现灵活控制。代码如下：

```
//使用div布局实现任意效果按钮
<div onclick="jumpToMarket('qq')">给QQ评分</div>
<div onclick="jumpToMarket('mm')">给微信评分</div>
//JavaScript代码
<script>
function jumpToMarket(ident){
  var identifier = '';
  if('qq' == ident){
    identifier = 'com.tencent.mobileqq';
  }else if('mm' == ident){
    identifier = 'com.tencent.mm';
  }else{
    alert('暂不支持该打开App');
    return;
  }
  window.location.href = "market://details?id=" + identifier;
}
<script>
```

（2）APICloud 应用如何响应 URL Scheme 打开动作。

在 config 中进行 urlScheme 的偏好配置，声明本 App 响应的 URL Scheme 类型，可配置多项，例如：

```
<widget id="A000000000001" version="0.0.1">
    <name>App开发从0到1</name>
    <content src="index.html" />
    <preference name="urlScheme" value="pomelo"/>
</widget>
```

提交 config 代码后，云编译服务器将自动把 pomelo 值分别更新到 Android 和 iOS 安装包的主配置文件中，浏览器和其他 App 均可通过 "pomelo://" 的 URL Scheme 将该 App 打开。

（3）如何获取通过 URL Scheme 打开 App 的传参。

当 APICloud App 被浏览器或者第三方 App 使用 URL Scheme 方式调用时，可以通过监听 appintent 事件或者 api.appParam 获取传参。例如浏览器通过 pomelo://details?sid=123&type=book 的 URL Scheme 打开某 APICloud App，可以在代码中使用以下方式获取传参中的 sid 和 type 值：

```
apiready = function(){
    api.addEventListener({
        name:'appintent'
    }, function(ret, err) {
        var appParam = api.appParam;
        if(appParam && appParam.sid){
          var sid = appParam.sid;
          var type = appParam.type;
//TODO
    }
    });
}
```

（4）一些常见 App 的 URL Scheme。

```
*  百度地图：baidumap://
*  微信：weixin://
*  手机QQ：mqq://
*  手机淘宝：taobao://
*  新浪微博：sinaweibo://
*  支付宝：alipay://
*  天猫App：tmall://
```

10.7 数据表格的快速开发

表格功能在商用 App 的业务需求中会被经常用到，学会表格功能开发对一个开发者来说很重要。

在 APICloud 应用中可以使用如下两种方式实现数据表格功能的快速开发。

- 使用 APICloud 模块实现数据表格的开发。

使用 APICloud 模块开发的优点是更快速、实现更简单，具备与原生相同的用户体验和运行效率。但缺点是模块使用原生语言开发完成，页面架构布局已固定，留给开发者的调整空间有限。对于一个特殊页面样式的表格，需要重新封装模块，自定义功能稍弱。

- 使用第三方 JavaScript 框架实现数据表格的开发。

使用第三方 JavaScript 框架的优点是给开发者的自由度更大一些，开发者可以自己定义表格页面的各个组件，实现更丰富的页面效果。缺点是基于浏览器引擎渲染页面，运行性能效率和页面渲染速度没有原生模块好。

开发者可根据业务实际需求选择二者其一进行表格的开发。

10.7.1　使用 APICloud 模块实现数据表格的开发

由于使用 APICloud 模块开发表格的示例代码很简单，本示例仅展示开发完成后的运行效果图，具体代码可在本书 GitHub 分支上下载获取。

1．饼状图开发

进行饼状图开发时可使用 pieChart 模块。它可识别手势转动饼图，旋转动画结束后返回特定位置的数据块的下标。同时支持开发者自定义数据块样式，如图 10-4 所示。

2．柱状图开发

进行柱状图开发时可使用 UIBarChart 模块。它可自定义 X 轴、Y 轴的样式以及柱子的个数和颜色，如图 10-5 所示。

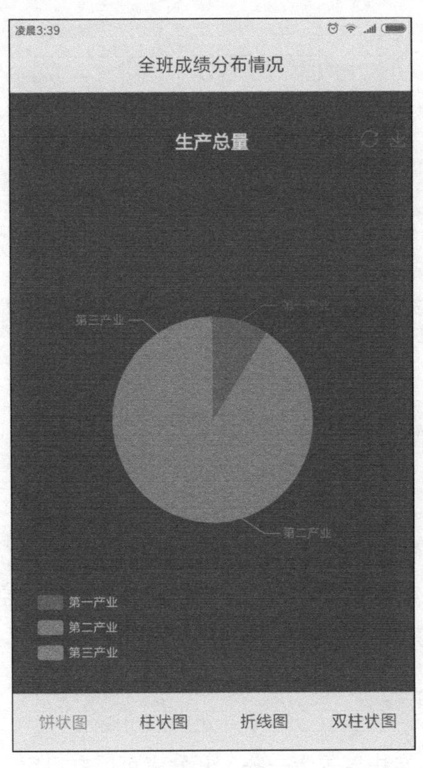

图 10-4

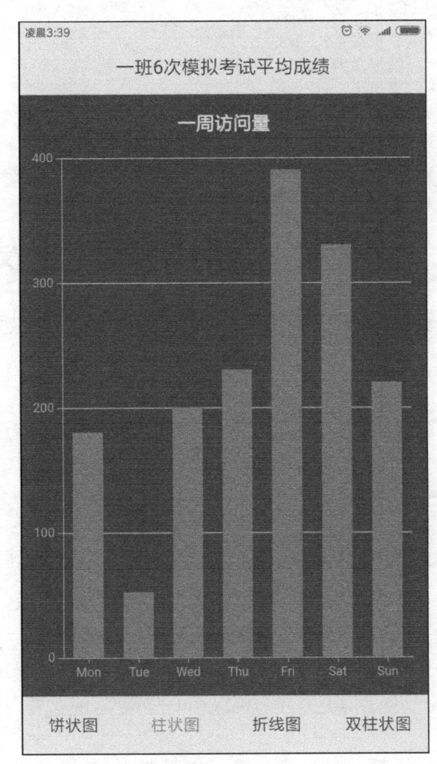

图 10-5

3．折线图开发

进行折线图开发时可使用 UILineChart 模块。它可用于生成折线图 (K 线图) 视图，并支持多条折线。开发者可自定义 X 轴、Y 轴样式以及折线的个数和颜色，如图 10-6 所示。

4．双柱状图开发

进行双柱状图开发时可使用 doubleBarChart 模块。它可自定义 X 轴、Y 轴样式以及柱子的个数和颜色，如图 10-7 所示。

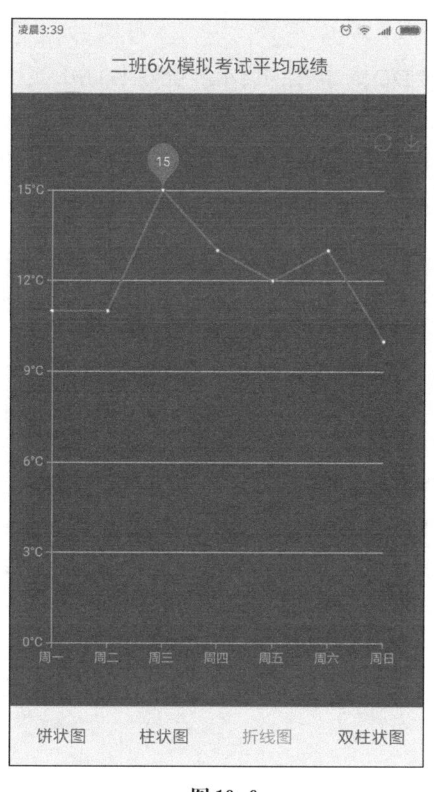

图 10-6

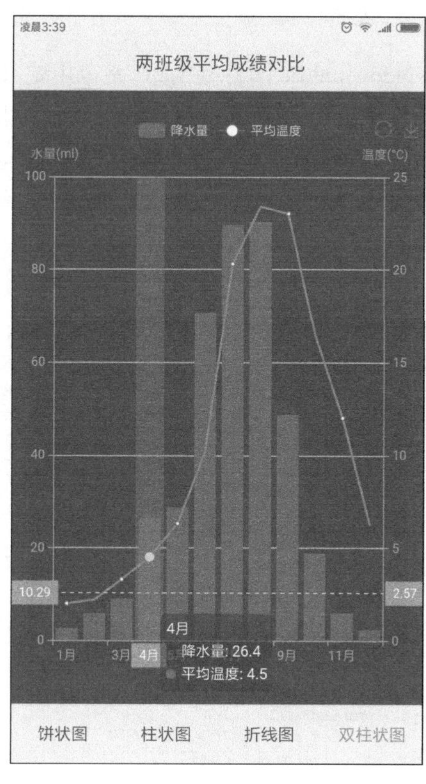

图 10-7

10.7.2 使用第三方JavaScript框架实现数据表格的开发

由于 APICloud App 由 HTML5 代码、原生 APICloud 模块和混合渲染引擎共同构成，因此在 APICloud 开发中使用第三方 JavaScript 框架是完全兼容的。

当前第三方表格框架以百度的 ECharts 框架最为常用，实际使用的效果也很不错。另外阿里的 G2 框架也可以用于开发表格功能。有兴趣的读者可以自行下载使用。关于使用 ECharts 开发表格的实例代码，可以在本书 GitHub 分支上下载查看。

10.8　apiready 与 window.onload 的平衡使用

apiready 与 window.onload 事件都会在页面打开时执行，但它们的执行顺序不同，并且分别适合实现不同的功能逻辑，本节将介绍它们的区别和应用实例。

10.8.1　apiready 与 window.onload 区别

apiready 与 window.onload 的区别如下。

window.onload 事件是 W3C 规范中定义的标准 DOM 事件，该事件会在 HTML 页面以及 CSS、JavaScript、图像等资源加载完成后立即发生，由浏览器引擎主动回调。window.onload 事件标志着页面已经被解析为完整的 DOM 树，外部 CSS 和 JavaScript 引用均加载完毕，可以开始使用 document.getElementById 等标准 DOM 接口进行自定义操作。当收到 window.onload 事件时，意味着 HTML 即将开始被渲染到设备屏幕。

window.onload 的基本用法：

```
window.onload = function(){
document.getElementById('title').innerHTML = 'Hello App';
}
```

apiready 事件是 APICloud 定义的平台事件，该事件会在 APICloud 运行时且环境准备好后立即发生。apiready 事件标志着 APICloud 引擎及模块 API 已经准备完毕，每个 Window 和 Frame 对应的网页代码中都应该监听此事件，并在此事件的回调中正确调用 api 对象下的接口和扩展模块。

apiready 的基本用法：

```
apiready = function(){
api.openFrame({
  name:'frm_main'
  url:'./frm_main.html'
});
api.addEventListener({
  name:'pause'
}, function(ret, err){
  console.log('应用进入后台');
});
}
```

window.onload 先执行，apiready 后执行，二者之间间隔在数毫秒内。

10.8.2　apiready 与 window.onload 的使用时机

所有 W3C 规范下的 HTML、CSS 和 JavaScript 标准 DOM 操作均可在 window.onload 回调

后进行；当需要使用 api 对象或者模块时，必须在 apiready 回调后使用。在 App 开发过程中，应该根据不同的场景，在这两者之间权衡使用，尽可能的减少 App 因不同厂商、不同硬件以及系统版本等的差异引起的适配问题，令 App 能够达到更好的运行体验。

10.8.3 应用实例

下面列举了 3 个使用 apiready 或 window.onload 事件的实例，除此之外还有许多用法留待读者探索。

1. 使用标准DOM接口区分系统类型

可在 HTML 中的任意位置插入 JavaScript 代码进行判断。示例如下：

```
var isAndroid = (/android/gi).test(navigator.appVersion);
```

此方法比在 apiready 中使用 api.systemType 判断，在使用时机上更提前，可在 HTML 页面未开始渲染时根据不同操作系统做一些个性化的优化操作。

2. 最佳的沉浸式效果适配时机

在 onload 事件中进行沉浸式效果适配。代码如下：

```
window.onload = function() {
    var el = $api.byId('header');
    if (!el) {
         return;
    }
    if (!isAndroid) { //iOS沉浸式
         el.style.paddingTop = '20px';
    }else{//android沉浸式
         var u = navigator.userAgent;
         var ver = parseFloat(u.substr(u.indexOf('Android') + 8, 3));
         if (ver >= 4.4) {
                  el.style.paddingTop = '25px';
      }
    }
}
```

此方法相比在 apiready 中进行 " 沉浸式效果 " 的适配时机更提前，可避免出现因为在渲染过程中更新 DOM 元素的样式而引起界面 " 闪动 " 的问题。

3. 在发送网络请求之前进行网络状态判断

下面是判断网络状态的 JavaScript 代码。

```
function ajaxIfOnline() {
    if('none' == api.connectionType){
```

```
            alert('当前无网络');
            return;
        }
          api.ajax({
              url:'http://www.apicloud.com',
              dataType: 'text'
          }, function(ret, err) {
                  if (ret) {
                          console.log("成功.请求结果:\n" + JSON.stringify(ret));
                  } else {
                                  console.log('失败.网络状态码:' + err.statusCode + '\n错误码:' + err.
code + '\n错误信息:' + err.msg);
              }
          });
      }
```

可以在发出请求之前，适当的使用 api 属性进行当前设备网络状态的判断，在更早的时机提醒用户，不必等待请求失败后提醒用户，从而提升 App 体验。

10.9　地图模块的实用扩展：在地图上添加自定义按钮

地图模块在很多应用里被广泛使用，模块 Store 上面的地图模块封装了地图提供方的官方 SDK，如果想要在地图上增加几个按钮来实现某些自定义功能，就需要自定义添加一些按钮上去，如图 10-8 所示。

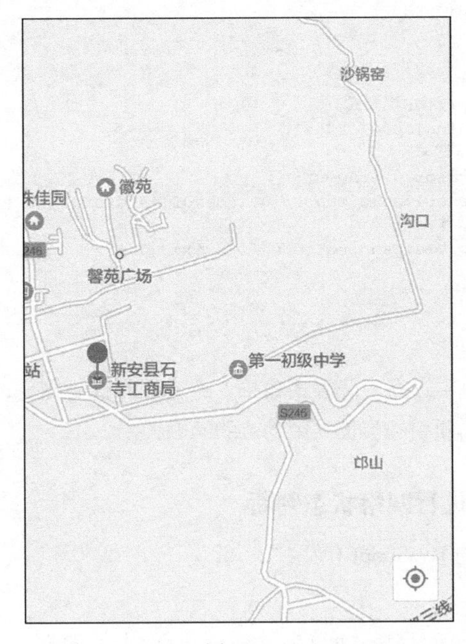

图 10-8

实现自定义按钮的关键就是APICloud官方提供的免费模块UIButton。这里要实现的功能是点击中心点按钮，让地图回到中心点。代码如下：

```
var aMap = api.require('aMap'); // 引入地图模块，这里使用的是高德地图
var UIButton = api.require('UIButton'); // 引入UIButton模块

var lon = 116.4021310000;
var lat = 39.9994480000;
aMap.open({
    rect: {
        x: 0,
        y: 65,
        w: 'auto',
        h: api.frameHeight - 65
    },
    center: {
        lon: lon,
        lat: lat
    },
    showUserLocation: true,
    zoomLevel: 14,
    fixedOn: api.frameName,
    fixed: true
}, function(ret, err) {
    if (ret) {
        var buttonId; // 记录下来按钮的id，在点击按钮的时候，对这个按钮的状态进行更改
        UIButton.open({
            rect: {
                x: api.frameWidth - 52,
                y: api.frameHeight - 140,
                w: 40,
                h: 40
            },
            corner: 5,
            bg: {
                normal: 'widget://img/dingwei.png',
                highlight: 'widget://img/dingwei_2.png',
                active: 'widget://img/dingwei_2.png'
            }, // 这里是按钮的三种样式
            fixedOn: api.frameName,
            fixed: true,
            move: false
        }, function(ret, err) {
            if (ret && ret.eventType === 'show') {
                buttonId = ret.id
            }
            if (ret && ret.eventType === 'click') {
                // 在接收到按钮被点击的指令之后，更改按钮的状态为normal，用来改变按钮的样式，恢复未点
//击之前的样式
                UIButton.getState({
                    id: buttonId
                }, function(ret, err) {
                    if (ret.state === 'active') {
                        UIButton.setState({
                            id: buttonId,
                            state: 'normal'
                        })
                    }
```

```
                });
                // 让地图回到中心点处
                aMap.setCenter({
                    coords: {
                        lon: lon,
                        lat: lat
                    }
                });
            }
        })
    }
});
```

这样就简单地实现了在地图上自定义按钮的功能。

10.10　地图搜索的高级应用：如何获取城市地铁线路列表

在 App 的实战开发中，往往很多业务需求是没有对应的直接解决方案的。这就需要开发者利用自己的经验和知识，综合所有能利用的条件资源，完成既有目的需求的开发。如本节示例示范的使用高德地图 API 来获取城市的地铁线路列表，就是使用 aMap 模块结合高德 JavaScript 地铁图接口来综合完成的。

10.10.1　需求分解

根据本示例所要实现的功能，可以分解得到以下两个需求点。获取城市的所有地铁线路信息，以及获取某条地铁线路的所有站点信息。

10.10.2　功能实现

通过下面的步骤实现本示例的功能。首先，引用并初始化高德 JavaScript 地铁图对象。然后申请高德 JavaScript 地铁图 API 的开发者 Key。申请地址在高德地图开发者中心。最后引入高德地铁图 JavaScript API 文件。

因为后续要用到 JavaScript 高德地铁图中的开放 API 方法，所以首先需要引入高德地铁图的 JavaScript 框架。代码如下：

```
        <script type="text/javascript" src="http://webapi.amap.com/subway?v=1.0&amp;key=ea0
561116ddc03a7df25de867a5582fa&amp;callback=cbk"></script>
```

- 创建地图容器。

在页面中想展示地图的地方创建一个 div 容器，并指定 id 标识。需要注意的是，JavaScript

高德地铁图初始化以后，会在页面容器中同步显示地铁地图。而需求是不需要显示地图图形界面的，所以需要先设定一个隐藏样式的 DOM 容器元素来承载 JavaScript 高德地铁图对象。示例如下：

```
HTML部分
<div id="subway" style="display:none"></div>
```

- 初始化一下 JavaScript 高德地铁图对象。代码如下：

```
JavaScript代码部分
oSubWay = subway("subway",{easy:1,adcode:vCityCode});
```

- 获取拥有地铁城市的城市信息列表。

获取拥有地铁城市的城市信息列表，这样需要首先判断一个城市是否存在地铁，如果该城市并没有被包含在获取的地铁城市列表内，则可以直接终止后续操作。

- 使用 JavaScript 高德地铁图开放 API 中的 `getCityList` 方法获取当前开通地铁线路的城市列表对象。该对象的 key 为每个城市的 adcode，value 为城市的中文名和英文名。
- 获取城市的地铁线路信息。

使用高德 JavaScript 地铁图开放 API 中的 `getLineList` 方法获得当前城市所有线路（已排序）。需要注意的是要对 `getLineList` 的内容进行重复数据过滤，否则会出现起始站和终点站互换的重复线路。

- 获取具体地铁线路的站点信息。

因为通过上面的方法已经获取到了实际的地铁线路名称，此时就可以使用 aMap 模块的 `searchRoute` 方法获取具体地铁线路的详细站点信息了。

注意

目前 `searchRoute` 的结果回调数据中，并不能保证同一个地铁线路名称仅返回一条线路结果，因为有地铁延长线的存在。所以还需要对结果数据进行筛选过滤处理。

```
aMap.searchBusRoute({
    city: vCityName,   // 城市名称
    line: pLineName,   // 地铁线路名称
    offset: 50,
    page: 1
}, function(ret, err) {
  if (ret && ret.status && ret.buslines && ret.buslines.length) {
    var lineKeys = [];
    var lineData = [];
    ret.buslines.forEach(function(lineObj){   // 对获取结果进行数据过滤
```

```
          if('地铁' == lineObj.type){
            lineKeys.push(lineObj.name);
            lineData.push(lineObj.busStops);
          }
        });
        // 实测同一条线路名称，可能存在多个地铁线路（比如地铁延长线的存在），所以需要弹出一个sheet界面将
//结果二次显示出来，由用户选择最终想查看的路线线路站点信息。
        api.actionSheet({
            title: '请选择具体路线',
            cancelTitle: '取消',
            buttons: lineKeys
        }, function(ret, err){
            if( ret ){
                oDataSource = lineData[ret.buttonIndex-1];
                fnRefreshWithRailway(oDataSource);
            }
        });
      }
    });
```

10.11 极光推送的快速实现

推送功能现在几乎是App的标准配置，一款App产品运营好推送功能，才能够有效提高App的使用活跃度、增加用户黏性、提升留存率等。

App的推送功能，iOS一般通过调用苹果统一的APNS推送接口进行推送，简单易用；Android上Google也有提供和APNS服务类似的消息推送服务GCM，但该服务在国内无法使用，App需要自建Android推送，一般可以通过App与服务器建立TCP长连接的方式来实现推送功能。App开发商自行开发一套推送系统，需要大量的人力物力投入，周期长、成本高。当然也可以直接选择使用一款成熟稳定的推送产品，简单快速地实现App推送功能。APICloud平台本身支持推送（push模块）功能，同时还接入了如极光推送（ajpush模块）、个推推送（pushGeTui模块）、阿里云推送（aliPush模块）、Google推送（googlePush模块，即GCM）等主流第三方推送服务。

下面介绍如何在APICloud中使用极光推送模块为App快速集成推送功能。

10.11.1 获取App包名

在APICloud控制台获取应用包名。操作步骤：应用概览界面→端开发→证书。复制Android证书下的包名，如图10-9所示。

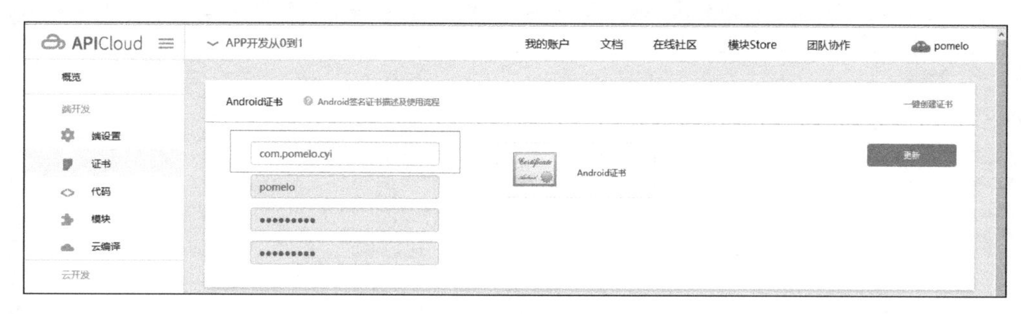

图 10-9

注意

极光推送平台通过App包名和签名证书进行接入管理。因此，App的包名和证书一旦确定，尽量不要更改；如果因不得已的情况必须更改，则需要将新的信息更新到极光推送平台。

10.11.2 获取极光推送 AppKey

登录极光推送官网 https://www.jiguang.cn，进入控制台，进行“创建应用”。创建成功后，将在“推送设置”界面使用之前获取的应用包名填入“应用包名”位置，并保存，如图 10-10 所示。

图 10-10

进入“应用信息”界面，复制 AppKey，如图 10-11 所示。

图 10-11

10.11.3　配置极光推送模块

将之前获取的 AppKey，根据 ajpush 模块的帮助文档要求，配置到项目的 config.xml 文件中，操作如下：

```
<feature name="ajpush">
  <param name="app_key" value="25a84d85c5e43e83652e4571" />
  <param name="channel" value="apicloud-dev" />
</feature>
```

`app_key` 字段为之前获取的极光推送平台 AppKey；`channel` 字段可根据 App 发布的不同应用渠道而自定义对应的字符串，极光推送具有统计分析能力，该字段可以在极光推送控制台显示相应渠道的 App 相关信息，作为追踪标识。

10.11.4　在代码中监听推送消息

极光推送的消息机制有两种。一种是“通知”类型的推送，模块会直接弹出通知到状态栏。另一种是“消息”类型的推送，如果代码中已经通过 `setListener` 监听了消息，将不会自动弹出通知到状态栏，推送内容会直接交到回调函数中，即“透传”，开发人员可在代码中自行处理；如果没有设置监听，则仍会自动弹出通知到状态栏。状态栏通知被点击时，可通过监听 `appintent` 事件获取推送内容。

其关键代码如下所示。

（1）监听推送消息和移除监听，代码如下：

```
function setListener(){
  jpush.setListener(function(ret, err){
    if(ret){
      api.alert({msg: '收到消息：\n' + JSON.stringify(ret)});
    }
  });
  api.alert({msg: '设置成功，收到的消息将通过此函数回调给网页，不再弹出通知到状态栏'});
}

function removeListener(){
  jpush.removeListener();
  api.alert({msg: '移除成功，移除后网页将不再收到消息，消息将弹出通知到状态栏'});
}
```

（2）监听状态栏通知被点击事件，代码如下：

```
apiready = function(){
    api.addEventListener({
        name:'appintent'
    }, function(ret, err) {
        api.alert({msg:'通知被点击，收到数据：\n' + JSON.stringify(ret)});
    })
}
```

（3）编译并安装 App

提交代码，因为 config 中已配置了 ajpush 模块的 feature，该 App 将默认绑定极光推送模块。云编译正式版 App，并安装到手机，至少联网启动 App 一次。极光推送模块将在 App 启动时自动初始化，并与极光推送服务器建立推送通道，等待服务器推送数据的下发。

10.11.5 开始推送

登录极光推送官网进入控制台，选择已经创建的 App，切换到“推送”导航面板，在左侧的导航列表中选择“发送通知”，输入相关推送内容后选择“Android”平台，推送目标人群为“所有人”，点击“立即发送”，如图 10-12 所示。约数秒之内，手机状态栏将显示收到一条推送消息。

此外，如果希望 App 支持 iOS 平台推送，须前往苹果开发者中心，为 App 申请推送证书，并在“推送设置”中将 iOS 推送证书填入对应的位置。极光推送还提供多种业务场景下的个性化推送，比如单推、组推、定时推送、离线消息等，可根据不同的需求，通过调用极光推送平台的服务器端 REST API 使用。

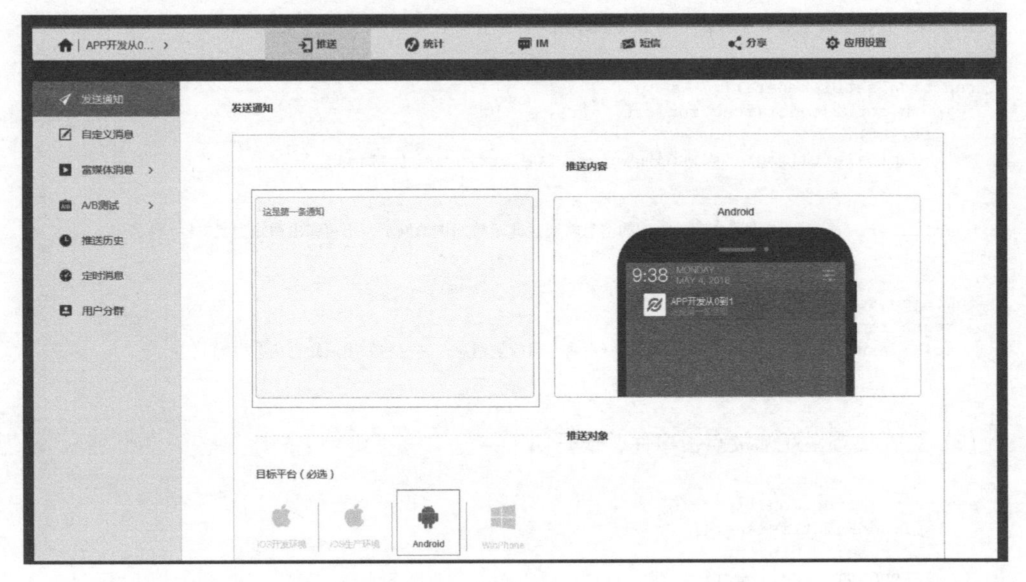

图 10-12

10.12　小结

本章介绍了一些 App 开发中常用的功能实现和开发技巧，这些知识内容基础而实用，能应用到各类 App 开发中。我们相信大家在 App 开发中也会不断积累各种开发技巧，欢迎大家在官方社区中进行分享。

第 11 章

性能优化探索

主要内容

本章将介绍几种常用的 App 优化方法，这些方法的学习和使用很简单，对 App 效率和性能的提升却有很大的帮助。

示例 1 讲述的是图片的缓存处理机制，图片缓存处理在整个 APP 开发中都是一个需要重视的问题。

示例 2 通过一个小案例，阐述了 APICloud APP 开发的一个重要编程理念，对于从前端 Web 开发转到 App 开发的同学，尤其需要认真体会。

示例 3 讲述了登录流程的优化处理，其中讲述的这种逻辑方法可适用于多个业务场景。

示例 4 从底层讲解了同步 / 异步的运行原理和优劣对比，同时示范了 APICloud 模块的同步 / 异步使用方法。

学习目标

（1）使用 `api.imageCache` 进行图片缓存处理。

（2）优化频繁地从 DOM 上获取数据引起的性能问题。

（3）如何提供流畅的用户登录体验。

（4）合理使用同步 / 异步接口。

11.1　用 imageCache 缓存图片

APICloud 提供了一个 api 方法——'api.imageCache'，用于图片的本地缓存处理。图片缓存处理在一款应用中是必不可少的。图片缓存后，当应用再次请求同一地址的网络图片时，就不需要再从图片的网络地址去请求下载，而是读取本地的缓存图片，这样大大加快了页面的加载速度，基本用法如下：

```
api.imageCache({
    url: 'https://www.apicloud.com/img/default.png'
}, function(ret, err) {
    var url = ret.url;
   /*
    *{
    *    status:true, // 是否成功，布尔类型
    *     url: ''// 图片本地存储路径，若下载失败，则返回传入的url，字符串类型
    *}
    */
});
```

以上就是最基本的用法，其最简单的使用场景就是获取个人头像。调用远程接口，获取到头像地址之后，再调用图片缓存接口，把缓存的图片展示在页面上。因为只需要显示头像，只涉及一个 DOM 元素。所以可直接在回调函数中找到元素赋值即可完成需求。

下面是完整的功能示例：

```
var portrait = $api.dom('#portrait'); // 假设此元素是img标签
api.imageCache({
    url: 'https://www.apicloud.com/img/default.png'
}, function(ret, err) {
    if(ret && ret.status) {
        $api.attr(portrait, 'src', ret.url);
        // 缓存成功，替换为缓存好的图片地址
    }
    if(err) {
        $api.attr(portrait, 'src', '../../img/default.png');
        // 如果缓存失败，展示默认头像（img标签有默认图片地址的不用修改）
    }
});
```

接下来是一个常见的对列表中的图片进行缓存的场景，如图 11-1 所示。

图 11-1

这里比较常用的方法是在接到数据之后，循环数据时，将链接跟 DOM 元素的标识拼成 JSON 数组，然后交给程序处理。

```
function fnImageCache (data){
    for(var i = 0; i < data.length; i++){
        var item = data[i];
        var elements = $api.domAll(item.flag);
        var src = item.src;
        (function(_data){
              api.imageCache({
                _data.src,
                thumbnail: true // 如果觉得缩略图质量不高，可以设置成false，使用原图
            }, function(ret, err) {
                if(ret && ret.status) {
                    for(var j = 0; j < _data.elements.length; j++){
                        var _item = _data.elements[j];
                        $api.attr(_item, 'src', ret.url);
                        // 缓存成功，替换为缓存好的图片地址
                    }
                } else {
                    // 如果缓存失败，展示默认图片
                }
            });
        }({
              elements: elements,
              src: src
        }))
    }
}
var arr = [];
/*
 * 假设arr是这样的数组
 * {
 *   flag: '', // DOM元素的标识，例如，className
```

```
 *     src: '' // 需要缓存的图片地址
 *   }
 */
// 在插入这些DOM元素之后，就可以调用上面的方法
fnImageCache(arr);
// 缓存成功之后，就会找到对应的DOM元素，并给src赋值
```

还有一种方法，可以用在重复图片较多的场合。例如聊天窗口中会频繁出现同一个头像，这种情况下可以考虑用如下方法。

```
// 这个方法是给DOM元素，如div添加background-image属性，实现一个CSS样式给所有相同className元素添加
//同一个背景图片
var __head__ = $api.dom('head'); // 获取页面中的head元素
var cacheImgCount = {
};
// 这个是用来记录哪些图片被成功缓存过，缓存过的就不做缓存处理
function fnImageCache(tag, src){
    if (cacheImgCount[tag]) {
    // 如果被成功缓存，就不做处理
    } else{
        api.imageCache({
            url: src,
            thumbnail: true // 如果觉得缩略图质量不高，可以设置成false，使用原图
        }, function(ret, err){
            // 创建一个style标签，里面的内容就是给需要缓存背景图的元素加上背景图片属性
            var str = '';
            if (ret && ret.status) {
                str += '<style>';
                    str += tag + '{';
                        str += 'background-image: url('+ ret.url +');';
                    str += '}';
                str += '</style>';
                // 拼接好字符串之后，把它作为标签，插入到head元素末尾，这样，页面里所有带此标识的元素，
//背景图片都会变成缓存的图片
                $api.append(__head__, str);
                // 最后将这个标识置为true，下次不做缓存处理
                cacheImgCount[tag] = true;
            } else {
                cacheImgCount[tag] = false;
            }
        });
    }
};
```

11.2 数据不要从 DOM 上获取

很多初次使用 HTML5 开发 App 的开发者可能不会意识到，移动端在性能上与 PC 端的 Web 浏览器有一定的差距，需要开发者积累更多的移动端经验，才能开发出性能优异的 App 来。比如一些 Web 前端工程师或者懂一些前端技术的后端工程师都容易养成的习惯：因为依赖使用 JQuery，通常都会在点击事件之后，从点击的 DOM 树上找到所需要的数据，然后取出来。整个过程简单方便，这是 Web 开发过程中的常用操作。但在移动端，频繁地操作 DOM 会影响 App 性能，我们需要换种方式来改进。

举个例子，如图 11−2 所示。

图 11−2

在购物车中的增减数量这类操作，代码如下：

```
// html部分
'
<div>
    <span onclick="countMin()" tapmode >-</span>
    <input type="text" id="count_text">
    <span onclick="countAdd()" tapmode >+</span>
</div>
'
// JavaScript部分
function countMin(){
    // 购物车减少商品数量
    var currentCount = parseInt($api.val(count_text)) || 0;
    if(currentCount <= 0){
        currentCount = 0;
    } else {
        currentCount--;
    }
    $api.val(count_text, currentCount);
}
function countAdd(){
    // 购物车增加商品数量
    var currentCount = parseInt($api.val(count_text)) || 0;
      currentCount++;
      $api.val(count_text, currentCount);
}
```

这个代码看起来没有问题，但在实际使用的时候，如果频繁点击增加按钮，会发现有卡顿的情况。尤其在 iOS 上，如果本身应用的功能多，性能损耗大，这一点性能的损耗让卡顿变得明显。这时需要做的是将 `var currentCount = parseInt($api.val(count_text)) || 0;` 这一步需要的数据，从数据源那里取出来。代码如下：

```
// html部分
'
<div>
    <span onclick="countMin(1)" tapmode >-</span>
    <input type="text" id="count_text">
    <span onclick="countAdd(1)" tapmode >+</span>
</div>
'
// 上面的countMin(1),countAdd(1)中的1，是商品的uid
// JavaScript部分
var data = [{
     uid: 1,
     count: 1
```

```
}];
// data是假设的请求到的数据
var _data = {
    1: 1
}
// _data是根据data整理出来的数据
function countMin(uid){
    // 购物车减少商品数量
    // 根据传入的uid找到源数据中的count
    var currentCount = _data[uid];
    if(currentCount <= 0){
        currentCount = 0;
    } else {
        currentCount--;
    }
    $api.val(count_text, currentCount);
    _data[uid] = currentCount;
}
function countAdd(uid){
    // 购物车增加商品数量
    // 根据传入的uid找到源数据中的count
    var currentCount = _data[uid];
    currentCount++;
    $api.val(count_text, currentCount);
    _data[uid] = currentCount;
}
```

这样处理后，便会降低性能损耗，提高 App 的运行速度。

11.3　流畅的用户登录体验

APICloud 引擎内有独立的窗口布局系统，屏幕级别的 Window 组件以栈的方式驻留在内存中，设备屏幕上同时最多有一个 Window 进行渲染。当在代码中使用 api.openWin 打开一个新的 Window 时，当前屏幕上的 Window 将被压入后台停止渲染，同时新打开的 Window 将展示到屏幕并开始渲染，二者之间的切换伴随过渡动画效果；当关闭 Window 时，当前屏幕上的 Window 被移除并销毁，内存栈中顶部的 Window 再次回到设备屏幕继续渲染。这个过程和 Android、iOS 系统的原生窗口架构以及原理是一致的，带来的好处是 App 的动画效果很流畅，与原生几乎一致。

11.3.1　程序员的思维习惯

大多数场景下，Window 渲染机制都能很简单友好地帮助开发者快速实现业务。对于 App 开发人员而言，登录页面是再熟悉不过的场景，然而很多开发人员也正是在此处陷入一个“假”逻辑：当产品设计要求 App 必须登录才能使用时，开发人员在实施过程中通常认为流程应该如下所示。

```
App启动 → 进入登录页 → 登录成功 → 打开主页
```

在大多数情况下，这个流程没有问题。但在 App 的主页需要初始化大量业务的情况下，登录成功后通过 openWin 跳转主页时，因主页初始化需要较长时间，在此期间屏幕上无 UI 可渲染，将展示系统默认的 App 背景色，具体效果就是通常所说的“白屏”或者“黑屏”。

11.3.2　正确的做法

可以将登录流程做一个小的改动，以保证在“登录才能使用”的产品逻辑不变的情况下实现优化，避免“白屏”或者“黑屏”问题。示例如下：

```
App启动 → 进入主页开始初始化业务 → 判断是否登录 → 未登录打开登录页 → 登录成功 → 关闭登录页 → 流畅的过渡回主页
```

11.3.3　关键代码实现

在代码层面，可以通过以下4个步骤实现流畅的用户登录体验。其中需要注意的是，Android设备通常带有物理Back键，用户点击该按键时，APICloud引擎将默认关闭当前Window并回退到上一个。因此，为了避免登录页被用户点击Back键而关闭，我们需要在代码中做拦截Back键的处理。

（1）config指定入口页为App的主页。修改content的src属性，修改入口页为home.html。代码如下：

```
<widget id="A0000000000001"  version="0.0.1">
    <name>流畅的用户登录体验</name>
    <content src="home.html" />
</widget>
```

（2）主页（home.html）中使用同步接口判断本地存储的登录状态并进行跳转操作，同时监听登录成功事件，刷新相关数据。代码如下：

```
//home.html
function checkLogin(){
  var login = getPro('is_login');
  if(!login){
    //未登录，直接打开登录页
    api.openWin({
      name:'login',
      url:'./html/login.html'
    });
  }
  return login;
}
apiready = function(){
  api.addEventListener({
    name:'login_success'
  }, function(ret){
    //登录成功，刷新数据
    refreshData();
  });
  if(checkLogin()){
    //已登录状态，直接刷新数据
    refreshData();
  }
}
```

```
function refreshData(){
  //TODO Refresh
}
```

(3) 登录页拦截 Back 键，避免 Android 设备用户使用物理 Back 键关闭登录页。代码如下：

```
//login.html
apiready = function() {
  api.addEventListener({
    name: 'keyback'
  }, function(ret, err) {
    api.closeWidget();
  });
};
```

(4) 登录成功，存储登录状态，并发出成功事件，关闭登录窗口，回到主页。代码如下：

```
//login.html
function loginSuccess(ret) {
  if(ret.status){
    setPro('is_login', true);
    api.sendEvent({
      name: 'login_success'
    });
    api.closeWin({
      animation:{
        type:'fade',
        duration:250
      }
    });
  }
}
```

此外，还可以通过服务器端配合开发相应的策略，在保证安全的前提下，维持一个用户的登录状态在尽可能长的时间内不过期，保持 App 端用户的长期登录状态，避免频繁的登录操作，提升用户体验。

11.4 合理使用同步 / 异步接口

标准 JavaScript 的执行分为同步和异步两种模式，APICloud 的所有扩展 API 也同时支持同步或异步的调用，它们适用于不同的场景。本节为读者解析同步 / 异步接口的特点和使用建议。

11.4.1 JavaScript的同步 / 异步机制

JavaScript 中同步与异步的区别如下。

- 同步机制

在浏览器引擎技术中，JavaScript 引擎是单线程执行的，单线程意味着在同一时间内只能有一段代码被 JavaScript 引擎执行。所以 JavaScript 函数以一个接着一个的栈方式执行，A 函数如果依赖 B 函数的返回结果，那么 A 函数必须同步等待 B 函数返回结果后才有执行机会。

JavaScript 代码的典型编写方式如下：

```
<script>
function printFile(){
var text = readFile();
console.log('printFile内容：' + text);
}

function readFile(){
var content = fileOjb.read('file_path');
console.log('readFile结果：' + content);
return content;
}
</script>
```

在 readFile 函数未执行完毕并返回结果之前，printFile 函数的 text 将一直阻塞并等待。以上代码日志输出顺序为：

```
console.log('readFile结果：' + content);
console.log('printFile内容：' + text);
```

函数按照依赖关系顺序执行。

- 异步机制

JavaScript 的同步模式符合开发人员通常的编码习惯，无论从逻辑或者是代码的审美方面都更容易被接受，但性能问题也因此而起。当函数栈中某个函数的执行耗时过长时，将引起函数栈中后面的所有函数延迟执行，引发程序性能问题。这在移动端体验优先的场景下是无法接受的。

异步模式因此诞生。APICloud 所有扩展 API 在现有 JavaScript 同步模式的基础上，引入 JavaScript CMD（Common Module Definition）的模块化定义规范，API 的调用遵循 AMD（Asynchronous Module Definition）异步方式加载，通过实现 AMD 规范下的 JavaScript 异步加载模式，能够很好的解决性能问题。

11.4.2 异步的优势

APICloud 的 JavaScript 异步编程模式可以总结为 3 个关键词：回调函数、事件监听和 require。典型的使用代码如下：

```
<script>
  function readFile(){
    var fs = api.require('fs');
    fs.read({
      fd: 'fileId'
    }, printFile);
    console.log('readFile执行完毕....');
  }
  //回调函数
  function printFile(ret, err){
    if (ret.status) {
      var text = ret.data;
      console.log('printFile内容：' + text);
    } else {
      console.log(JSON.stringify(err));
    }
  }
</script>
```

当调用 fs 模块的 read 函数时，将进入对应的原生 Android 和 iOS 系统层操作，将在原生子线程中执行文件读取的操作。操作结束后，将结果回调 JavaScript。这样做的好处在于，App 不会因为读取的文件大小，耗时不同而引起阻塞，如果此时设备正在进行 UI 渲染，将产生“卡顿”的问题。以上代码日志输出顺序为：

```
console.log('readFile执行完毕....');
//若干时长后，因文件大小而花费时长不一
console.log('printFile内容：' + text);
```

异步模式能够将 App 的逻辑功能与 UI 渲染更好的解耦，将耗时的操作放在多线程中执行，充分利用设备的硬件性能，使 App 能更专注于渲染，提供更好的视觉效果及响应速度给用户。

11.4.3　应用实例

在 App 开发过程中，可以根据不同的操作场景，合理地将同步操作与异步操作相结合，编写出结构更合理、性能更出色、维护更方便的 JavaScript 代码。

APICloud 扩展 API 中，支持同步操作的 api 对象接口通过传入 sync 参数进行同步操作声明；支持同步操作的模块接口以 Sync 结尾。

（1）使用同步接口获取 App 缓存大小，相关 API 调用方法的代码如下：

```
//同步调用
function sycacheSize(){
  var size = api.getCacheSize({
      sync: true
  });
  alert('缓存大小为：' + size + '字节');
}
//异步调用
function aycacheSize(){
```

```
  api.getCacheSize(function(ret) {
      var size = ret.size;
      alert('缓存大小为：' + size + '字节');
  });
}
```

（2）使用同步接口判断偏好设置，代码如下：

```
//同步调用
function isLoginSyc(){
  var login = api.getPrefs({
      sync: true,
      key: 'is_login'
  });
  alert('登录状态：' + login);
}
//异步调用
function isLoginAyc(){
  api.getPrefs({
    key: 'is_login'
  }, isLoginCallback);
}

function isLoginCallback(ret){
  var login = ret.value;
  alert('登录状态：' + login);
}
```

（3）使用同步接口判断文件/文件夹是否存在，代码如下：

```
var fs = api.require('fs');
var ret = fs.existSync({
    path: 'fs://file_test.txt'
});
alert(ret.exist ? '存在' : '不存在');
```

（4）使用同步接口对文本进行 MD5 加密，代码如下：

```
var text = 'hello';
text = api.require('signature').md5Sync({
    data: text
});
alert('加密结果：' + text);
```

11.5 小结

本章从图片缓存处理、页面数据操作处理、登录逻辑优化、同步/异步原理等几个方面向读者介绍了常用的 App 优化方法。App 优化在开发中是非常重要的，灵活掌握这些技巧方法可以带给用户更好的使用体验。章节篇幅有限，读者还可以在社区中查看他人分享的案例经验，也可以将自己的优化技巧在社区中进行分享。

第 12 章

调试技巧

主要内容

本章将介绍常用的调试技巧，其内容更适合已有项目开发经验的开发者阅读。

示例 1 和示例 2 讲述了 Charles 抓包软件的使用，学会数据抓包对项目开发调试很有帮助。

示例 3 和示例 4 讲述了 iOS 和 Android 的断点调试技巧，这种调试技巧在项目开发中非常实用，建议好好掌握。

学习目标

（1）如何使用 Charles 查看网络请求。

（2）如何使用 Charles 模拟网络请求。

（3）如何使用 Safari 断点调试 iOS 应用。

（4）如何使用 Chrome 断点调试 Android 应用。

（5）如何使用 MarkMan 工具来快速标注设计图。

12.1　调试技巧：使用 Charles 查看网络请求

Charles 是在 Mac 或 Windows 下常用的 http 协议网络包截取工具。

在项目开发时经常会遇到网络请求失败的情况。一个失败的网络请求，原因可能出现在手机客户端，也可能出现在服务器端，所以定位问题很关键。如果能看到请求发送和返回的原始数据，就可以快速定位问题，提高联调的效率。在诸多工具中，Charles 是目前使用相对较多的一款软件。

这里主要讲述如何使用 Charles 来查看 APICloud 应用的网络请求。如果是第一次使用 Charles，可前往其官方主页下载。

12.1.1　查看 HTTP 请求

假设现在我们有一个简单的 http 网络请求，具体代码如下。可按照以下步骤了解如何使用 Charles 查看该网络请求。

```
api.ajax({
    url: 'http://d.apicloud.com/mcm/api/module?filter={"where":{"name":"baiduLocation"},"skip":0,"limit":20}',
    method: 'get',
    "headers": {
      "X-APICloud-AppId": "A6066862334734",
      "X-APICloud-AppKey": "af51d64f9a25cf5911823d89802e849b465fe5f6.1511323227684"
    },
}, function(ret, err) {
    if (ret) {
        api.alert({ msg: JSON.stringify(ret) });
    } else {
        api.alert({ msg: JSON.stringify(err) });
    }
});
```

1. 在 Charles 中查看计算机的本机 IP 地址

使用 Charles 调试时，需要满足手机和计算机位于同一局域网内。

在 Charles 中查看计算机 IP 的方式是：顶部菜单→ Help → Local IP Address，如图 12-1 所示。

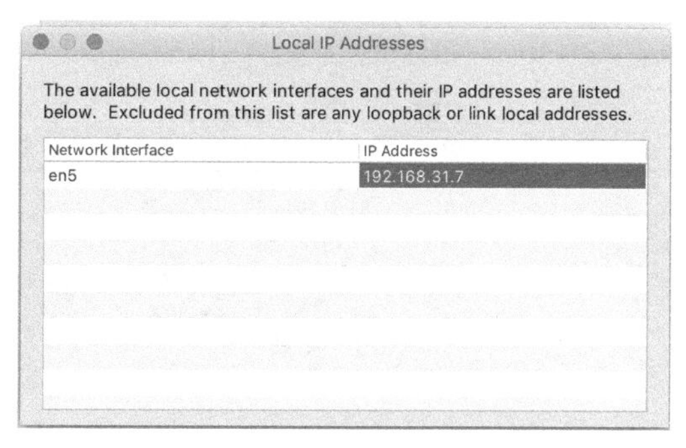

图 12-1

2. 配置 Wi-Fi 代理

在手机的 Wi-Fi 代理配置中，手动配置代理。其中主机名，就是计算机的 IP 地址，端口固定为 8888。配置好后，计算机上会显示一个弹窗，询问是否允许连接到 Charles 的提示，点击确认（Allow）即可，如图 12-2 所示。

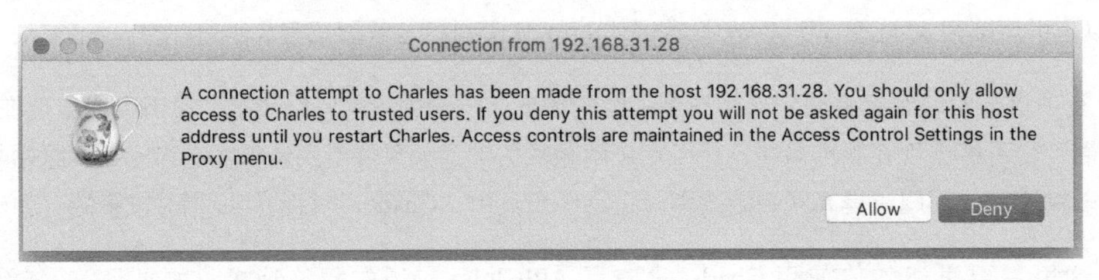

图 12-2

配置代理的位置如下：

- Android 系统，一般在设置→ WLAN →代理；
- iOS 系统，一般在设置→无线局域网→配置代理。

3．设置过滤规则

默认 Charles 会拦截手机的所有请求，这样看起来会很杂乱。可以设置过滤规则，来指定只拦截特定域名下的请求。此处设置只拦截 d.apicloud.com 域名下的请求，示例如下：

点击 Charles 顶部菜单 Proxy → Recording Settings → include → add → Host 填写 d.apicloud.com，然后点击 OK 确定，如图 12-3 所示。

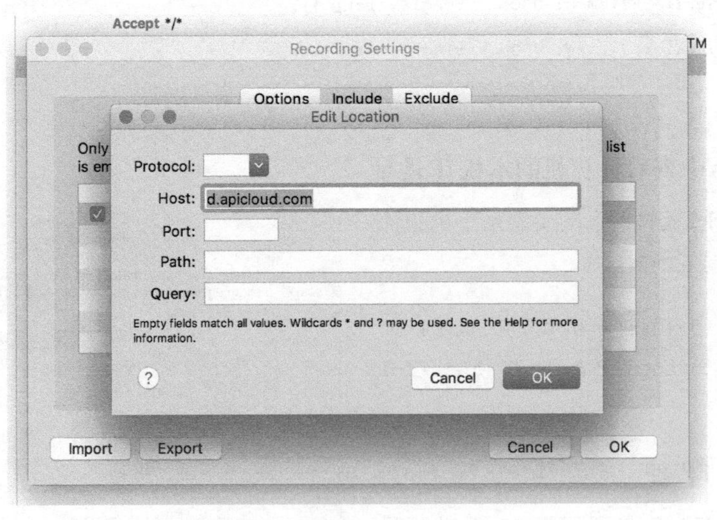

图 12-3

4．查看手机上的网络请求

在手机 AppLoader 中运行示例代码，将看到真实发出的网络请求，如图 12-4 所示。

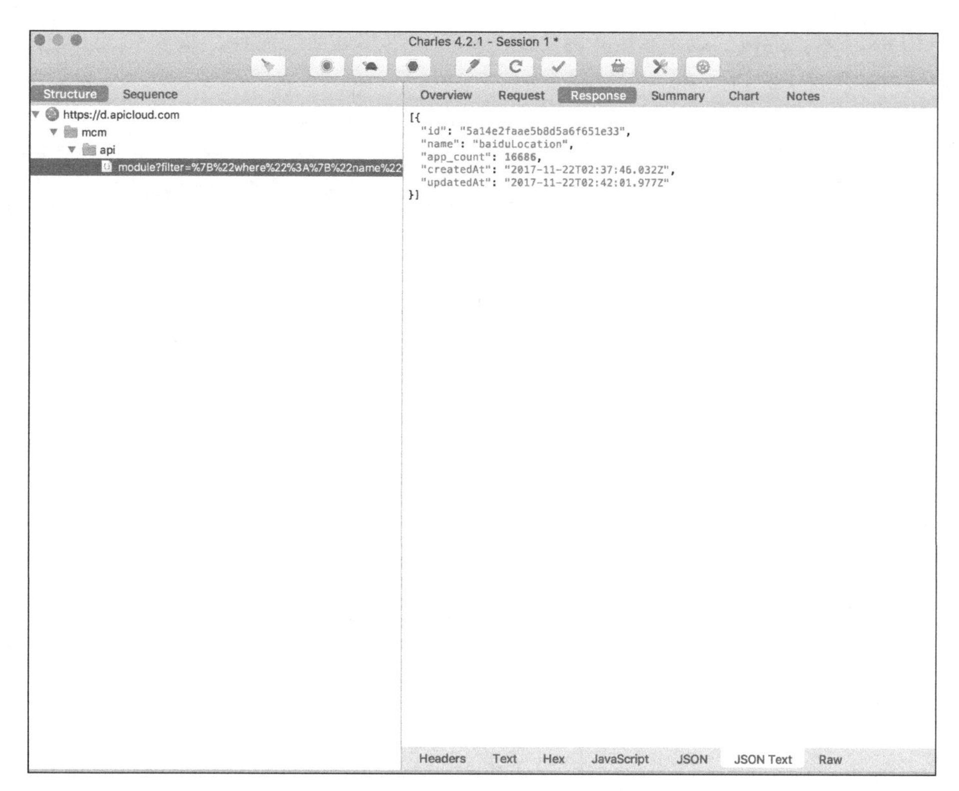

图 12-4

12.1.2 查看HTTPS请求

APICloud 云数据库同时支持 HTTP 和 HTTPS 访问，请根据需要自行选择。这里简单的把协议改为 HTTPS，来进行相关说明，代码如下：

```
api.ajax({
  url: 'https://d.apicloud.com/mcm/api/module?filter={"where":{"name":"baiduLocation"},"skip":
0,"limit":20}',
  method: 'get',
  "headers": {
    "X-APICloud-AppId": "A6066862334734",
    "X-APICloud-AppKey": "af51d64f9a25cf5911823d89802e849b465fe5f6.1511323227684"
  },
}, function(ret, err) {
    if (ret) {
        api.alert({ msg: JSON.stringify(ret) });
    } else {
        api.alert({ msg: JSON.stringify(err) });
```

```
        }
    });
    }
```

HTTPS 请求，能被拦截到，但是看不到具体的请求和返回的内容，如图 12–5 所示。下面将介绍如何解决这个问题。

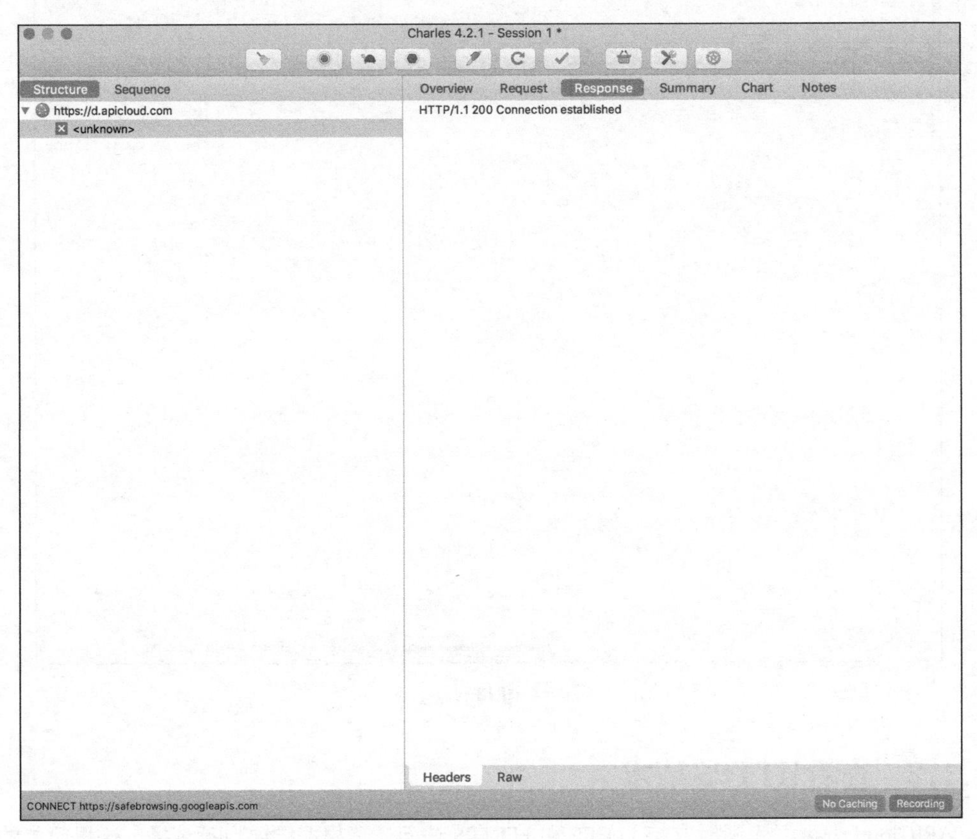

图 12–5

1．在手机上安装Charles根证书

请先确保手机已经成功把 Charles 设置为自身的网络代理，如图 12–6 所示。

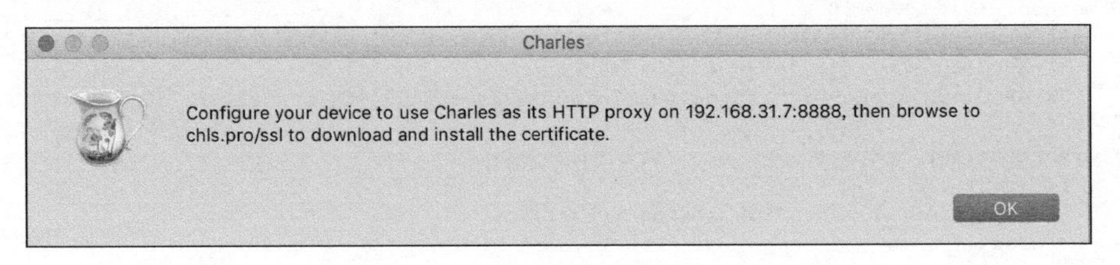

图 12–6

打开 Charles 顶部菜单 Help → SSL Proxying → Install Charles Root Certificate on a Mobile Device or Remote Browser。这时会弹窗提示一个要打开的地址，此处是 chls.pro/ssl。不同版本的 Charles 所示的地址可能不同，以实际提示为准。

在手机浏览器中打开网址 chls.pro/ssl，一般会自动安装 Charles 根证书。

注意

- Android手机自带的浏览器访问chls.pro/ssl，如果无法触发根证书自动安装行为，请改用第三方浏览器访问。
- 只安装可信的Charles根证书，并建议在测试结束后尽快移除。iOS系统一般可以在：设置 → 通用 → 描述文件和设备管理中删除Charles根证书；Android系统一般可以在：设置 → 更多设置 → 系统安全 → 用户凭据中删除Charles根证书。

2．启用HTTPS代理

默认 HTTPS 代理是关闭的，所以需要手动开启，操作如下：

选择 Charles 顶部菜单 Proxy → SSL Proxying Settings → Add，填入 d.apicloud.com，点击 OK 即可，如图 12-7 所示。

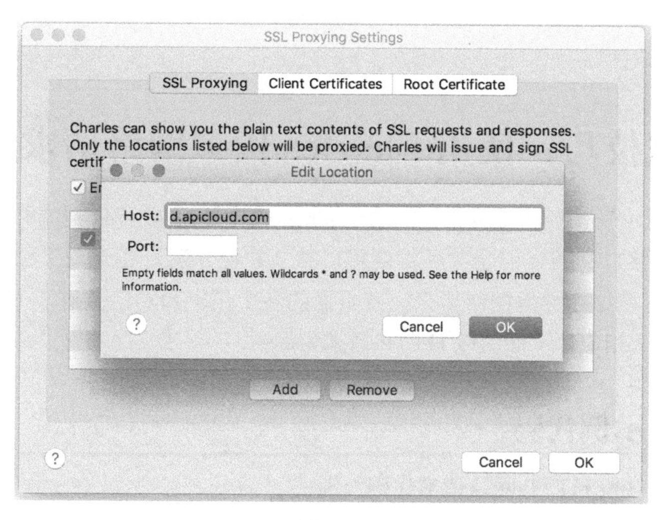

图 12-7

3．查看手机上的HTTPS网络请求

在手机 AppLoader 中运行示例 HTTPS 请求的代码，可以看到 HTTPS 请求的具体内容，如图 12-8 所示。

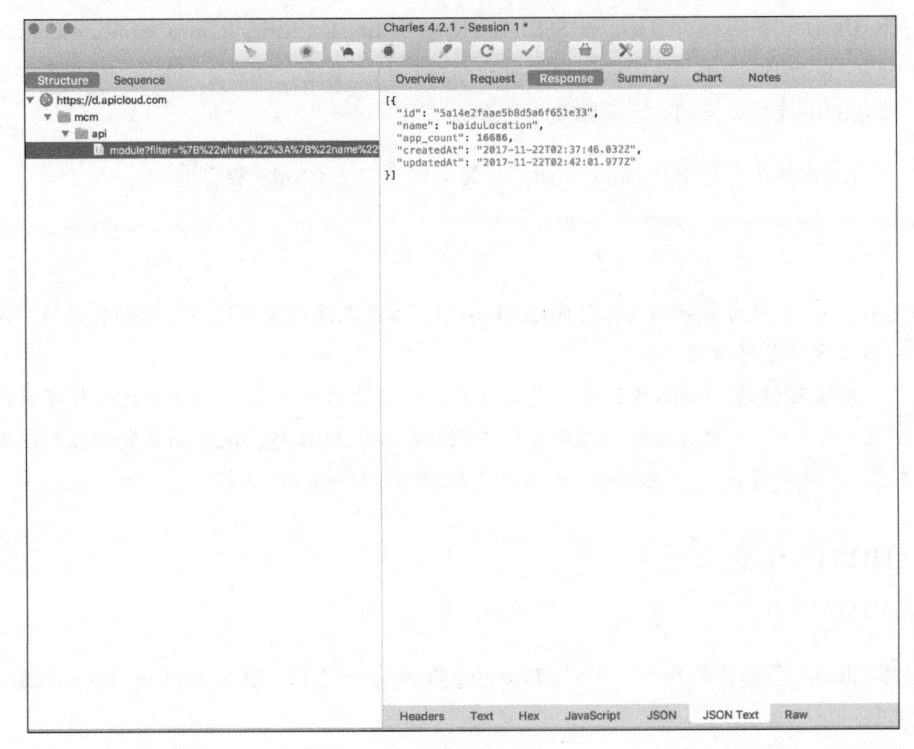

图 12-8

12.2　调试技巧：使用 Charles 模拟网络请求

Charles 还可以用来模拟网络接口。借助于 Charles，可以有效降低前端开发和服务端开发的耦合性。只要有了接口文档，前端和后端就可以独立并行开发。在开发工程中，前端工程师可以使用 Charles 自行模拟各种数据结构来完善页面的各个逻辑和功能。对于 HTTP 和 HTTPS 请求，模拟数据的方式相似，下面仅以 HTTP 请求为例。

12.2.1　请求示例代码

这里仍以下面这段 HTTP 网络请求代码为例：

```
api.ajax({
  url:
'http://d.apicloud.com/mcm/api/module?filter={"where":{"name":"baiduLocation"},"skip":0,"limit":20}',
  method: 'get',
  "headers": {
    "X-APICloud-AppId": "A6066862334734",
    "X-APICloud-AppKey": "af51d64f9a25cf5911823d89802e849b465fe5f6.1511323227684"
```

```
    },
}, function(ret, err) {
    if (ret) {
        api.alert({ msg: JSON.stringify(ret) });
    } else {
        api.alert({ msg: JSON.stringify(err) });
    }
});
```

正常情况下，此请求的返回值类似如下代码：

```
[{
  "id": "5a14e2faae5b8d5a6f651e33",
  "name": "baiduLocation",
  "app_count": 16686,
  "createdAt": "2017-11-22T02:37:46.032Z",
  "updatedAt": "2017-11-22T02:42:01.977Z"
}]
```

12.2.2　构建模拟数据

有关网络请求，本书以常用的JSON 结构为例。首先需要新建一个 .json 文件来保存模拟数据。模拟数据可以根据与服务器端约定的接口文档自行编写，也可以直接保存已有的网络接口的返回值。此文件被记为 mock.json，如图 12-9 所示。

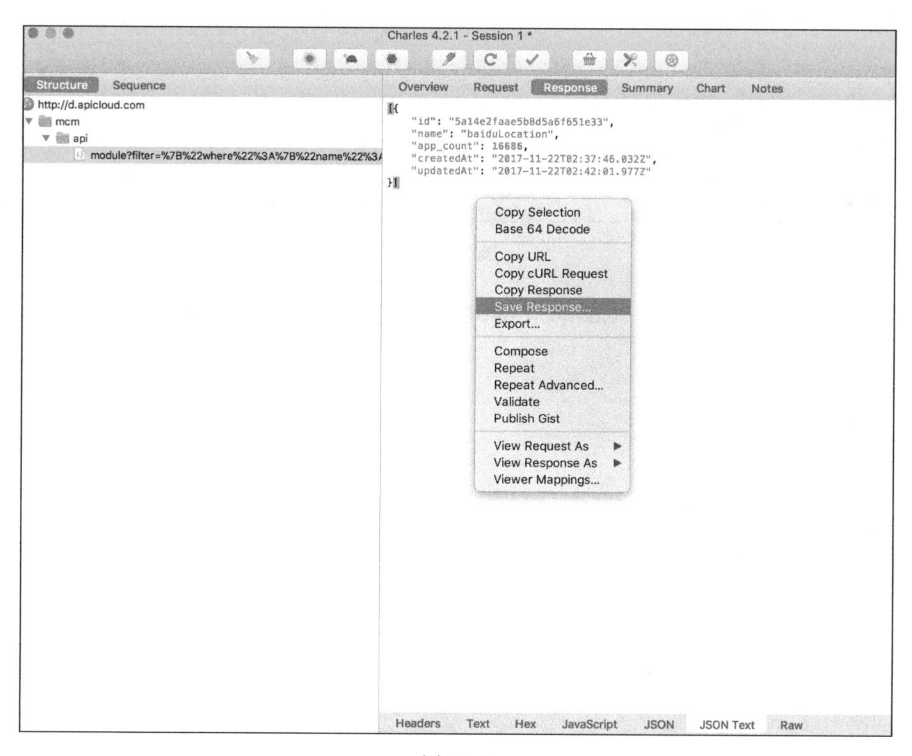

图 12-9

12.2.3　使用本地文件作为接口返回值

右键点击想要自定义其返回值的接口，选择“Map Local....”，如图 12–10 所示。

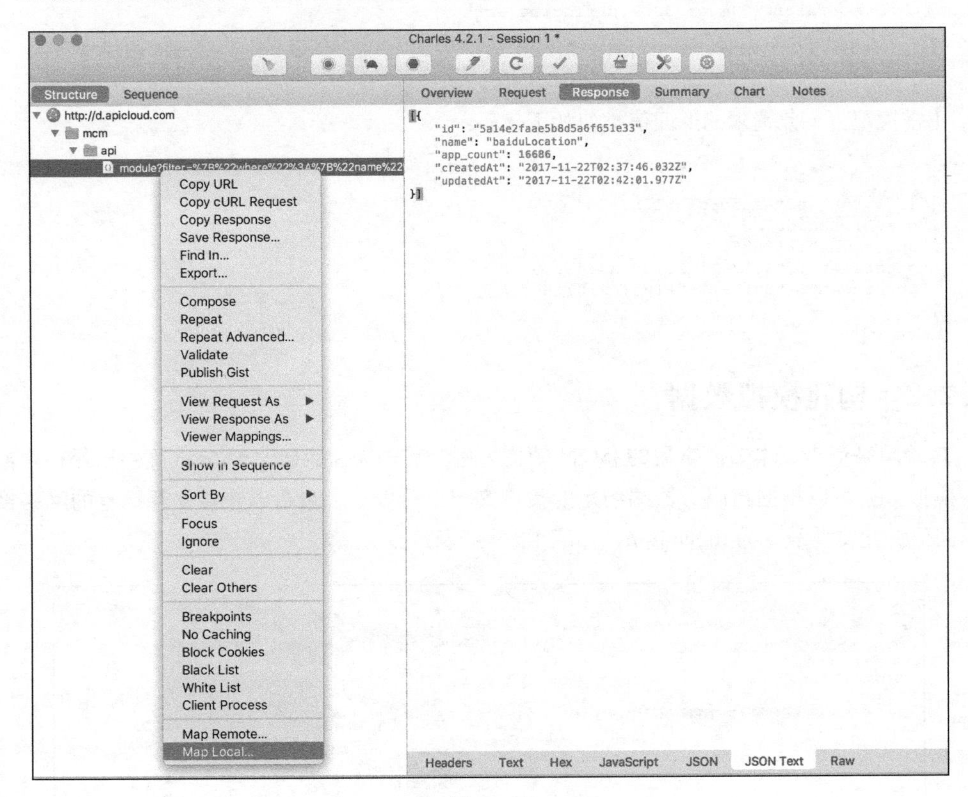

图 12–10

在新打开的弹窗中，点击“Choose”按钮，来选择准备用来作为接口返回值的文件 mock.json，如图 12–11 所示。

适当修改 mock.json 为以下内容：

```
[{
  "id": "5a14e2faae5b8d5a6f651e33",
  "name": "APICloud",
  "app_count": 999,
  "createdAt": "2017-11-22T02:37:46.032Z",
  "updatedAt": "2017-11-22T02:42:01.977Z"
}]
```

此时在 App 中重新进行网络请求，可以看到网络请求的返回值已经发生了变化。当然也可以在 Charles 中，右键点击选中某个网络请求，然后选择“Repeat”来重新发送一次网络请求，如图 12–12 所示。

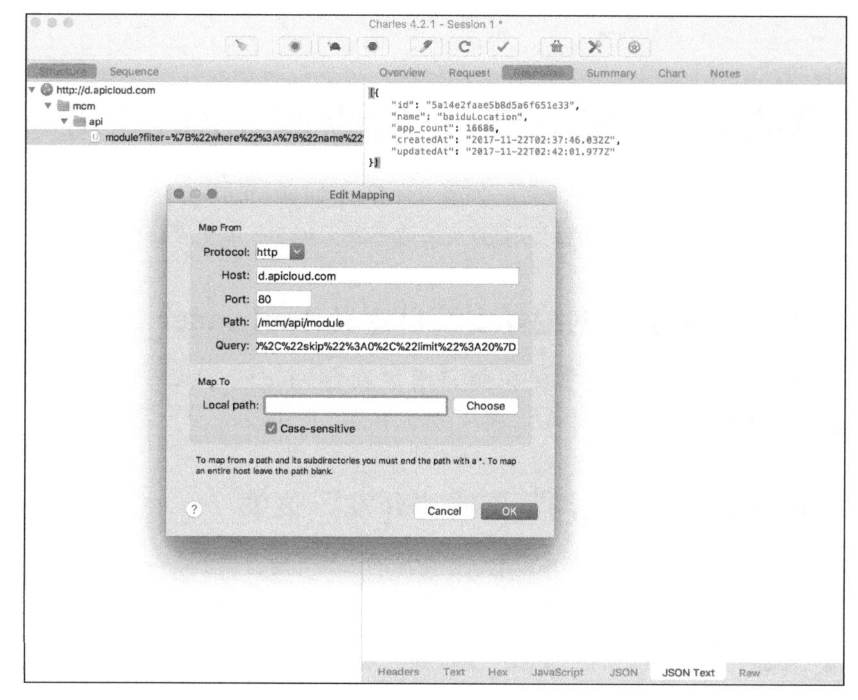
Charles 4.2.1 - Session 1 *
Sequence
Overview
Request
Summary
Chart
Notes
http://d.apicloud.com
mcm
api
module?filter=%7B%22where%22%3A%7B%22name%22
[{
"id": "5a14e2faae5b8d5a6f651e33",
"name": "baiduLocation",
"app_count": 16686,
"createdAt": "2017-11-22T02:37:46.032Z",
"updatedAt": "2017-11-22T02:42:01.977Z"
}]
Edit Mapping
Map From
Protocol: http
Host: d.apicloud.com
Port: 80
Path: /mcm/api/module
Query:)%2C%22skip%22%3A0%2C%22limit%22%3A20%7D
Map To
Local path:
Choose
Case-sensitive
To map from a path and its subdirectories you must end the path with a *. To map an entire host leave the path blank.
Cancel
OK
Headers
Text
Hex
JavaScript
JSON
JSON Text
Raw

图 12-11

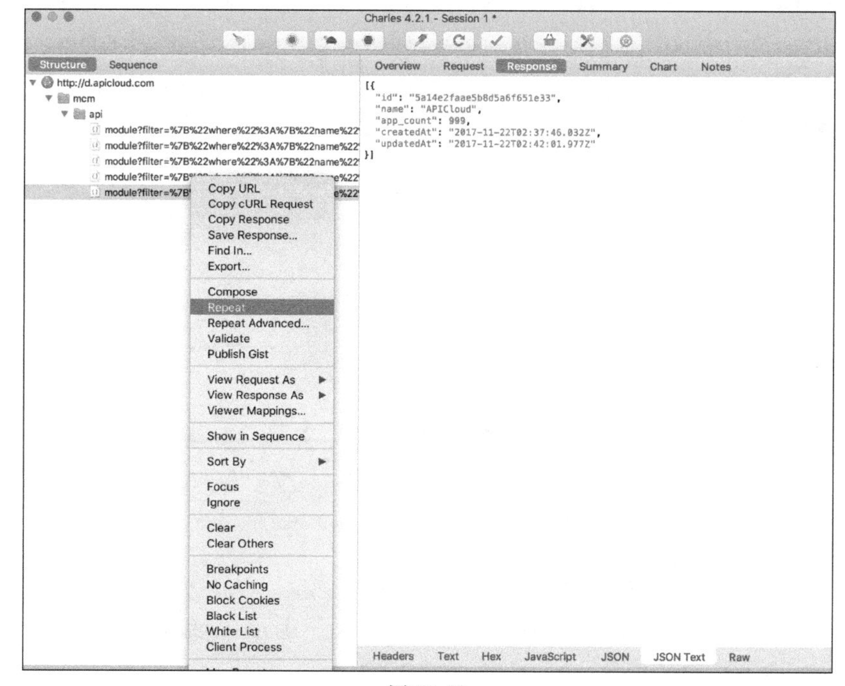
Charles 4.2.1 - Session 1 *
Structure
Sequence
Overview
Request
Response
Summary
Chart
Notes
http://d.apicloud.com
mcm
api
module?filter=%7B%22where%22%3A%7B%22name%22
module?filter=%7B%22where%22%3A%7B%22name%22
module?filter=%7B%22where%22%3A%7B%22name%22
[{
"id": "5a14e2faae5b8d5a6f651e33",
"name": "APICloud",
"app_count": 999,
"createdAt": "2017-11-22T02:37:46.032Z",
"updatedAt": "2017-11-22T02:42:01.977Z"
}]
Copy URL
Copy cURL Request
Copy Response
Save Response...
Find In...
Export...
Compose
Repeat
Repeat Advanced...
Validate
Publish Gist
View Request As
View Response As
Viewer Mappings...
Show in Sequence
Sort By
Focus
Ignore
Clear
Clear Others
Breakpoints
No Caching
Block Cookies
Black List
White List
Client Process
Headers
Text
Hex
JavaScript
JSON
JSON Text
Raw

图 12-12

12.3　调试技巧：使用 Safari 断点调试 iOS 应用

基于 APICloud 平台开发的 iOS 应用，如果选择使用 develop 证书打包，就可以在 Safari 中断点调试。基于这一特性，前端开发者可以更直观快速地进行 iOS 应用上界面和功能的精细调整。

12.3.1　从 APICloud 官网编译安装自定义 AppLoader

在一切开始之前，开发者需要先到官网控制台（module-loader）编译安装自定义 AppLoader。同时在编译前，需要到网站控制台将证书替换为 develop 开发证书。

12.3.2　显示桌面 Safari 浏览器的“开发”菜单

桌面 Safari 浏览器的“开发”菜单，默认是隐藏的。其开启方式是：点击顶部菜单→ Safari →偏好设置→高级→勾选‘在菜单栏中显示“开发”菜单’，如图 12-13 所示。

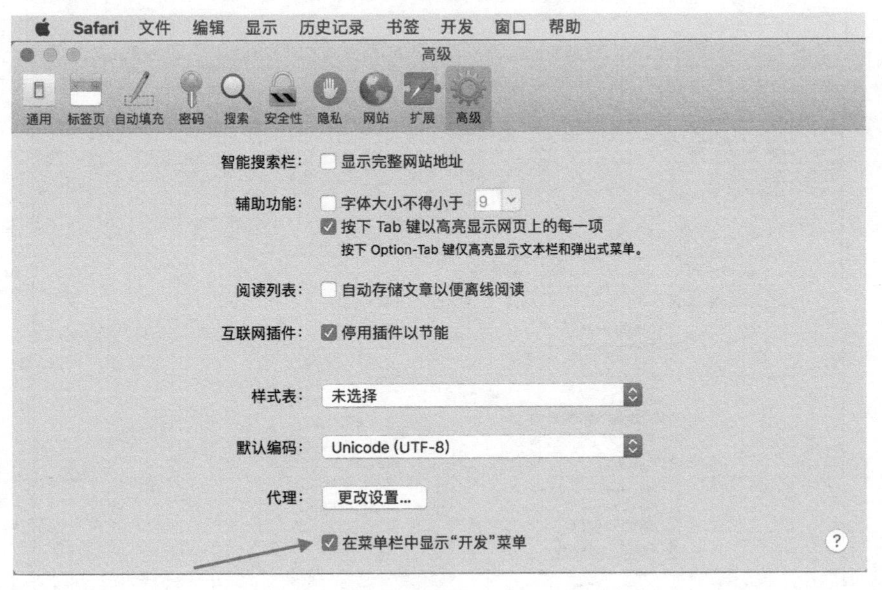

图 12-13

12.3.3　开启 iOS 设备的 Web 检查器功能

iOS 系列设备的 Web 检查器功能默认是关闭的，需要手动开启。其方式为：设置→ Safari →高级→ Web 检查器，如图 12-14 所示。

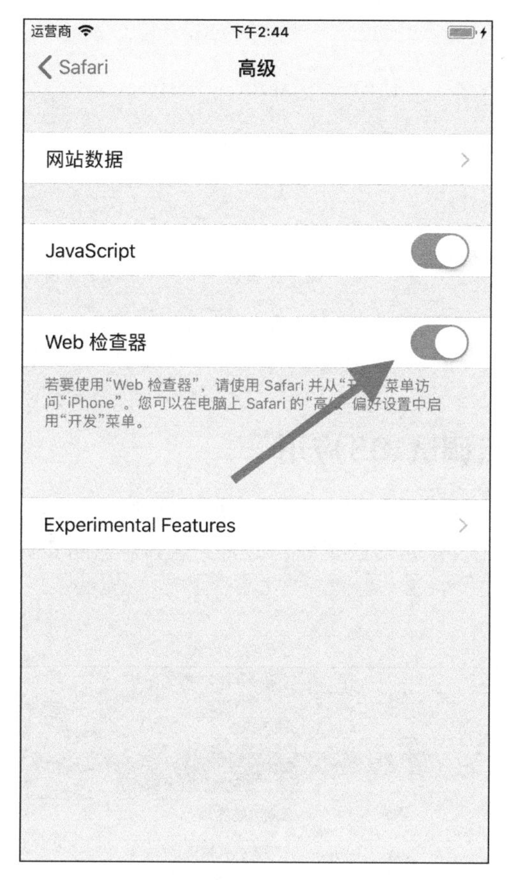

图 12-14

12.3.4　把待调试代码同步到 AppLoader

在调试之前，开发者需要使用任意一款 APICloud 支持的开发工具，把自己要调试的代码同步到手机上的 AppLoader 中。以下面一段简单的代码为例：

```
<!doctype html>
<html>
<head>
    <meta charset="utf-8">
    <meta name="viewport"
content="maximum-scale=1.0,minimum-scale=1.0,user-scalable=0,initial-scale=1.0,width=device-
width"/>
    <meta name="format-detection" content="telephone=no,email=no,date=no,address=no">
    <title>使用 safari 断点调试 iOS 应用</title>
```

```
        <style>
            body{ background-color: #f2f2f2; }
        </style>
    </head>
    <body>
      <div tapmode onclick="sayHi()">Hello APICloud</div>
    </body>
    <script type="text/javascript">
        apiready = function(){
          api.parseTapmode();
        };
        window.sayHi = function () {
          alert("Hello APICloud")
        }
    </script>
    </html>
```

12.3.5 Safari断点调试iOS应用

用数据线把iOS设备与电脑连接并打开APICloud应用。然后就能在桌面Safari浏览器“开发”菜单中看到自己的应用。点击对应页面，即可开启其对应的devtool调试窗口，如图12-15所示。

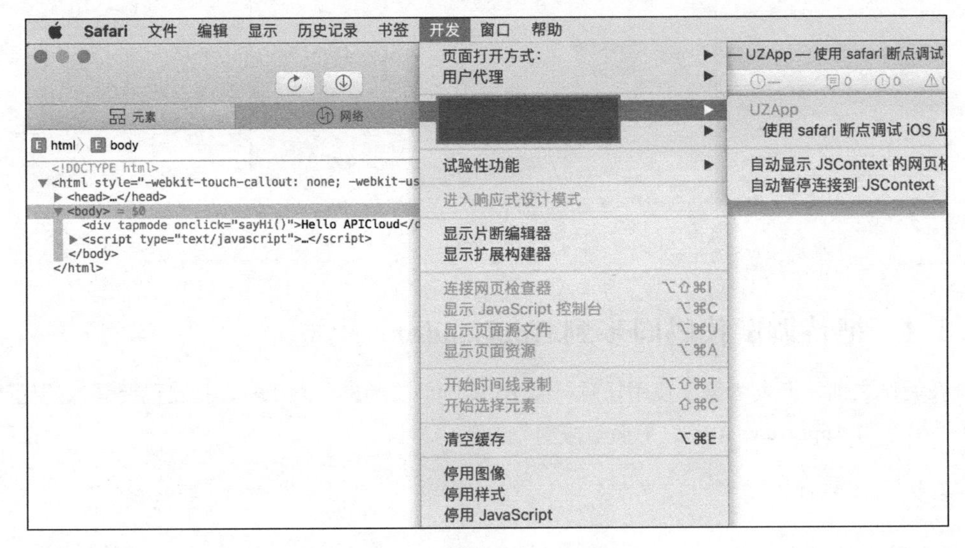

图12-15

在Elements中点击某个DOM元素，即可看到其在内存中真实的CSS布局，如图12-16所示。

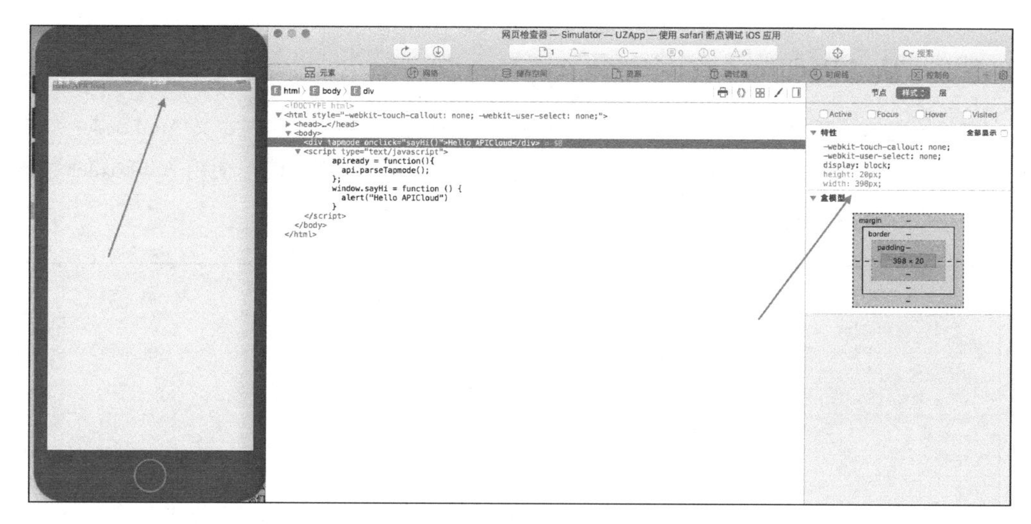

图 12-16

在“Sources”中的 sayHi 方法内部打一个断点，然后在手机上点击“Hello APICloud”按钮，即可看到方法走到了断点里，同时 手机应用的运行也中止了，如图 12-17 所示。

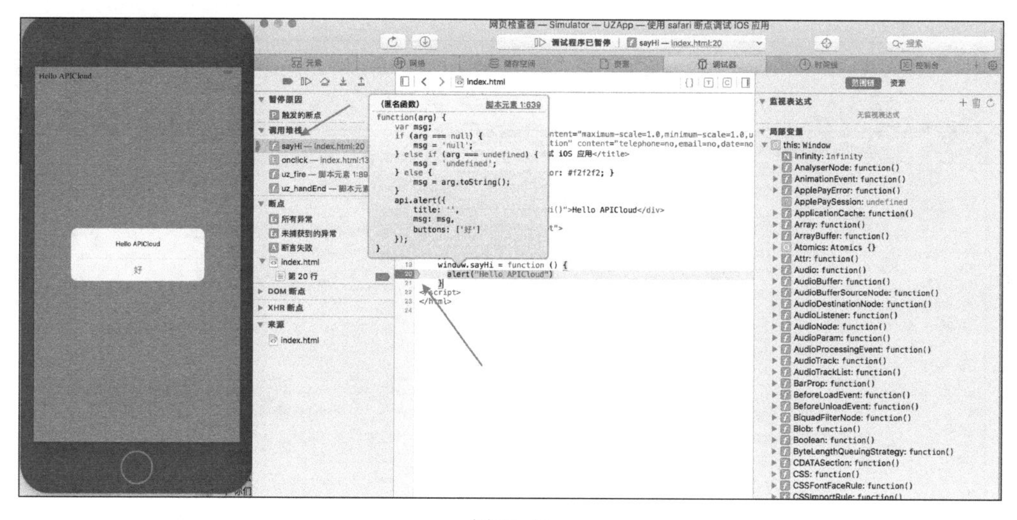

图 12-17

12.4　调试技巧：使用 Chrome 断点调试 Android 应用

为了便于前端开发者进行移动应用的开发和调试，APICloud 支持使用 Chrome 断点调试 Android 应用。因此基于 APICloud 开发移动 App，可以像进行 Web 开发一样便捷。

12.4.1　从 APICloud 官网安装 AppLoader

在开始之前，开发者需要先下载安装官方 AppLoader 或者编译安装自定义 AppLoader。下面的操作描述，同时适用于官方 AppLoader 和自定义 AppLoader，这里统一使用 AppLoader 指代。如图 12-18 和图 12-19 所示。

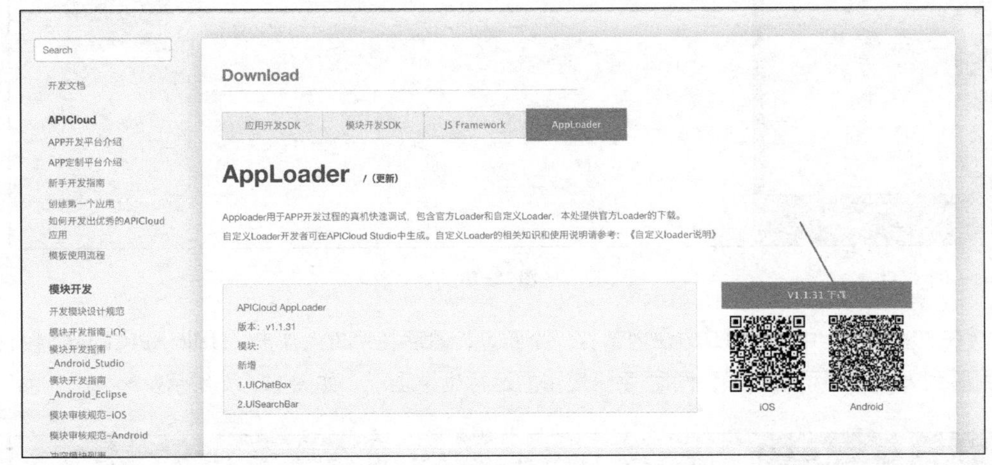

图 12-18

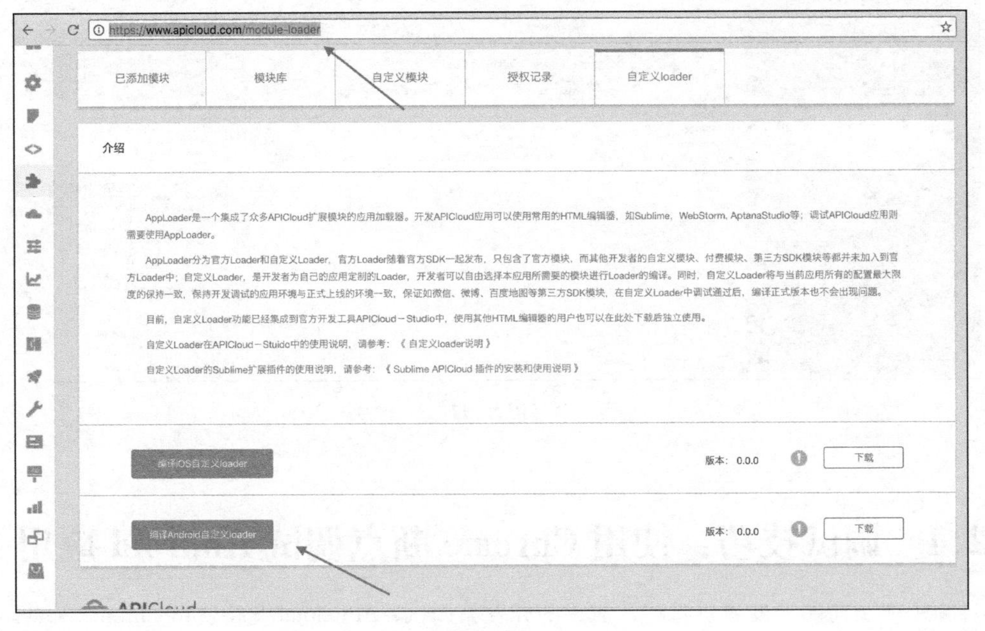

图 12-19

12.4.2 在Android手机上开启USB调试

Android 手机需要开启 USB 调试功能，一般是在“设置 → 开发者选项 → USB 调试”中打开，如图 12-20 所示。目前大部分 Android 手机都是默认隐藏开发者选项的，一般可在“设置 → 我的设备 / 关于本机”中，通过快速连续多次点击 Android 版本号或第三方 ROM 版本号来启用开发者选项。

另外，还需要一根可以进行传输的数据线用于手机与电脑的连接。

图 12-20

12.4.3 把待调试代码同步到AppLoader

在调试之前，开发者需要使用任意一款 APICloud 支持的开发工具，把自己要调试的代码同步到手机上的 AppLoader 中。以下面一段简单的代码为例：

```
<!doctype html>
<html>
<head>
    <meta charset="utf-8">
      <meta name="viewport"
```

```
content="maximum-scale=1.0,minimum-scale=1.0,user-scalable=0,initial-scale=1.0,width=device-width"/>
    <meta name="format-detection" content="telephone=no,email=no,date=no,address=no">
    <title>使用 Chrome 断点调试 Android 应用</title>
    <style>
        body{ background-color: #f2f2f2; }
    </style>
</head>
<body>
  <div tapmode onclick="sayHi()">Hello APICloud</div>
</body>
<script type="text/javascript">
    apiready = function(){
      api.parseTapmode();
    };
    window.sayHi = function () {
      alert("Hello APICloud")
    }
</script>
</html>
```

12.4.4 在Chrome中断点调试

在上述步骤准备就绪以后，在 Chrome 的调试工具 devtool 中选择 More tools → Remote devices，即可看到自己的 Android 设备，如图 12-21 和图 12-22 所示。

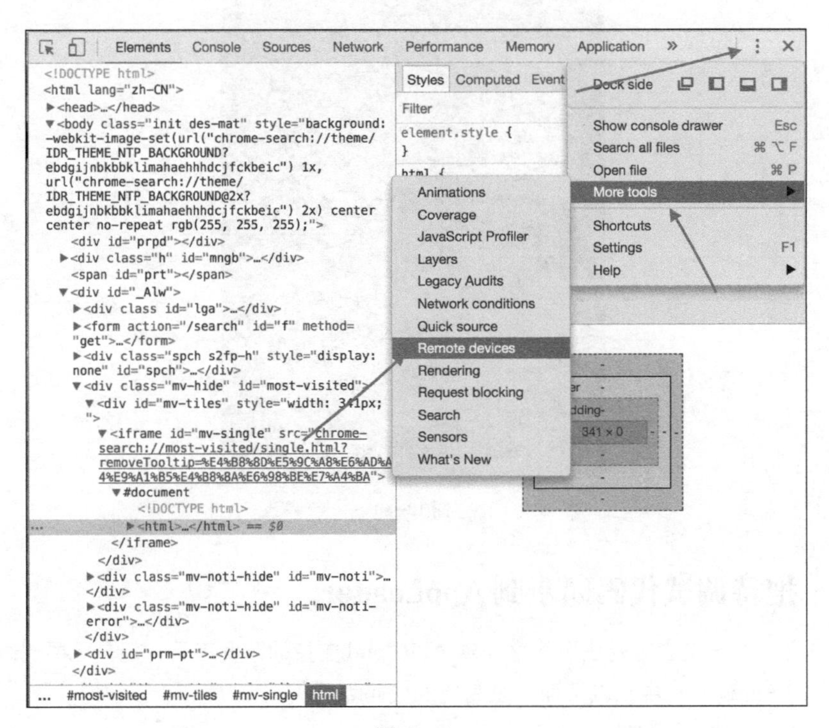

图 12-21

点击某个页面右侧的 Insepect 即可在电脑上查看手机上应用的界面。第一次打开可能较慢，因为需要连接国外的服务器，如图 12-23 所示。

图 12-22

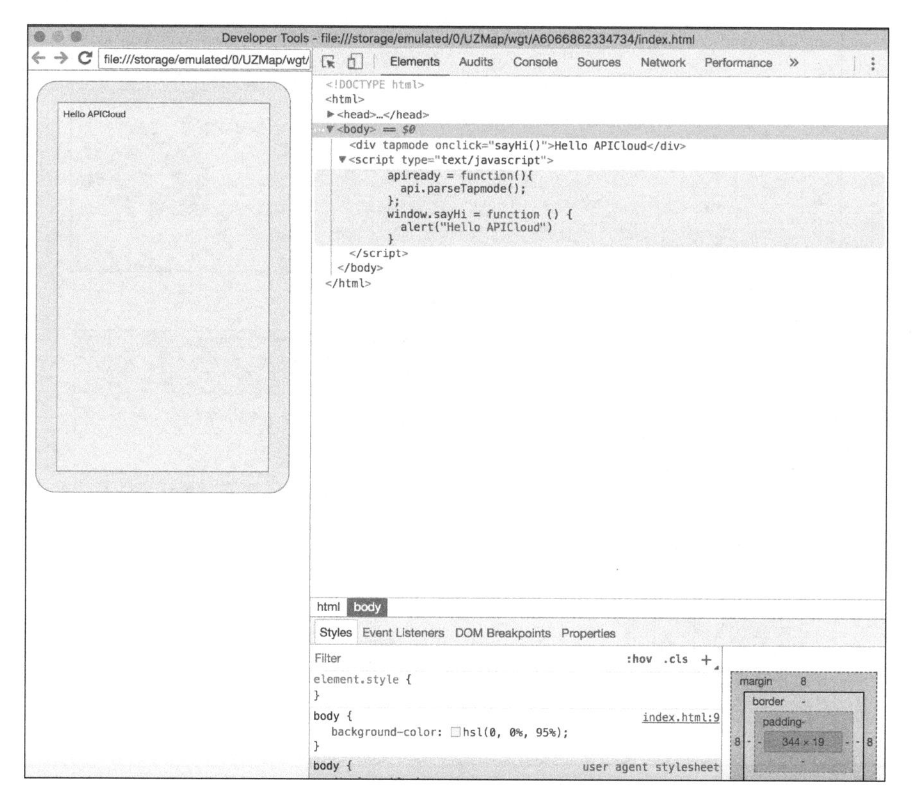

图 12-23

在 Elements 中点击某个 DOM 元素，即可看到其在内存中真实的 CSS 布局，如图 12-24 所示。

在“Sources”中的 sayHi 方法内部打一个断点，然后在手机上点击“Hello APICloud”按钮，即可看到进程运行到断点处，同时 Android 手机应用的运行也停止了，如图 12-25 和图 12-26 所示。

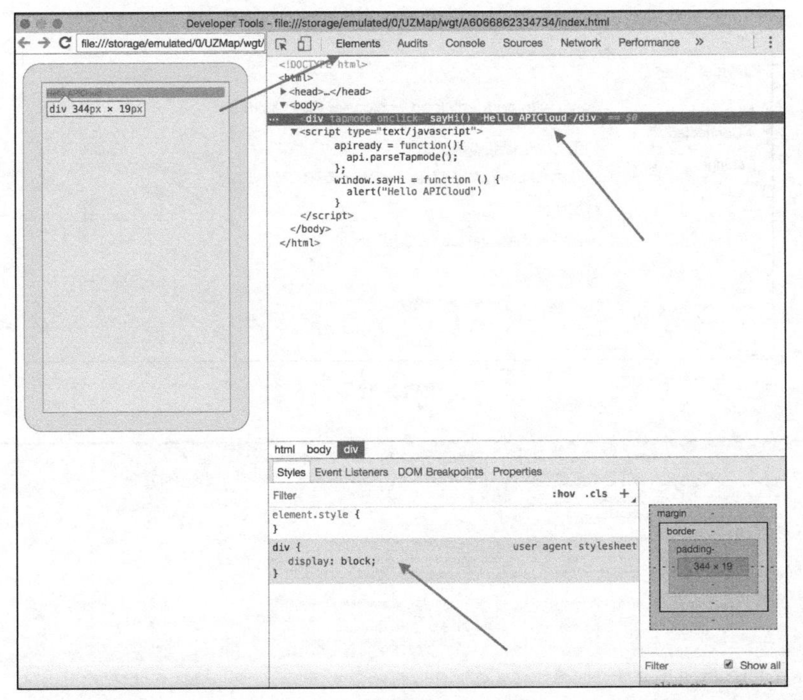
Developer Tools - file:///storage/emulated/0/UZMap/wgt/A6066862334734/index.html
file:///storage/emulated/0/UZMap/wgt/
Elements
Audits
Console
Sources
Network
Performance
div 344px × 19px
<!DOCTYPE html>
<html>
<head>…</head>
<body>
<div tapmode onclick="sayHi()">Hello APICloud</div> == $0
<script type="text/javascript">
apiready = function(){
api.parseTapmode();
};
window.sayHi = function () {
alert("Hello APICloud")
}
</script>
</body>
</html>
html
body
div
Styles
Event Listeners
DOM Breakpoints
Properties
Filter
:hov .cls +
element.style {
}
div {
display: block;
}
user agent stylesheet
margin
border
padding-
344 × 19
Filter
Show all

图 12-24

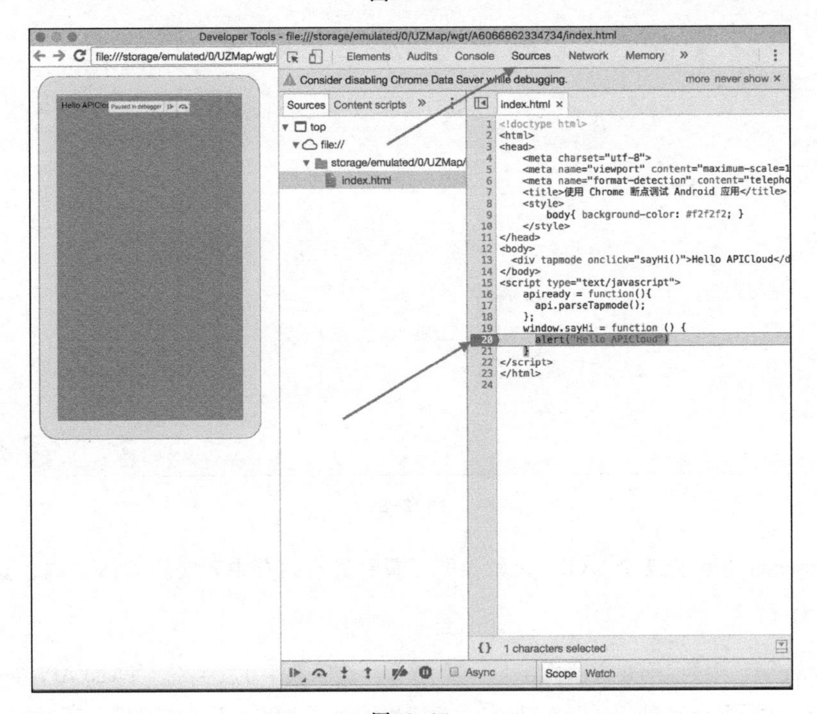
Developer Tools - file:///storage/emulated/0/UZMap/wgt/A6066862334734/index.html
file:///storage/emulated/0/UZMap/wgt/
Elements
Audits
Console
Sources
Network
Memory
Consider disabling Chrome Data Saver while debugging.
more never show
Sources
Content scripts
top
file://
storage/emulated/0/UZMap/
index.html
index.html
<!doctype html>
<html>
<head>
<meta charset="utf-8">
<meta name="viewport" content="maximum-scale=1
<meta name="format-detection" content="telepho
<title>使用 Chrome 断点调试 Android 应用</title>
<style>
body{ background-color: #f2f2f2; }
</style>
</head>
<body>
<div tapmode onclick="sayHi()">Hello APICloud</d
</body>
<script type="text/javascript">
apiready = function(){
api.parseTapmode();
};
window.sayHi = function () {
alert("Hello APICloud")
}
</script>
</html>
1 characters selected
Async
Scope
Watch

图 12-25

图 12-26

12.5 小结

本章介绍了 App 开发的常用调试技巧，包括在调试过程中如何抓包获取数据、如何打断点进行调试等。这些技巧可以加快开发速度，更容易定位并修复问题。如果读者有好的开发技巧，也欢迎在开发社区中进行分享。

第三部分

行业应用：如何快速开发主流行业 App

这一部分将向读者介绍 APICloud 针对不同行业提供的解决方案。

不同类型和规模的企业，对混合 App 技术开发的 B2B、B2C 和 B2E 类型的移动应用的需求，要远超市场的预期和想象。

正如我们所说，基本上各大银行、保险公司、烟草、电力、航空、铁路、家电制造、食品、零售等行业的领军型企业，都大量地使用混合模式 App 技术来开发和管理自己的 App。人们不禁要问“为什么这些有足够的预算和开发资源的公司和企事业单位，选择混合模式 App 开发技术作为企业互联网化的支撑？”，在印象中，混合模式技术和原生技术相比，不管从用户体验还是能力角度都有差距。答案其实和企业的互联网化及数字化的需求有最直接的联系。以下 4 个方面，决定了越是有实力的企业越需要混合模式 App 开发技术，包括对速度的要求、业务灵活性的要求、集中管理的要求和信息化安全的要求。这些也恰恰是混合 App 模式形成了不同行业解决方案的根本优势以及企业选择的必要性所在。

第 13 章

如何快速开发一款 IoT App

主要内容

本章介绍了如何使用 APICloud 来创建一款 IoT 类 App。

学习目标

（1）了解 IoT 类 App 的功能和分类。

（2）了解 IoT 类 App 的技术架构。

（3）了解在 IoT 类 App 中经常使用的 API。

（4）了解 IoT 类 App 的开发步骤。

13.1 IoT App 的分类和功能

物联网是未来的发展趋势，随着越来越多智能硬件的产生，人类将进入到万物互联的时代。移动化与物联网相结合是非常重要的环节，因为智能设备同样需要人机交互和用户体验，所以大多数的物联网企业会选择开发一款 IoT App 作为连接用户和自己产品的桥梁。

13.1.1 IoT App的分类

目前常见的 IoT App 类型主要包括涉及智能家居、穿戴设备、医疗健康、环境监测、城市管理和车联网等 6 大类型。其具体介绍如下。

- **智能家居**：将 App 配合物联网智能设备使用，可实现对智能设备的信息查看、远程控制、预约设置等功能。如各种智能热水器、温控器和空气净化器等。
- **穿戴设备**：可以统计用户的心率、运动步数等信息，为用户做运动风险规避，比如常见的智能手环。
- **医疗健康**：硬件设备通过蓝牙与 App 进行关联，可以将用户的心电图和心跳等信息在 App 上实时展示。
- **环境监测**：可以将污染超标等相关报警信息发送到 App 并提示用户做好防范准备，如实时监测环境的 PM 值、温度、湿度、光感亮度等。
- **城市管理**：可以将数据通知给相关部门进行紧急处理，例如在城市的公共设施上安装传感器，包括文物古迹、桥梁等。
- **车联网**：与帮助车辆行驶有关的应用，如充电桩、智能泊车、应急调度、交通信息等。

13.1.2 IoT App的主要功能

一款物联网 App 如果考虑要长期运营并且能成功承载其商业模式，从总体功能上看与一款互联网 App 实际差别不大，只不过 IoT App 的核心功能是设备管理和运行控制，在这个核心功能的基础上再扩展其他功能。所以一款 IoT App 从功能规划上可以分为 3 个层级：核心功能、扩展功能和高级功能。如图 13-1 所示。

图 13-1

一个 IoT App 可以分为 3 个版本迭代开发，1.0 版本主要实现 App 对设备的管理和运行控制；2.0 版本可以增加情景模式、数据统计展示等功能提升用户体验，以及售后服务等基础运营的功能；3.0 版本增加增强用户黏性和商业模式的相关功能，如行业资讯、用户社区、电商系统等。

13.2 IoT App 的技术架构

13.2.1 两方通信架构

App 与智能设备直接进行双向通信。这种两方通信的架构需要 App 和智能设备之间实现自定义的通信协议，智能设备的数据直接上报到 App，App 对设备的控制指令也直接发送给智能设备。目前的通信协议 APICloud 支持基于蓝牙和 Wi-Fi 下的 Socket 两种方式，如图 13-2 所示。

图 13-2

13.2.2 三方通信架构

三方通信架构需要在智能设备和服务端之间实现自定义的通信协议，智能设备与服务器之间通过 Socket 建立稳定的连接通道，通过远程的连接实现数据上报和指令控制，如图 13-3 所示。

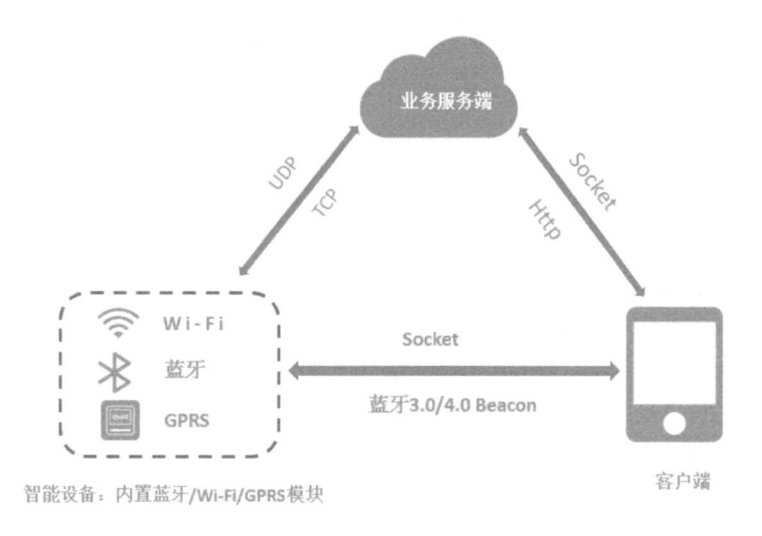

图 13-3

- **Wi-Fi 或者 GPRS 模式**：当 App 去操控智能设备时，会通过 Http 或者 Socket 协议发送指令到业务服务端，服务端接收到指令后将该指令下发到智能设备端，智能设备接收到指令并做出反馈，再通过 UDP 或者 TCP 协议将信息上报到服务端，服务端接收到反馈的数据下发到 App 进行展示。
- **蓝牙模式**：智能设备和 App 通过蓝牙或者 Beacon 协议建立连接通道；智能设备通过该连接通道将数据上报给 App，App 通过 Http 或者 Socket 将数据提交到服务端，服务端通过分析处理将数据下发到 App 进行展示；用户可以通过 App 的数据展示，发送指令到智能设备，对设备进行操控。

13.2.3　四方通信架构

"App+ 智能硬件 + 数据通信平台 + 业务服务端"这种四方通信的架构不需要实现智能设备和数据通信平台之间的协议，以及客户与智能设备之间的协议；提供 IoT 解决方案 SDK 的平台已经帮助开发者将协议封装完成，如图 13-4 所示。

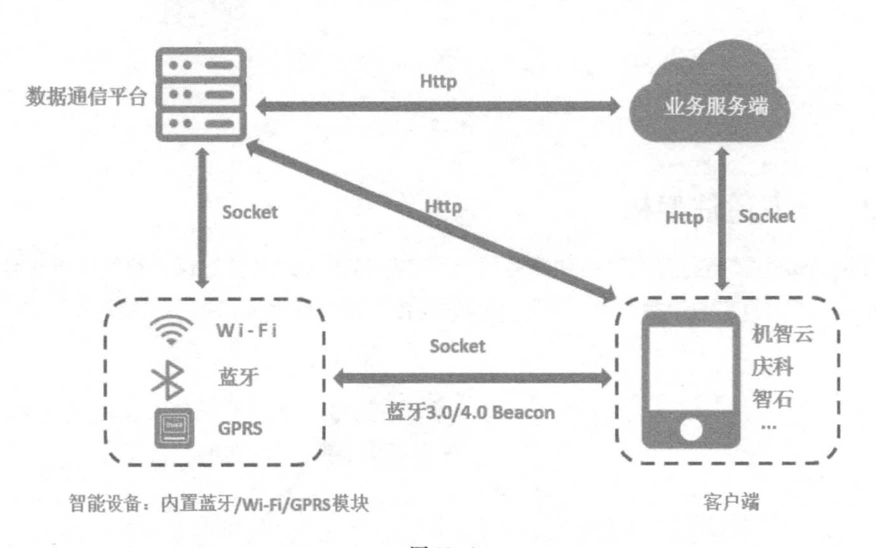

图 13-4

- **Wi-Fi 或者 GPRS 模式**：集成了 Wi-Fi 或者 GPRS 模块的智能设备和数据通信平台通过 Socket(或者数据平台封装好的协议) 建立稳定的通信通道，智能设备会把数据上报给数据通信平台，然后业务服务端和数据通信平台通过 Http 协议进行对接。在业务服务端经过信息处理后，将数据下发到 App 进行展示；当用户需要操控智能设备时，可以通过 App 发送指令到业务服务端或者直接发送指令到数据通信平台，当业务服务端接收到客户端指令后，会将指令通过 Http 发送到数据通信平台，数据通信平台再通过平台封装好的协议或者 Socket 将指令下发到智能设备。App 发送指令到数据通信平台，数据通信平台将指令发送到智能设备，智能设备返回数据到数据通信平台，数据通信平台将设备数据返回到 App 进行展示。

- **蓝牙模式**：集成了蓝牙模块的智能设备通过平台封装的协议或者蓝牙、Beacon 等协议将数据传递给 App，App 获取到设备数据后通过 Http 或 Socket 上传到业务服务端或者直接提交到数据通信平台；当数据上传到业务服务端时，业务服务端会跟数据通信平台进行对接，并把设备信息通过 Http 协议下发到数据通信平台，数据通信平台再做出反馈，并把数据反馈到 App 进行展示。

13.3 IoT App 中高频使用的 API

IoT 类 App 中被高频使用的模块 API 分为“界面组件”“功能扩展”和“开放服务”等 3 类，分别表示 App UI 层面组件调用，功能层次方面的实现和对接第三方开放的服务等内容，详细分类如图 13-5 所示。

图 13-5

13.3.1 界面组件类模块

界面组件类模块主要是为了实现 App 静态界面的组成封装而成的，IoT 类项目界面组件模块的使用主要有以下几种。

- **进度条**：APICloud 提供样式丰富的进度条模块，开发者可以自定义进度条颜色和背景色。在 IoT 类应用中可用于 App 与智能硬件连接时的加载展示。
- **时间选择**：APICloud 提供样式丰富的时间选择器模块，可在 App 端通过时间选择器设置智能设备的运作时间、定时开关机等一系列的操作。
- **城市列表**：APICloud 提供了城市列表模块，可方便快捷地集成到项目中，支持输入名称搜索城市，以及根据索引查找城市；在 IoT 类应用中使用频率较高，一般是通过指定城市名称然后获取到该城市周边信息或者天气的一些信息。

- **图表**：APICloud 提供样式丰富的图表模块，包含曲线图、柱状图、饼状图等；在 IoT 类应用中使用频率较高，多为数据分布展示或用于统计分析，比如检测一段时间空调、冰箱的温度变化，统计各个家用电器的使用频率等。
- **控制按钮**：APICloud 提供样式丰富的控制按钮模块，支持开关按钮、手势滑动等模块，该模块在 IoT 类应用中被普遍使用，通常使用场景是在 App 端点击或者滑动按钮对智能硬件设备进行数据的操控。
- **日历**：APICloud 提供了样式丰富的日历模块，在 IoT 类应用中日历模块的使用频率较高，比如当智能设备与手机关联上之后，可以在日期上标注每天智能设备使用的一些信息或者其他的一些操作。
- **视频播放**：APICloud 提供了多款视频播放模块，一般在 IoT 类应用场景中多为智能设备的使用教程，或者向用户展示一些情景模式。
- **动画效果**：APICloud 提供了丰富的动画效果模块，在 IoT 类应用中使用动画效果可提升 App 端的用户体验。

13.3.2　功能扩展类模块

功能扩展类模块主要是为了实现 App 的主体业务功能封装而成的，IoT 类型的项目功能扩展模块的使用主要为以下几种。

- **语音识别**：APICloud 提供了语音识别模块，开发者只需调用此模块即可实现语音识别、语音朗读等相关功能。语音识别模块在 IoT 类应用中的常用场景是，通过语音发送指令，设备接收到指令后再作出反馈。
- **加密模块**：APICloud 提供了加密模块，有的模块里每个接口都实现了同步和异步两套方法。开发者可按需求自行选择接口调用。在 IoT 类应用中使用频率较高的通常是在客户端发送指令或是与服务端通信时进行加密处理，以防指令被窃取。
- **定位模块**：APICloud 封装了百度、高德地图 SDK，可以通过定位模块获取当前经纬度，通过经纬度获取到当前位置以及周边信息；也可以通过该模块进行导航路线规划，或是在地图上展示周边智能设备的数量以及位置，结合导航功能抵达距离自己最近的智能设备。
- **二维码扫描**：APICloud 提供了二维码扫描模块，以 FNScanner 为例，该模块可以解析二维码以及条形码，在 IoT 类应用中使用频率较高；其使用场景一般是通过手机 App 打开二维码扫描功能，进而和智能硬件设备进行关联。
- **Wi-Fi 连接**：APICloud 提供 Wi-Fi 连接模块，可以通过该模块获取当前设备连接 Wi-Fi 的 ssid，并连接到指定的 Wi-Fi。在 IoT 类应用中使用频率较高的模块通常是在 App 中获取指定的 Wi-Fi 并进行连接。

- **闹钟**：APICloud 支持闹钟功能，提供了 AlarmNotification 模块，该模块封装了定时本地通知提醒功能，开发者可以根据需要设定在一定时间后触发本地通知提醒，设定的提醒可取消，并可设定震动、LED 等参数。在 IoT 类应用中使用频率较高的一般为设置智能设备定时开关等应用场景。
- **权限管理**：APICloud 提供了权限管理模块，可以通过该模块选择开通指定的权限，例如定位、蓝牙访问、日历、麦克风等。权限管理在 IoT 类应用中使用频率较高，比如 App 端需要通过蓝牙关联智能设备，此时就需要开启手机端的蓝牙权限；或者 App 端需要使用语音操控智能硬件设备，此时需开启麦克风权限等。
- **Socket 通信**：APICloud 封装了 Scoket 通信协议，以 SocketManager 模块为例，该模块封装了 Socket 的创建、关闭、发送数据等操作，使用此模块能实现即时通信数据收发功能。在 IoT 类也是应用比较多的协议之一。

13.3.3 开放服务类模块

开放服务类模块主要是为了集成第三方服务功能封装而成的，IoT 类项目开放服务模块的使用主要有以下几种。

- **Wi-Fi**：APICloud 提供了多家 Wi-Fi 模块的开放平台，比如机智云、庆科等；以机智云为例，它的云端支持虚拟设备调试，只需要通过集成了机智云 SDK 的客户，去扫描云端的设备二维码即可进行虚拟调试，大大节约了开发周期。
- **统计**：APICloud 提供了丰富的数据统计模块，例如友盟、百度统计等，该模块在 IoT 类应用中使用频率较高。客户端统计可以统计用户经常点击的模块、在线时长、使用频率、下载渠道等；数据分析可以统计到用户使用某一个智能设备的频率和时长，通过分析可以给用户提供一个更为合理、节能的使用建议。
- **推送**：APICloud 提供了多家消息推送平台，例如极光推送、个推、腾讯信鸽等，推送模块在 IoT 类应用中使用频率较高，应用场景通常是，当智能设备出现问题或需要反馈信息到客户端时，会发送指令到服务端再由服务端推送消息给客户端，以便用户可以及时接收到智能硬件设备的信息反馈。
- **支付**：APICloud 提供了丰富的支付模块，例如支付宝、微信、银联等，集成简单、方便开发者使用。在 IoT 类应用中使用频率较高的场景一般多为扩展商城模式，可以在智能设备 App 端的商城中通过支付模块来购买智能硬件或者其他物品。
- **客服**：APICloud 提供了丰富的客服模块，例如美洽、KF5、网易七鱼等，该模块能快速集成在 IoT 类应用中，其在 IoT 模块中使用频率较高的应用场景多为在 App 端与智能设备供应商在第一时间取得联系，可以是售前咨询，也可以是售后服务。
- **3G/4G**：APICloud 提供 3G/4G 模块，该模块在 IoT 类应用中也是比较常见的，例如共享单车的智能锁，通过手机客户端扫描二维码即可解锁。

- **蓝牙**：APICloud 提供了蓝牙通信模块，支持蓝牙 3.0/4.0；蓝牙在 IoT 类应用中也是使用频率较高的模块之一，通常应用场景是与集成了蓝牙模块的智能硬件进行配对和通信。
- **Beacon**：APICloud 提供 Beacon 技术，以开放平台智石为例，该平台提供了基于蓝牙 4.0 研发的新一代近场通信技术。在 IoT 类应用中使用频率较高的一般为室内导航定位等场景。

以上这些 IoT 类应用的最核心功能在 APICloud 平台上都已经有现成的模块了，使用 APICloud 开发一款 IoT 类应用只需要按需求搭建自己应用的 UI 界面并实现自己的业务逻辑即可，基本上所有核心的功能模块 APICloud 都已经提供了。

13.4 如何使用 APICloud 开发一款 IoT App

在 APICloud 平台开发 IoT App 的步骤如下。

（1）首先在 APICloud 平台创建应用：详见本书 1.2.2 小节。

（2）配置应用的图标、启动页、编译证书等：详见本书 1.2.5 小节，7.4 节。

（3）添加需要使用的 IoT 相关模块：13.3 节做了详细的描述，可供参考；具体如何添加详见本书第 5 章和第 6 章。

（4）在开发工具中调用 APICloud 模块的 API 实现功能以及业务逻辑：详见本书 6.4 节。

（5）在开发工具中提交代码到 APICloud 平台：详见本书 1.2.3 小节。

（6）在平台编译生成 Android 和 iOS 应用安装包：详见本书第 7 章。

13.5 小结

在 APICloud 平台上开发一款 IoT 类型的 App 是非常方便的，因为 APICloud 平台已经提供了 IoT App 中最常使用的功能模块和 API。更多使用 APICloud 平台开发的 IoT App 案例可以访问平台官网→案例→开发案例→ IoT 查看。

第 14 章

如何快速开发一款教育 App

主要内容

本章介绍了如何使用 APICloud 来创建一款教育类 App。

学习目标

（1）了解教育类 App 的功能和分类。

（2）了解教育类 App 的技术架构。

（3）了解在教育类 App 中经常使用的 API。

（4）了解教育类 App 的开发步骤。

14.1 教育 App 的分类和功能

教育行业是社会不可缺少的硬性要求，无论是过去、现在、还是未来，提高教育机制一直是我们面临的挑战和国家发展的重要元素。互联网教育在此背景下应运而生，人们不只是通过 PC 端去学习以提升自己的能力，也需要在移动端产品中来享受便携的空前盛宴。移动端产品能够随时随地使用，不断提高自己，不但节省了时间，也会让自己快速地融入到学习中去，大多数教育方面的企业会选择开发一款教育类 App 作为自己企业的招牌和吸金石。

14.1.1 教育 App的分类

目前常见的教育 App 类型主要包含在线教育类、学生解题类、语言学习类、行业考试类和儿童早教类等 5 大类型。

- **在线教育类**：在线教育类产品发展的轨迹是最早的，主要在于优秀课程和讲座视频，内容质量的好坏非常重要，移动端更能体现专业水平和受欢迎程度。
- **学生解题类**：通过拍照搜索题目答案、在线答疑、类似题目供给、OCR 识别准确率、题库收集、智能匹配等，这类 App 产品用户量应该是最多的。
- **语言学习类**：语言单词解释、听写、听读，在学习的过程中穿插有趣的视频和音频做为单词的释义等，这类 APP 能让用户的使用体验感大幅度增加。
- **行业考试类**：通过视频教育学习、培训等课程来进行在线考试等功能，实现真正的自我评价与评估，这类 APP 可以让用户更加贴切的认知自己并自我成长。
- **儿童早教类**：针对于儿童设计的教育，不管是绘画、音乐等艺术方面的教育，还是数学、天文等文化方面的教育，儿童教育类 App 质量好的还是凤毛麟角，所以用户会更注重这类 App 的上架反馈。

14.1.2 教育 App的主要功能

一款教育 App 如果考虑要长期运营并且能成功承载其商业模式，从总体功能上看与一款互联网 App 实际差别不大，只不过教育 App 的核心功能是产品导向和服务领域，在这个核心功能的基础上再扩展其他功能。所以一款教育 App 从功能规划上可以分为 3 个层级：核心功能、扩展功能和高级功能，如图 14−1 所示。

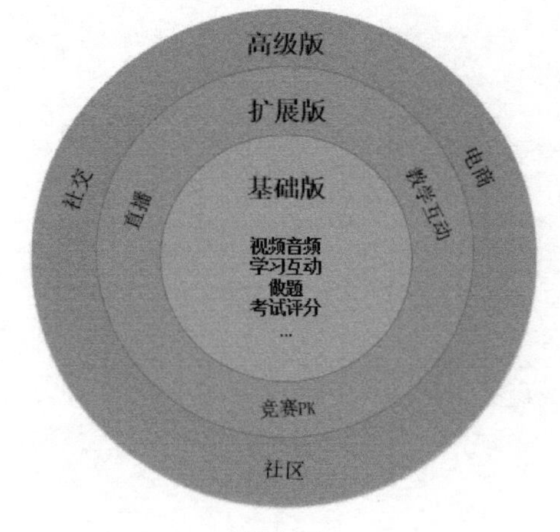

图 14−1

一个教育 App 可以分为 3 个版本迭代开发，1.0 版本主要实现看视频、听音频、考试评分、做题等功能；2.0 版本可以增加教学互动和用户之间竞赛来提升用户体验，并增加直播功能以达到身临其境的教学体验；3.0 版本增加增强用户黏性和商业模式等相关功能，如社交功能、用户社区、电商系统等。

社交层次可以通过好友关系来增加用户之间的交流，分享用户自身的学习经验等来展现，社区类似于百度贴吧等交流学习平台，可以从中交流经验、分享学习乐趣等。电商系统可以提供购买在线音视频课程、题目，或者书籍、教学教具等实物，或者其他相关的一系列产品等服务。

14.2 教育 App 的产品架构

14.2.1 产品功能架构

教育类 App 项目一般分为作品、课程、答疑、题库等 4 大类功能架构组成。作品包括绘图文字类、音视频类、图册等 3 小类，这是展示形式的教育，让用户能欣赏到优秀的作品；其次是课程的学习，现在比较流行的课程学习方式多样化，其中视频直播的形式较为广泛，然后再加上学习过程中的即时通信、游戏竞赛等模式来促进用户与老师、用户与用户之间的交流；再次就是答疑解答部分，这部分体现的更多是问卷调查、人工咨询、智能客服的配合等，通过这样的形式来解决用户的困惑，达到事半功倍的效果；最后是题库部分，这也是比较重要的一个环节，教育市场上较主流的 App 几乎都渗入了在线答题、答案分析和考试测评等功能，这样用户不但能随时随地的评测，还能看到每个题目的精心讲解与分析，从而达到良好的用户体验。产品功能架构如图 14-2 所示。

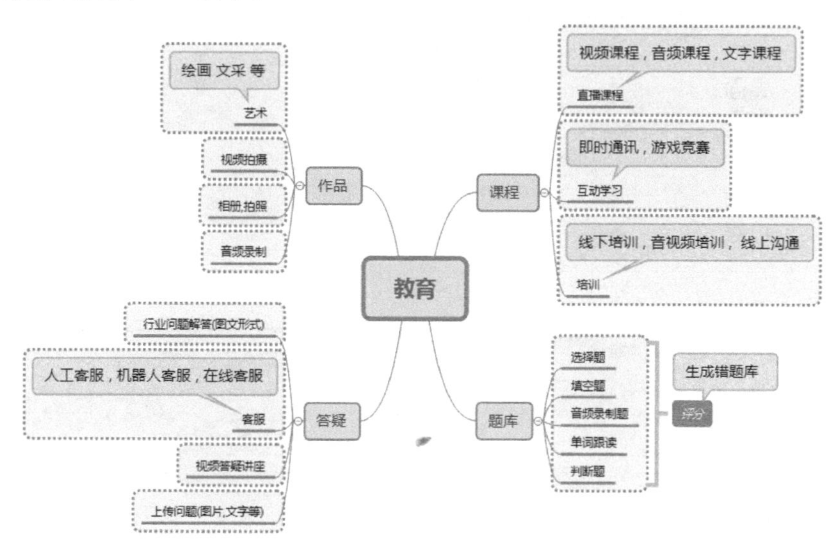

图 14-2

14.2.2　学习计划架构

学习计划功能也是开发教育产品中不可或缺的一个环节，产品有一个优质的学习计划板块也是提升产品档次的最佳方式。学习计划模板有很多种，下面就针对比较常见，也是比较典型的一种模板来阐述：该模板分为 4 个阶段，分别为机构培训的选择、学习任务的完成、题库的练习复习、最后是针对以上的学习做一个最终的评测考试。学习计划架构如图 14-3 所示。

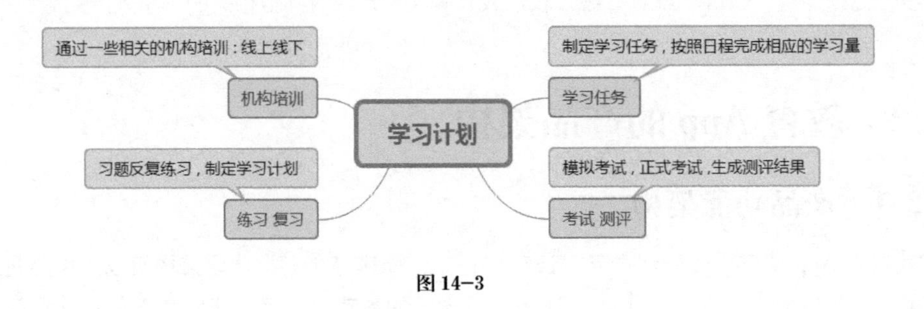

图 14-3

14.3　教育 App 中高频使用的 API

教育类 App 中被高频使用的模块 API 分为“界面组件”“功能扩展”和“开放服务”等 3 大类，分别表示 App UI 层面组件调用、功能层次方面的实现和对接第三方开放的服务等内容，详细分类如图 14-4 所示。

教育类应用中被高频使用的模块API

界面组件	日历	剪切板	搜索框	聊天框
	习题选择器	城市列表	图片裁剪	轮播图
功能扩展	文件阅读	语音识别	音频播放	跟读
	二维码	文件下载	视频播放	录音
开放服务	支付	推送	客服	分享
	文本编辑	翻译	即时通讯	直播

图 14-4

14.3.1　UI组件类模块

界面组件类模块主要是为了实现 App 静态界面的组成封装而成的，教育类的项目界面组件模块的使用主要有以下几种。

- **日历**：APICloud 提供样式丰富的日历模块，支持快速滑动，并且可以显示农历、节假日和 24 节气的日历，也可自定义日历的样式、添加特殊日期标注、切换月份、设置指定日期等；还能实现常用的日期选择和日历展示功能。使用起来非常简单，就像使用 ListView 一样。
- **剪切板**：APICloud 提供剪切板模块，封装了 iOS 和 Android 平台的数据复制功能，通过该功能可以实现对文本的复制粘贴，教育类 App 会经常使用该功能。
- **搜索框**：APICloud 提供自定义搜索框模块，本模块开发者可自定义模板的样式，还可将搜索记录归档到本地。
- **聊天框**：APICloud 提供了聊天输入框模块，开发者可自定义该输入框的功能。通过 open 接口可在当前 Window 底部打开一个输入框，该输入框的生命属于当前 Window 所有。当输入框获取焦点后，会自动弹动到软键盘之上。
- **习题选择器**：APICloud 提供了多款选择器模块并封装了一个支持多选的选择器，开发者可自定义该选择器的样式及其数据源。当 App 需要为用户同时提供多种可选项的支持时可以选择该控件来快速配置使用以节省开发时间。
- **城市列表**：APICloud 提供了城市列表模块，可以方便快捷地集成到项目中。它支持输入名称搜索城市，以及根据索引查找城市。在教育类应用中使用频率较高的场景一般是通过指定城市名称然后获取到该城市的教育相关的信息。
- **图片裁剪**：APICloud 提供了多款图片裁剪模块，通过拍照或者从相册选取图片之后，调用图片剪切的方法。用户可以拖动、缩放、改变剪切框大小，也可以通过剪切框对图片进行缩放。
- **轮播图**：APICloud 提供了轮播图模块，该模块提供了多屏异显支持，可以在指定的屏幕上显示 HTML 和轮播图片，支持运行时调用 HTML 页面上的 JavaScript 函数、动态改变显示内容。

14.3.2　功能扩展类模块

功能扩展类模块主要是为了实现 App 的主体业务功能封装而成的，教育类项目功能扩展模块的使用主要有以下几种。

- **文件阅读**：APICloud 提供了文件阅读模块，该模块封装阅读文档的功能，开发者直接传进来一个文档即可读出文档的内容并显示出来。此模块在教育类应用中使用频率较高的场景一般为在线查看学习资料等信息，这很大程度提高了用户的使用体验。
- **语音识别**：APICloud 封装了百度、讯飞、云之声的语音识别 SDK。语音识别（Automatic Speech Recognition，ASR）也被称为自动语音识别，其目标是将人语音中的词汇内容转换为计算机可读的输入，例如我们朗读英文、练习发音等能用到这种模块。

- **音频播放**：APICloud 提供了音频播放模块，支持对本地、网络音频资源的播放。当播放网络音频时模块会把网络音频资源缓存到本地，并将缓存到本地的音频的绝对路径返回给开发者。
- **二维码**：APICloud 提供二维码扫描模块，开发者可通过调整接口参数将扫描结果保存到系统相册或指定位置。FNScanner 模块是 Scanner 模块的优化版，建议使用 FNScanner 模块。
- **文件下载**：APICloud 提供文件下载模块，通过 downloadManager 模块能够管理所有的下载进程并可以通过界面来查看下载进度等信息；同时还提供压缩包解压、快速查看下载完成的文件等功能。
- **视频播放**：APICloud 提供视频播放模块，该模块封装了视频播放功能。可快进、快退设置播放位置等操作，亦可设置屏幕亮度和系统声音大小。通过监听接口可获取模块上各种手势的操作事件。
- **跟读**：APICloud 把驰声的 API 封装成模块，该模块有对文本信息进行跟读来判断发音正确率的功能。
- **录音**：APICloud 提供了手机录音的模块，能够快速地为开发者提供一个完整的录音功能。该模块提供 Android 和 iOS 版本，录音方式及录制的音频格式也依赖于相应系统。

14.3.3　开放服务类模块

开放服务类模块主要为了集成第三方服务功能封装而成的，教育类的项目开放服务模块的使用主要有以下几种。

- **推送**：APICloud 提供了多家消息推送平台，例如腾讯信鸽、极光推送、个推等。推送模块在教育类应用中使用频率较高，比如提醒用户上课、视频和音频消息更新或者有人上传了作品等推送信息。
- **支付**：APICloud 提供了丰富的支付模块，例如支付宝、微信、银联等，集成简单、方便开发者使用。在教育类应用中使用频率较高的场景一般多为充值购买课程教材、付费下载等功能。
- **客服**：APICloud 提供了丰富的客服模块，例如美洽、KF5、网易七鱼等。客服模块在教育类应用中使用频率较高的场景多为在 App 端与平台的工作人员在第一时间取得联系，进行在线咨询等。
- **即时通信**：APICloud 提供了很多即时通信模块，例如环信、融云等。即时通讯模块在教育类应用中使用频率较高的场景多为学生之间的私聊、课堂互动等。
- **文本编辑**：APICloud 提供了文本编辑模块，特别是富文本编辑器模块。用原生代码实现手机上的富文本编辑器，可以对文字进行排版布局、样式调整。iOS 还支持插入图片、超链接的功能。要注意 Android 和 iOS 部分功能存在差异。同时 iOS 只支持 iPhone5 以上的机型。

- **分享**：APICloud 提供了第三方平台的分享模块，诸如 QQ、微信、新浪微博、Facebook 和 mobShare 等主流的分享平台都被我们封装成模块。
- **直播**：APICloud 提供了音视频直播的模块，该模块封装了音频及视频拉流和推流的功能，不但能确保直播清晰顺畅，同时还有互动聊天等功能。
- **翻译**：APICloud 直接调用了有道翻译的 API，可以对外语语种进行翻译、释义等。

以上这些教育类应用最核心的功能在 APICloud 平台上都已经有现成的模块了，使用 APICloud 开发一款教育类应用只需要按需求搭建自己应用的 UI 界面并实现自己的业务逻辑即可，基本上所有核心的功能模块 APICloud 已经提供了。

14.4 如何使用 APICloud 开发一款教育 App

在 APICloud 平台开发教育 App 的步骤如下。

（1）首先在 APICloud 平台创建应用：详见本书 1.2.2 小节。

（2）配置应用的图标、启动页、编译证书等：详见本书 1.2.5 小节，7.4 节。

（3）添加需要使用的教育相关模块：14.3 节做了详细的描述，可供参考，具体如何添加详见本书第 5 章和第 6 章。

（4）在开发工具中调用 APICloud 模块的 API 实现功能以及业务逻辑：详见本书 6.4 节。

（5）在开发工具中提交代码到 APICloud 平台：详见本书 1.2.3 小节。

（6）在平台编译生成 Android 和 iOS 应用安装包：详见本书第 7 章。

14.5 小结

在 APICloud 平台上开发一款教育类 App 还是非常方便的，因为 APICloud 平台已经提供了教育 App 中最常使用的功能模块和 API。更多使用 APICloud 平台开发的教育 App 案例可以访问平台官网→案例→开发案例→教育模块查看。

第 15 章

如何快速开发一款直播 App

主要内容

本章介绍了如何使用 APICloud 来创建一款直播类 App。

学习目标

（1）了解直播类 App 的功能和分类。

（2）了解直播类 App 的技术架构。

（3）了解在直播类 App 中经常使用的 API。

（4）了解直播类 App 的开发步骤。

15.1 直播 App 的分类和功能

直播是未来的发展趋势之一，这种不亚于娱乐圈的新兴平台必定是未来几十年各大企业要瞄准的香饽饽，全民看直播、做直播的时代已经到来，移动化直播是提高用户量和增加产品知名度非常重要的环节。并且便携性和节省直播成本是每个想做主播的用户最先考虑的事情，这样只需要一个手机就能做直播的时代已经到来，需求面较广的企业会选择开发一款直播 App 作为与时俱进的产品来提升平台用户量。

15.1.1 直播 App的分类

目前常见的直播 App 类型主要包括电台直播、娱乐直播、教育直播、社区直播、无人机直播、行车记录仪直播、大型会议直播和手机秀场直播等 8 大类型。

- **电台直播**：嵌入电视台信号来进行直播，达到和电视机频道一样的直播效果。
- **娱乐直播**：游戏、舞蹈、唱歌等娱乐性的直播，类似于全民TV、斗鱼TV、YY直播等。
- **教育直播**：课堂性质的直播，通过教学白板一边记笔记一边看老师视频讲课，达到身临其境的教学体验。
- **社区直播**：通过视频形式来展示不同的社区文化动态。
- **无人机直播**：通过无人机上面的摄像头进行直播，一般高空作业、全景观看时使用。
- **行车记录仪直播**：这是汽车上比较流行的直播形式，通过行车记录仪的摄像头来进行直播。
- **大型会议直播**：通过摄像机采流，然后推流到手机端进行直播的形式。
- **手机秀场直播**：通过手机本身的摄像头进行采流，然后以手机拉流的形式直播，比如花椒直播、映客直播等。

15.1.2 直播 App的主要功能

一款直播 App 如果考虑要长期运营并且能成功承载其商业模式，从总体功能上看与一款互联网 App 实际差别不大，只不过直播 App 的核心功能是设备采流和视频推流，在这个核心功能的基础上再扩展其他功能。所以一款直播 App 从功能规划上可以分为 3 个层级：核心功能、扩展功能和高级功能，如图 15-1 所示。

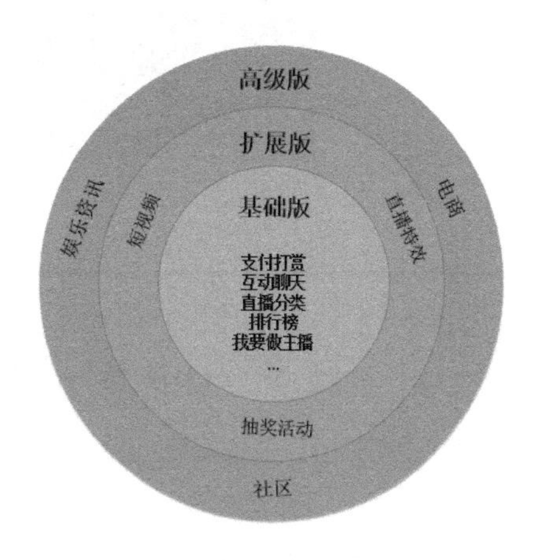

图 15-1

一个直播 App 可以分为 3 个版本迭代开发，1.0 版本主要实现 App 最基本的在线直播功能，例如观看直播、做主播、支付打赏、互动聊天等功能；2.0 版本可以增加短视频录制、直播特效等功能提升用户体验，还可以添加抽奖活动模块来提升产品的娱乐性；3.0 版本增加增强用户黏性和商业模式的相关功能，如娱乐资讯、用户社区、电商系统等。

资讯可以呈现一些娱乐资讯、媒体新闻、杂志周刊类的内容来增加直播的广泛性，社区可以参考市面上比较大的直播平台，类似于主播发帖、粉丝回复交流的社区等，电商系统平台可以推广相应的的产品或者主播可以在自己的直播间开设商铺等。

15.2　直播 App 技术架构

产品技术架构

通过集成推流 SDK 和传输协议，例如比较常用的 RTMP、HLS、FLV 等协议来把流媒体传输到第三方的直播云服务器；云服务器经过存储、处理等操作输出流媒体，然后通过以上协议传输到播放端，通过播放端 SDK 经过一系列的流媒体处理展示到视频播放器上，从而达到观看的效果。产品技术架构如图 15-2 所示。

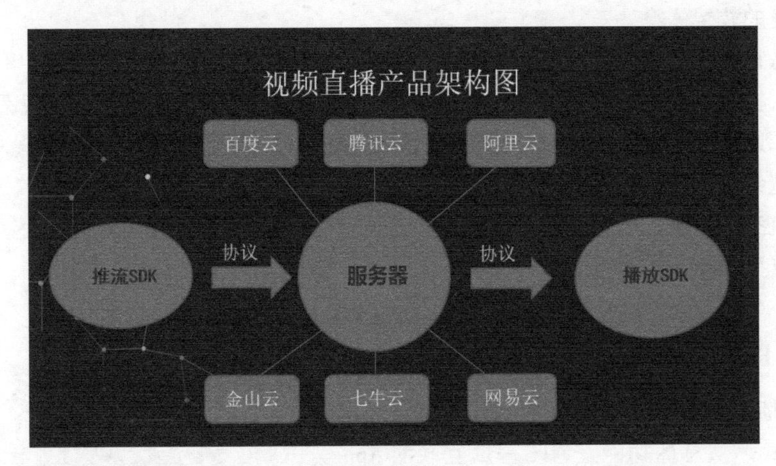

图 15-2

15.3　直播 App 中高频使用的 API

直播类 App 中被高频使用的模块 API 分为“界面组件”“功能扩展”和“开放服务”等 3 大类，分别表示 App UI 层面组件的调用、功能层次方面的实现和对接第三方开放的服务等内容，详细分类如图 15-3 所示。

视频直播类应用中被高频使用的模块API

界面组件	对话框	动画	聊天输入框	礼物特效
	城市列表	美颜	图片裁剪	轮播图
功能扩展	加密	拍照	定位	录制
	摄像	身份验证	录音	权限管理
开放服务	支付	推送	客服	分享
	积分政策	版本管理	即时通讯	直播云

图 15-3

15.3.1　UI组件类模块

界面组件类模块主要是为了实现 App 静态界面的组成封装而成的，直播类项目界面组件模块的使用主要有以下几种。

- **对话框**：APICloud 提供样式丰富的图表模块，封装了 11 种款式的对话框，每一种款式都提供一个接口来调用，开发者可按照各个接口的样式来自定义对话框上的文字、图片等。后续我们会根据开发者需求继续添加若干款式的对话框接口。
- **动画**：APICloud 提供样式丰富的动画模块，随着用户对 App 使用体验要求的不断提升，传统的下拉刷新动画模式已经无法满足用户挑剔的视觉体验。为满足广大开发者对下拉刷新功能的需求，我们推出了更新更炫的下拉刷新模块帮助提升体验。
- **聊天输入框**：APICloud 提供聊天输入框模块，开发者可自定义该输入框的功能。通过 open 接口可在当前 Window 底部打开一个输入框，该输入框的生命属于当前 Window 所有。当输入框获取焦点后，会自动弹动到软键盘之上。
- **礼物特效**：APICloud 提供点赞礼物特效，封装 iOS 和 Android 鼓掌动画效果，可以快速地接入直播鼓掌动画效果。
- **城市列表**：APICloud 提供了城市列表模块，可方便快捷地集成到项目中，支持输入名称搜索城市，以及根据索引查找城市等功能。在视频直播类 App 中使用频率较高的场景一般是通过指定城市名称然后获取该城市的直播信息。
- **美颜**：APICloud 提供了视频美颜模块，为广大移动应用开发者提供免费、简单、快捷、稳定的接口，帮助开发者快速实现自有 App 上的短视频应用开发。其中包含短视频拍摄、水印、拍摄码率等的自定义设置，并自带美颜功能。
- **图片裁剪**：APICloud 提供了多款图片裁剪模块，在拍照或者从相册选取图片之后，可以调用图片剪切方法。用户可以拖动、缩放、改变剪切框大小，也可以通过剪切框对图片进行缩放。

- **轮播图**：APICloud 提供了轮播图模块，模块提供了多屏异显支持，可以在指定的屏幕上显示 HTML 和轮播图片，并支持运行时调用 HTML 页面上的 JavaScript 函数，动态改变显示内容。

15.3.2 功能扩展类模块

功能扩展类模块主要是为了实现 App 的主体业务功能封装而成的，直播类项目功能扩展模块的使用主要有以下几种。

- **加密**：APICloud 提供了加密模块，以 signature 模块为例，可以把指定字符串按照 MD5、AES、BASE64、sha1 方式加密，本模块的每个接口都实现了同步和异步两套方法。开发者可按需求自行选择接口调用。
- **拍照**：APICloud 提供拍照功能模块，使用本模块可实现对图片的特效、虚化、裁剪、旋转、光影、边框等处理。
- **定位**：APICloud 封装了百度、高德地图 SDK，可以通过定位模块获取当前经纬度，再通过经纬度获取到当前位置及周边信息，也可以通过该模块进行导航路线规划。在视频直播类App中定位模块使用频率较高，通常是结合城市列表模块自动获取当前城市名称。
- **录制**：APICloud 提供录制功能，实现了短视频录制功能，还可以设置滤镜和背景音乐。
- **身份验证**：APICloud 封装了身份验证模块，可快速实现二维码登录、指纹识别、声纹识别或人脸识别等功能，更加有效地提高识别的安全性和真实性，还能利用位置和网络等信息作为安全识别的重要依据。
- **权限管理**：APICloud 提供了权限管理模块，可以通过该模块选择开通指定的权限，例如定位、蓝牙访问、日历、麦克风等。权限管理在视频类 App 中使用频率较高，比如 App 端需要直播，此时就需要开启手机端的摄像头；App 端要获取定位，此时需要开启手机定位权限等。
- **摄像**：APICloud 提供摄像功能，可以设置录制时长、视频码率、美颜参数等，丰富了 App 视频录制相关功能。
- **录音**：APICloud 提供录音功能，通过封装系统的录音接口，能够快速地为开发者提供一个完整的录音功能。该模块提供 Android 和 iOS 版本，录音方式及录制的音频格式也依赖于相应系统。Android 系统支持的录制音频格式为：amr、aac、3gp ；iOS 系统支持的录制音频格式为：aac、caf。

15.3.3 开放服务类模块

开放服务类模块主要为了集成第三方服务功能封装而成的，直播类项目开放服务模块的使用主要有以下几种。

- **推送**：APICloud 提供了多家消息推送平台，例如腾讯信鸽、极光推送、个推等。推送模块在视频直播类应用中使用频率较高，当用户关注的主播开始直播时会发送开播消息到客户端，以便及时接收到开播信号，不错过任何一场精彩的直播。
- **支付**：APICloud 提供了丰富的支付模块，例如支付宝、微信、银联等，集成简单，方便开发者使用。在视频直播类 App 中使用频率较高的场景一般多为充值送礼，可以在直播间购买礼物送给喜欢的主播。
- **客服**：APICloud 提供了丰富的客服模块，例如美洽、KF5、网易七鱼等。能快速集成在视频直播类 App 中，客服模块在视频 App 中使用频率较高的应用场景是在 App 端和直播平台的工作人员在第一时间取得联系等。
- **即时通信**：APICloud 提供了很多即时通信模块，例如环信、融云等。能快速集成在视频直播类 App 中，即时通信模块在视频模块中使用频率较高的应用场景是私密群组、互动聊天室等。
- **积分政策**：APICloud 提供了很多积分兑换模块，可用于实现积分商城页面，轻松、高效集成积分商城功能到自己的 App 内。使自己的 App 和积分商城实现无缝链接。
- **版本管理**：APICloud 提供了版本管理模块，管理 App 的版本管理、云修复、更新等功能。
- **直播云**：APICloud 提供了很多视频直播模块，例如七牛直播模块，封装了七牛直播云服务平台的移动端开放 SDK，集成到手机中即可实现视频直播的播放等功能。
- **分享**：APICloud 提供了很多功能分享的模块，使用此模块可实现分享文字、图片、音乐、视频、链接到 QQ、微信、微博、Facebook、Twitter 等多个平台。

以上这些直播类 App 最核心的功能在 APICloud 平台上都已经有现成的模块了，使用 APICloud 开发一款直播类 App 只需要按需求搭建 UI 界面并实现自己的业务逻辑即可，基本上所有核心的功能模块在 APICloud 上已经提供好了。

15.4 如何使用 APICloud 开发一款直播 App

在 APICloud 平台开发直播 App 的步骤如下。

（1）首先在 APICloud 平台创建应用：详见本书 1.2.2 小节。

（2）配置应用的图标、启动页、编译证书等：详见本书 1.2.5 小节，7.4 节。

（3）添加需要使用的直播相关模块：15.3 节做了详细的描述，可供参考；具体如何添加详见本书第 5 章和第 6 章。

（4）在开发工具中调用 APICloud 模块的 API 实现功能以及业务逻辑：详见本书 6.4 节。

（5）在开发工具中提交代码到 APICloud 平台：详见本书 1.2.3 小节。

（6）在平台编译生成 Android 和 iOS 应用安装包：详见本书第 7 章。

15.5 小结

在 APICloud 平台上开发一款直播类 App 还是非常方便的，因为 APICloud 平台上已经提供了直播 App 中最常使用的功能模块和 API。更多使用 APICloud 平台开发的直播 App 案例可以访问平台官网→案例→开发案例→直播模块查看。在 GitHub 上也可以查看 APICloud 平台开发的直播相关代码以及相关注释信息。

第 16 章

如何快速开发一款电商 App

主要内容

本章介绍了如何使用 APICloud 来创建一款电商类 App。

学习目标

（1）了解电商类 App 的分类和功能。

（2）了解电商类 App 的技术架构。

（3）了解在电商类 App 中经常使用的 API。

（4）了解电商类 App 的开发步骤。

16.1 电商 App 的分类和功能

电商已涉及互联网的各个行业，其最大的特点就是便利性，为人们解决衣食住行等问题。大多企业将线下业务迁移到线上进行交易，包括在线购物、外卖服务、房屋买卖、交通出行等各个方面。只要你善于发现，生活中总会有一个电商 App 的需求。

16.1.1 电商 App 的分类

目前常见的电商 App 类型主要包括 B2B、B2C、C2B、C2C 和 B2B2C 等 5 大类型。

- B2B(Business to Business)：是指商家与商家建立的商业关系。例如我们在麦当劳中只能买到可口可乐是因为麦当劳与可口可乐是商业伙伴的关系。商家们建立商业伙伴的关系是希望通过大家所提供的东西来形成一个互补的发展机会，大家的生意都可以有利润。例如阿里巴巴和慧聪。
- B2C(Business to Consumer)：就是我们经常看到的供应商直接把商品卖给用户，即"商对客"模式，也就是通常说的商业零售，直接面向消费者销售产品和服务。例如去麦当劳吃东西就是 B2C，因为你只是一个客户。例如当当、亚马逊、京东等。
- C2B(Customer to Business)：比较本土的说法是要约，由客户发布自己要些什么东西，要求的价格是什么，然后由商家来决定是否接受客户的要约。假如商家接受客户的要约，那么交易成功；假如商家不接受客户的要约，那么就是交易失败。C2B 模式的核心是通过聚合分散分布但数量庞大的用户形成一个强大的采购集团，以此来改变 B2C 模式中用户一对一出价的弱势地位，使之享受到以大批发商的价格买单件商品的利益。例如 U-deals、当家物业联盟。C2B 模式的一般运行机制是需求动议的发起、消费者群体自觉聚集、消费者群体内部审议、制定出明确的需求计划、选择合适的核心商家或者企业群体、展开集体议价谈判、进行联合购买、消费者群体对结果进行分配、消费者群体对于本次交易结果的评价、消费者群体解散或者对抗。
- C2C(Customer to Customer)：客户个人把东西放到网上去卖，是个人与个人之间的电子商务。例如淘宝、拍拍、易趣等。C2C 的主要盈利模式是会员费、交易提成费、广告费用、排名竞价费用、支付环节费用等。C2C 的一般运作流程是卖方将欲卖的货品登记在社群服务器上、买方透过入口网页服务器得到资料、买方透过检查卖方的信用度后选择欲购买的货品、透过管理交易的平台分别完成资料记录、买方与卖方进行收付款交易、透过网站的物流运送机制将货品送到买方。
- B2B2C(Business to Business to Customer)：第一个 B 指广义的卖方（即成品、半成品、材料提供商等），第二个 B 指交易平台，即提供卖方与买方的联系平台，同时提供优质的附加服务，C 指买方。卖方不仅仅是公司，也可以包括个人，是一种逻辑上买卖关系中的卖方。平台绝非简单的中介，而是提供高附加值服务的渠道机构，拥有客户管理、信息反馈、数据库管理、决策支持等功能。买方同样是逻辑上的关系，可以是内部也可以是外部的。B2B2C 定义包括了现存的 B2C 和 C2C 平台的商业模式，更加综合化，可以提供更优质的服务。阿里巴巴加淘宝就是典型的 B2B2C。

16.1.2 电商 App的主要功能

一款电商 App 如果考虑要长期运营并且能成功承载其商业模式，从总体功能上看与一款互联网 App 实际差别不大，只不过电商 App 的核心功能是网上支付和订单处理，在这个核心功能的基础上再扩展其他功能。所以一款电商 App 从功能规划上可以分为 3 个层级——核心功能、扩展功能和高级功能，如图 16-1 所示。

一个电商 App 可以分为 3 个版本迭代开发，1.0 版本主要实现 App 的产品展示、网上订购、支付等基本功能；2.0 版本可以增加团购模式、数据统计展示等功能来提升用户体验，还可以添加积分商城等比较常用的功能；3.0 版本增加增强用户黏性和商业模式的相关功能，如多端应用、用户社区、电商系统等。

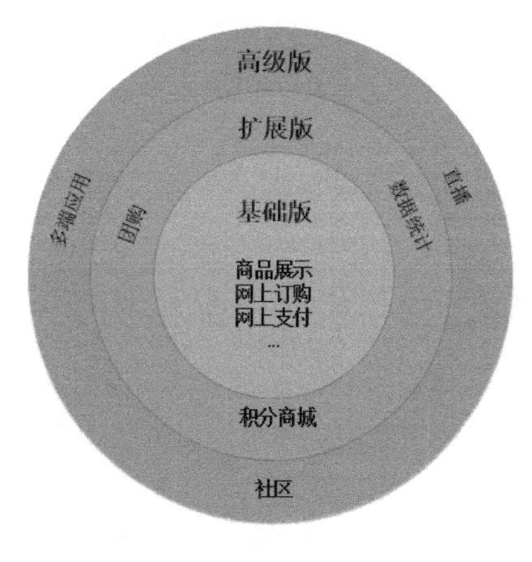

图 16-1

多端应用呈现的形式如商家入驻、买家购买等来实现产品的多样性，提升用户体验。社区可以让周边商品或者用户收藏的产品以买家秀的形式展现出来，“电商 + 直播”这一趋势也是现在的发展方向，会让用户更加近距离的体验商品带来的实用性。

16.2 电商 App 的产品结构

16.2.1 前端产品结构

对于一个完整的电商类 App，移动支付是必不可少的。 用户从注册登录到商品的检索直至产生购买行为形成一个闭环。举个例子，比如用户需要购买一款智能音箱，他可以通过关键字、价格筛选、品牌筛选等条件来检索出一款适合自己的智能音箱，并通过移动支付完成商品的结算，最终生成订单；用户凭借订单还可以进行物流查询、售后服务、退换货等相关操作。电商类 App 通常会采用积分制来提高用户黏性，积分的来源也是多种多样的，比如邀请好友、签到、做任务、结算订单等。积分的核销大致分为两种，一种是按规定比例在支付时抵现，另外一种就是可以通过积分在积分商城进行礼品的兑换。前端产品结构如图 16-2 所示。

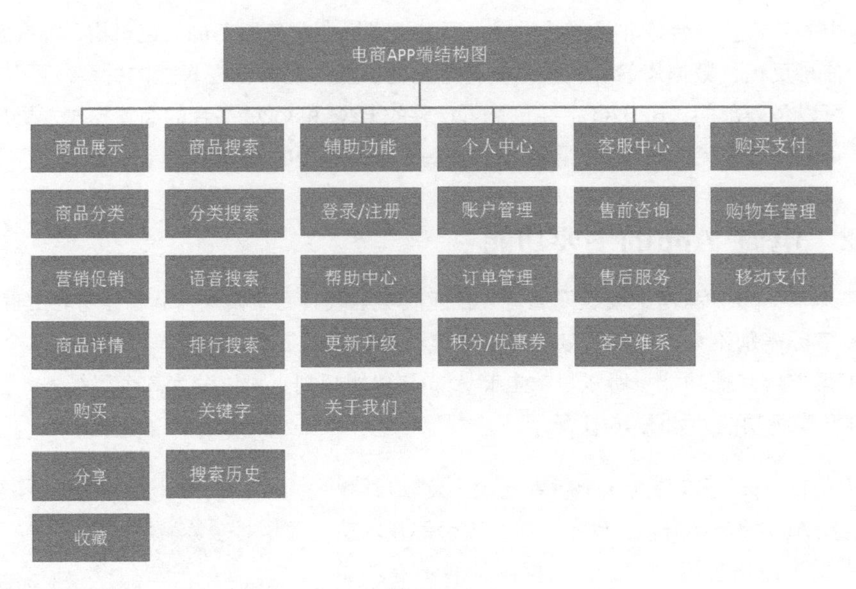

图 16-2

16.2.2　后台产品结构

电商的后台管理主要是为商家提供可视化的数据操作平台，一般分为 5 大类：用户管理、商品管理、积分管理、财务管理和订单管理。用户管理包括用户角色管理、用户增删改查等；商品管理包括商品分类、商品上架 / 下架、商品增删改查等；积分管理包括积分规则、积分设置等；财务管理包括提现管理、结算管理、扣费管理等；订单管理包括订单状态操作等。后台产品结构如图 16-3 所示。

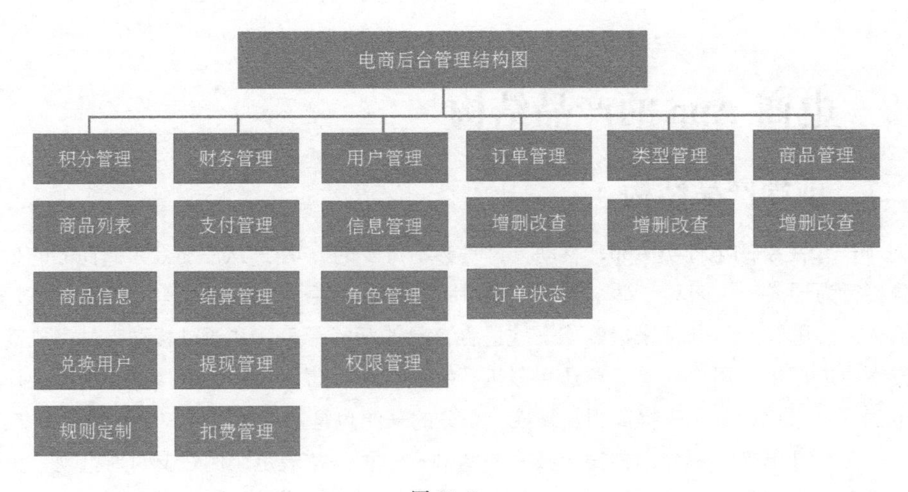

图 16-3

16.3 电商 App 中高频使用的 API

电商类 App 中被高频使用的模块 API 分为“界面组件”“功能扩展”和“开放服务”等 3 大类，分别表示 App UI 层面组件调用、功能层次方面的实现和对接第三方开放的服务等内容，详细分类如图 16-4 所示。

图 16-4

16.3.1 UI组件类模块

界面组件类模块主要是为了实现 App 静态界面的组成封装而成的，电商类项目界面组件模块的使用主要有以下几种。

- **城市列表**：APICloud 提供了城市列表模块，可方便快捷地集成到项目中，支持输入名称搜索城市，以及根据索引查找城市。在电商类 App 中使用频率较高的场景一般是通过指定城市名称然后获取到该城市周边信息或者天气的一些信息。
- **图片裁剪**：APICloud 提供了多款图片裁剪模块，通过拍照或者从相册选取图片之后，可以调用图片剪切方法。用户可以拖动、缩放、改变剪切框大小，也可以通过剪切框对图片进行缩放。
- **对话框**：APICloud 提供样式丰富的图表模块，封装了 11 种款式的对话框，每一种款式都提供一个接口来调用，开发者可按照各个接口的样式来自定义对话框上的文字、图片等。后续我们会根据开发者需求继续添加若干款式的对话框接口。
- **搜索框**：APICloud 提供了样式丰富的搜索框模块，在电商类 App 中搜索框的使用频率是比较高的，多为搜索商品、商品类别或者店铺等。

- **列表视图**：APICloud 提供了样式丰富的列表模块，在电商项目中使用频率较高的场景多为展示商品的列表、购物车列表、订单列表等。
- **轮播**：APICloud 提供了轮播图模块，模块提供了多屏异显支持，可以在指定的屏幕上显示 HTML 和轮播图片，并支持运行时调用 HTML 页面上的 JavaScript 函数，动态改变显示内容。
- **选择器**：APICloud 提供了样式丰富的选择器模块，例如双滑块的选择器，可以在筛选商品的时候作为筛选条件来选择一个价格区间。
- **动画效果**：APICloud 提供了丰富的动画效果模块，在电商类 App 中使用动画效果可提升 App 端的用户体验。

16.3.2　功能扩展类模块

功能扩展类模块主要是为了实现 App 的主体业务功能封装而成的，电商类项目功能扩展模块的使用主要有以下几种。

- **二维码扫描**：APICloud 提供了二维码扫描模块，以 FNScanner 为例，该模块可以解析二维码和条形码，在电商类 App 中使用频率较高的场景一般是通过手机 App 打开二维码扫描功能来扫描商品或者药品信息，以及扫描查看快递单信息等。
- **定位**：APICloud 封装了百度、高德地图 SDK，可以通过定位模块获取当前经纬度，通过经纬度获取到当前位置以及周边信息，也可以通过该模块进行导航路线规划。该模块在电商类 App 中使用频率较高，比如可以在电商 App 中通过定位查看物流信息，通过定位查找附近的商家商品等。
- **权限管理**：APICloud 提供了权限管理模块，可以通过该模块选择并开通指定的权限，例如定位、日历、麦克风等。权限管理在电商类应用中使用频率较高，比如获取当前位置、访问通讯录、消息通知等。
- **语音识别**：APICloud 提供了语音识别模块，以 speechRecognizer 模块为例，该模块封装了科大讯飞语音识别的 SDK。开发者只需调用此模块即可实现语音识别、语音朗读等功能。省去了开发者去科大讯飞官网注册创建 App 的复杂流程。
- **浏览器**：APICloud 提供了多种 Web 浏览器模块。以 webBrowser 为例，该模块提供 App 内置 Web 浏览器功能，Android 使用腾讯 X5 引擎提供服务，iOS 使用 WKWebView（iOS8.0 以下系统仍使用 UIWebView）提供服务。
- **身份认证**：APICloud 封装了身份认证模块，可以实现二维码登录、指纹识别、声纹识别或人脸识别功能，更加有效地提高识别的安全性和真实性，还能利用位置和网络等信息作为安全识别的重要依据。
- **摇一摇**：APICloud 提供了摇一摇模块，该模块在电商类 App 中比较常见，可以通过摇一摇获取优惠券等。

- **加密**：APICloud 提供了加密模块，以 signature 模块为例，可以把指定字符串按照 MD5、AES、BASE64、sha1 等方式加密，本模块的每个接口都实现了同步和异步两套方法。

16.3.3　开放服务类模块

开放服务类模块主要为了集成第三方服务功能封装而成的，电商类项目开放服务模块的使用主要有以下几种。

- **支付**：APICloud 提供了丰富的支付模块，例如支付宝、微信、银联等，集成简单、方便开发者使用。支付模块在电商类 App 中是使用最为频繁的，开发者可以选择一个或者多个支付模块集成到项目当中。
- **推送**：APICloud 提供了多家消息推送平台，例如腾讯信鸽、极光推送、个推等，推送模块在电商类 App 中使用频率较高，比如将新款商品上线信息推送给用户。
- **客服**：APICloud 提供了丰富的客服模块，例如美洽、KF5、网易七鱼等。能快速集成在电商类 App 中，客服模块的使用频率较高，用于帮助用户做售前支持、退换货交流等。
- **分享**：APICloud 提供了丰富的分享模块，分享功能在电商类项目中使用频率较高，用于分享优质的商品到朋友圈、微信好友、微博等。
- **统计分析**：APICloud 提供了丰富的统计分析模块，该模块在电商应用中使用频率较高。以 TalkingData 为例，基于 App 数据透析运营指标，以便掌握用户行为。除此之外，APICloud 支持友盟统计、诸葛统计、腾讯云分析等国内知名数据分析平台。
- **兑吧**：APICloud 提供了兑吧积分商城模块，可以为电商类 App 轻松添加积分兑换功能。
- **即时通信**：APICloud 提供了很多即时通信模块，例如环信、融云等。它们能快速集成在电商类 App 中，即时通信模块在电商 App 中使用频率较高的应用场景为用户间、用户与商家之间的交流等。
- **短信验证**：APICloud 提供了很多短信验证模块，例如云之讯、Mob 短信验证等。短信验证模块在电商类 App 中使用频率较高的场景为注册应用、找回密码等。

以上这些电商类 App 最核心的功能在 APICloud 平台上都已经有现成的模块了，使用 APICloud 开发一款电商类 App 只需要按需求搭建自身 UI 界面并实现自己的业务逻辑即可。

16.4　如何使用 APICloud 开发一款电商 App

在 APICloud 平台开发电商 App 的步骤如下。

（1）首先在 APICloud 平台创建应用：详见本书 1.2.2 小节。

（2）配置应用的图标、启动页、编译证书等：详见本书 1.2.5 小节，7.4 节。

（3）添加需要使用的电商相关模块：13.3 节做了详细的描述，可供参考；具体如何添加，详见本书第 5 章和第 6 章。

（4）在开发工具中调用 APICloud 模块的 API 实现功能以及业务逻辑：详见本书 6.4 节。

（5）在开发工具中提交代码到 APICloud 平台：详见本书 1.2.3 小节。

（6）在平台编译生成 Android 和 iOS 应用安装包：详见本书第 7 章。

16.5　小结

在 APICloud 平台上开发一款电商类 App 还是非常方便的，因为 APICloud 平台上已经提供了电商 App 中最常使用功能的模块和 API。更多使用 APICloud 平台开发的电商 App 案例可以访问平台官网→案例→开发案例→电商模块查看。

附录 A

APICloud App 客户端开发规范（Version 1.0）

A.1 概述

为了提升 APICloud App 的程序质量、性能及用户体验，同时也为了统一团队代码风格，优化团队协作效率，特制定及推出本规范。

本规范基于 APICloud 项目编码规范编制，属于 APICloud 项目编码规范的升级版本。本规范适用于通过 APICloud 平台开发 App 项目的开发实施团队，作用于软件项目开发阶段和后期维护阶段。

A.2 APICloud 编码原则

A.2.1 项目架构

1. 基本原则

项目的 widget 包结构应遵循 APICloud 官方模板提供的结构体系，即初始项目应包含有 css、html、script、image、res 等文件夹，应用文件应严格按照文件属性归档到对应的文件夹内。具体如下：

- css 目录下放外部样式文件，“.css”文件应全部放置于 css 文件夹内；
- html 目录下放页面代码，“.html”文件应放置于 html 文件夹内；
- script 目录下放外部脚本文件，“.js”文件应放置于 script 文件夹内；
- image 目录下放组成 UI 的图标、背景图等；
- res 目录下放其他用到的资源，项目内正式使用的资源类文件，如音频、视频及其他格式文件应放置于 res 文件夹内；

- icon 文件夹用来存放 App 图标，主要用于测试版本使用，应在编译正式上架版本前删除；
- launch 文件夹用来存放 App 欢迎图，主要用于测试版本使用，应在编译正式上架版本前删除。

出于测试目的，添加的测试图片、音频、视频等文件应单独创建文件夹放置，并在编译正式上架版本前删除。

APICloud 应用与一般前端 Web 页面不同，用于单独页面的 CSS 样式代码和 JS 代码建议直接在该页面的 html 文件内写入，不需要将代码分离出来单独创建与文件同名的“.css”和“.js”文件。

基于上条原则，CSS 文件夹主要放置可被多个页面引用的通用样式的“.css”文件；js 文件夹主要放置可被多个页面引用的公用“.js”文件或功能独立可复用的“.js”文件。

原则上不要修改项目创建时自动建立的官方 api.css 和 api.js 文件，以防该文件在后续出现迭代版本时无法顺利替换迭代。

2．使用 APICloud 5 大组件（Widget、Layout、Window、Frame、UIModules）进行 App 的 UI 架构设计

项目窗口应使用 Window+Frame 的结构，静态的、无需频繁更新的 title 和导航栏、页脚等部分放在 Window 中，需要实时更新，响应用户操作的放在 Frame 中。

SPA 的模式不适合 App 开发，DIV+JS 的窗口切换影响用户体验。APICloud 的 UI 结构设计可以从整体上解决 H5 在 Interaction、Animation 和 Render 方面的性能问题。

3．多个高度一致，位置一致的窗口应使用 frameGroup

使用 frameGroup 可以提高一组 Frame 之间互相切换的性能及体验。

建议使用 frameGroup 来实现 Frame 的切换，要按需合理配置预加载的 Frame 数量，每个 Frame 要有明显的刷新机制，不能每次切换都进行刷新和重绘。

4．使用 api 方法打开窗口

使用 api.openFrame/api.openFrameGroup 时，应使用 auto 结合 margin 布局，这样 Frame 页面高度就会动态跟随在屏幕高度变化。

App 在不同的手机上运行会出现屏幕尺寸发生变化的情况。如 iPhone 手机共享热点时，会占用页面顶部空间；华为手机的虚拟按键会占用页面底部空间等。这些导致屏幕高度发生变化的事件都有可能在 Frame 页面打开以后发生，如果不使用 margin 布局，就会出现页面显示错误，导致项目漏洞产生。

参考示例代码如下：

```
var eHeader = $api.byId('header');
$api.fixStatusBar(eHeader);
var headerHeight = $api.offset(eHeader).h;
var eFooter = $api.byId('footer');
$api.fixTabBar(eHeader);
var headerHeight = $api.offset(eHeader).h;
api.openFrame({
    name: 'page',
    url: './page.html',
    rect: {
        marginLeft: 0,
        marginRight: 0,
        marginTop: 320,
        marginBottom: 480
    }
});
```

开发者要根据实际应用情景，注意 bounces（控制页面弹动）、delay（延迟页面显示）、reload（页面重载）、customRefreshHeader（自定义下拉刷新）几个参数的配置和使用。

如无特殊使用场景逻辑限制，应开启 iOS 的侧滑返回功能和点击状态栏跳转页面顶部的功能，示例如下。

```
slidBackEnabled
    类型：布尔。
    默认值：true。
      描述：（可选项）是否支持滑动返回。iOS7.0 及以上系统中，在新打开的页面中向右滑动，可以返回到上一个页面，
该字段只 iOS 有效。

scrollToTop
    类型：布尔。
    默认值：false。
      描述：（可选项）当点击状态栏，页面是否滚动到顶部。若当前屏幕上不止一个页面的 scrollToTop 属性为 true，
则所有的都不会起作用。只 iOS 有效。此效果在 FrameGroup 中使用的时候要注意确保只有当前显示的 Frame 的 scrollToTop
属性为 true，其他 Frame 的 scrollToTop 属性为 false。
```

如果没有特别要求，尽量使用平台默认的动画效果，即 api.openWin 时不指定动画类型，使用默认值。

无论是在 Android 还是 iOS 上，APICloud 引擎会从整体上保证默认的窗口动画类型是性能最好的三星、小米等大屏 Android6.0 及以上手机，可以尝试在云编译的时候选择使用 Android 引擎渲染优化版本。如果窗体所加载的静态网页内容比较多(如：初始的Dom树很大或图片很多)，在 Android 平台上进行打开 Window 的时候可以尝试使用 movein 或 fade 的动画类型。

5．标准 APICloud App 页面按以下页面编码结构进行开发

示例代码如下：

```
<!doctype html>
<html>

<head>
    <meta charset="utf-8">
    <meta name="viewport" content="maximum-scale=1.0,minimum-scale=1.0,user-
scalable=0,initial-scale=1.0,width=device-width" />
    <meta name="format-detection" content="telephone=no,email=no,date=no,address=no">
    <title>Hello App</title>
    <link rel="stylesheet" type="text/css" href="./css/api.css" />
    <style type="text/css">
        /* CSS样式代码 */
    </style>
</head>

<body>
    <!-- HTML静态页面代码    →
</body>

<script type="text/javascript" src="./script/api.js"></script>
<script type="text/javascript" src="./script/db.js"></script>
<script type="text/javascript">
    /*    JS逻辑代码    */
</script>

</html>
```

A.2.2　文件命名

1．基本原则

全部使用小写英文字母及下划线进行命名。

禁止使用大写英文字母，包含大写字母的资源文件在某些手机上可能存在兼容问题，出现无法找到资源的错误。同时，禁止使用中文字符，原生系统内部不支持带中文字符的资源名。

例如，在自定义 Loader 中运行没有问题但云编译的包就有问题，出现页面无法加载或资源找不到等情况，通常就是使用了中文或大写的文件名。因为官方 Loader 或自定义 Loader 的 Widget 是存放在 SD 卡中，而云编译后的安装包 Widget 是存在应用的沙箱中，沙箱是要采用原生系统的内部资源文件管理机制的。

应采用英文单词作为语义化内容，语义单词应准确精练，能够体现文件内容或功能，如 Login.html。

以外，建议语义英文单词之间使用下划线“_”进行连接。

2．CSS 类型、JS 类型文件

引用第三方的 CSS 框架、JS 框架，直接使用原名称即可；开发人员封装的通用 CSS、JS 文

件，文件命名语义应能体现出此文件的功能用途。

3．HTML 类型文件

- 页面窗口属性为 Frame 时，文件名尾部建议加入 frm 标识，如 person_frm.html ；
- 页面窗口属性为 Window 时，无须追加尾部标识说明；
- 语义化、层级化进行文件命名。

文件名的英文单词语义应能表达当前页面功能内容及页面间的父子层级结构。建议避免使用文件夹方式区分 html 页面文件，可改为将文件夹名称作为带有语义的单词，使用下划线“_”连接的方式给文件命名，示例如下。

App 主页面为 home(首页)、message（消息）、my(我的) 页面，在首页页面内有搜索按钮，点击跳转到搜索页面。

原来我们可以在 HTML 文件夹中建立 3 个文件夹，如 home、message 和 my ；然后在 home 文件夹下再建立 search.html 文件，如果 search 这个模块页面很多，也有可能再建立 search 文件夹，接着再在这个 serach 文件夹内建立 main.html 文件。

现在我们建议改成这样：home_search.html，home_search_frm.html 或 home_search_main.html。

这样做的好处是所有页面都在 html 下，是平级关系。这样在引用 .css 文件和 .js 文件时就不需要过多考虑文件之间的层级关系，也有利于页面的复用和通用方法的封装。

4．Imgae 类型文件

- icon 图标类图片使用 icon 标识开头，如 icon_person_avatar.png 用户头像；
- 背景类图片使用 bg 标识开头，如 bg_person.jpg 用户背景；
- 占位图、缺省图、默认图等此类图标，使用 default 标识开头；此优先级高于上述 icon、bg，如 default_icon_avatar.png 默认头像；
- 临时测试图片，应使用 test 标识开头，如 test_house.png。

JavaScript 类型文件在引用第三方的 JS 框架时直接使用原名称即可。开发人员封装的通用 JS 文件，文件命名语义应能体现出此 JS 文件的功能用途。

A.2.3　项目安全

1．基本原则

用户输入的密码应进行散列算法（如 MD5、SHA1 等不可逆算法）加密处理，禁止明文发送和本地存储。项目在条件允许的情况下，建议网络请求优先使用 HTTPS 协议，以保障项目的通讯数据安全。

2．第三方支付

在支付业务中，如支付宝、微信等密钥都必须存放在服务器端，不应暴露在 App 代码中。支付订单金额应由服务器产生，服务器一定要对支付宝、微信服务器回调的支付结果做最终校验。

比如 alipay 模块要调用 payOrder 方法来支付，自己处理订单信息以及签名过程；不要使用 config 接口和 pay 接口把订单信息以及签名过程交予模块内部处理（官方提供此种支付方式只是为了方便开发者调试）。

3．云编译

选择全包加密进行云编译：开发过程中每次云编译的测试包或者正式包都建议选择全包加密，因为在 APICloud 定制平台上，客户可以全程监控项目的实施过程，可以查看代码提交纪录，但是没有获取代码的权限；客户可以查看云编译纪录，如果编译的安装包没有使用全包加密则客户可能通过解压安装包轻松获取 App 的 H5 源码，从而影响后续项目款的按时支付。

4．config.xml 配置

config.xml 中的 checkSslTrusted 配置项配置是否检查 https 证书是受信任的；appCertificateVerify 配置项配置是否校验应用证书，若配置为 true，应用被重签名后将无法再使用。

config.xml 中的 access 配置项可以配置在哪些类型的页面里可以访问 APICloud 的扩展 API 方法、可访问域的设置以及越狱限制等。

5．数据安全

对重要参数变量进行必要的加密处理，将重要的常量数据放入 key.xml 中，使用 api.loadSecureValue 方法进行数据读取；如第三方 SDK 模块使用的 AppId 及 SecretKey 等涉及项目安全性的重要数据信息及对隐私要求比较高的数据信息，则放在 res 文件夹里的 key.xml 文件中，云编译时云服务器会自动加密 key.xml 文件，从而保证数据的信息安全。

A.2.4　UI 页面

1．基本原则

应严格按照 UI 尺寸图标注进行页面开发，H5 页面的实现要与 UI 尺寸完全一致，量图应优先考虑绝对计量类的单位 px，要求精细到 0.5 px。

当前 APICloud 的 UI 尺寸图的标注与前端 App 开发的标注尺寸是 2 倍的关系：

- 如 UI 尺寸图中标注一个按钮的宽高尺寸是 88 px，则开发设定的元素宽高为 44 px；
- 如 UI 尺寸图标注一个分割线的宽度为 1 px，则开发需要实现 0.5 px 宽的细线。

使用相对布局，保证页面可适配不同屏幕尺寸的手机。页面图片元素高度应能根据屏幕宽度进行等比例换算，以保证图片不出现拉伸变形。

2．“沉浸式”效果处理原则

如无特殊说明，默认情况下 APICloud 项目均应开启“沉浸式”效果。在 config.xml 文件中配置如下代码：

```
<preference name="statusBarAppearance" value="true" />
```

要根据当前界面的背景颜色，通过调用 api.setStatusBarStyle 的方法来设置当前状态栏的风格或背景色。这里要求更新最新版的 api.js 文件，用以支持 iPhoneX 型号手机的屏幕适配。

官方最新的 api.js 框架中增加了对 iPhoneX 的屏幕适配方法 $api.fixStatusBar 和 $api.fixTabBar，应及时更新应用内使用的 api.js 文件。$api.fixStatusBar 和 $api.fixTabBar 使用了 api.safeArea 方法，所以沉浸式修复应放在 api.ready 方法中调用实现。

最新版本 api.js 文件的获取方法，在官网控制台创建一个 Navtive 项目，将项目源码下载到本地，项目 script 文件夹下的 api.js 就是最新版本的。

3．图片处理原则

- 减少内存占用。

在 App 中，图片占用过多内存从而引起程序假死、崩溃或其他多种异常状态的事例数不胜数。应尽量减少图片对内存的占用。示例如下：

图片占用内存算法 :ram = 图片宽度 × 图片高度 ×4。

- 分辨率为 200 的图片 :200 × 200 × 4 = 160 KB。
- 分辨率为 600 的图片 :600 × 600 × 4 = 1.44 MB。

两者相差 9 倍，所以在可满足体验效果时尽可能使用分辨率低的图片。

- 减少缩放图片。

图片缩放时会消耗很高的性能，应避免发生。img 标签多大，图片就应多大。列表中的头像等缩略图，宽高应控制在 250 ～ 300 px 之间，小于这个范围在大屏手机上容易失真，大于这个范围则会消耗更多内存和性能。

- 客户端与服务器配合解决。

可以通过客户端传参，服务器动态返回处理后的图片解决上述问题；也可利用第三方云存储现有的缩略图服务，如阿里云的 oss。

- 使用 api.imageCache 时必须手动进行图片的缓存处理。

Webview 默认的缓存机制存在缺陷，在跨窗口时表现不好，并且存在对所缓存图片的尺寸限制等问题。所以 APICloud App 的图片缓存不能依赖 Webview 默认的缓存机制，必须手动实现。

- 使用默认占位图。

异步加载的图片类页面元素，应在页面数据加载前显示默认占位图。要求该占位图片尺寸大小与 UI 设计尺寸相同，可让 UI 设计提供相应尺寸以便切图。

应避免 body 级别的背景，要以原生的方式高效替代。就是可在 openWin 或 openFrame 时传入 bgColor ；也可在 config.xml 中配置全局背景。

这里不建议通过给 body 元素指定 background 的方式实现 body 级别的背景图片，特别是高清的大背景图片用 H5 方式实现会严重影响渲染性能。

4. 列表处理原则

在列表显示内容数据存在动态变化可能时，应实现添加下拉刷新功能；在 api 接口支持多页面请求时，应实现上拉加载功能。

api.refreshHeaderLoading 开始刷新方法须由用户下拉动作触发，禁止程序自动调用该方法加载数据，因为这样会导致页面自动模拟下拉动作，显得很突兀。

在列表获取数据为空时，应显示空数据占位背景图。滚动效果要平滑流畅，不能使用 iscroll 等 JavaScript 的方式来实现滚动。建议使用 Window+Frame 的 UI 结构，以 Native 的方式来实现列表页面的滚动。

5. 按钮处理原则

首先消除 click 的 300 ms 延迟响应，浏览器的点击事件触发默认有 300 ms 或更长的延迟。应在绑定每个 onclick 事件的同时绑定 tapmode 属性。

tapmode 属性针对 APICloud 消除 300 ms 延迟的问题专门定制了私有属性。具体使用方法如下。

在 HTML 标签代码中的 onclick 事件，直接写入 tapmode 属性，代码如下：

```
<div tapmode="touched" onclick="fnSelected(this)">好评优先</div>
```

使用 JavaScript 动态加载到 html 页面中的元素的 onclick 事件，除按上述要求书写外，还须使用 api.parseTapmode() 方法来使 tapmode 属性生效。

默认页面加载完成后，引擎会对 dom 里的元素进行 tapmode 属性解析，若是之后用代码创建的 dom 元素，则需要调用该方法后 tapmode 属性才会生效。

要注意 api.parseTapmode 调用会有性能成本，不需要的情况下不要随便调用。

此外，要提升点击反馈和点击区域，应给每个 tapmode 属性赋值一个 CSS 样式，实现点击反馈效果。

在移动应用中由于用户的交互形式主要以手指触控为主，与屏幕的接触面较大，应尽量设置大小合理的点击区域以提高用户交互体验，这里可使用 background-size。

增加按钮连续点击的判断逻辑，防止因用户的多次点击导致业务逻辑多次重复执行，引发不必要的效率损耗并产生逻辑上的异常错误。

A2.5　数据处理

1. 数据请求

应使用 api.ajax 进行网络数据请求，并且设置合适的超时时间，对超时和请求失败的异常情况应编写相应的处理逻辑代码。要避免使用 JavaScript 原生 ajax 方法或其他 JavaScript 框架封装的 ajax 方法进行网络请求。因为在云端编译项目版本时，特别是启用代码加密时，会发生异常导致 App 出现功能错误。如 JQuery 的 ajax 在开启全包加密的时候就会有问题。

根据项目的业务需求和实际情况，合理利用可选项，如 dataType、charset、headers、returnAll 等。

监听网络状态，根据实际业务需求编写回调处理逻辑，保证项目在不同网络状态下均可合理运行。在 api 下的监听事件有 online、offline 和 connectionType。

建议适度封装 api.ajax 请求。api.ajax 请求在项目开发中的使用范围广、使用频率高，并且 ajax 请求及响应部分均包含有可被抽象定义的参数或逻辑，所以建议对 ajax 请求进行合理的适度封装，使数据交互逻辑层次更清晰、代码使用更高效，同时也利于后期的维护开发。

例如可以对请求接口地址 url 中的根路径进行抽象定义。网络请求地址 url 中，通常由“根路径”和“相对路径”组成，不同 API 接口的根路径是固定不变的，变化的只是后面相对路径部分。在 ajax 的封装方法中把根路径作为一个内置参数对象，这样在以后服务器地址改变，如

ip 地址改为域名地址或者域名更换时，我们就不需要逐一修改每一个请求方法，只需要简单的修改封装方法内的根路径内置参数的变量值就可以了。

编制 ajax 请求的异常处理逻辑，保证 App 程序的健壮性和良好的用户体验，示例如下。

```
api.ajax请求回调错误码信息：
    0 //连接错误
    1 //超时
    2 //授权错误
    3 //数据类型错误
```

对于页面内容需要等待 ajax 请求完成后加载的页面，应显示进度状态提示，以提升用户体验。

请求响应数据的缓存处理。如页面内的 ajax 请求方法使用频繁，且请求的响应数据内容变化频率低，则应对此请求的响应数据进行本地缓存处理，以提高应用在断网或网速不佳时的页面加载速度，提升用户体验。

对于 GET 类型的请求方式，可将 cache 参数设置为 true，api.ajax 将自动对此 Get 请求进行缓存处理。

```
cache：
类型：布尔
默认值：false
描述：（可选项）是否缓存，若缓存，下次没网络时请求则会使用缓存，仅在get请求有效
```

对于 POST 类型的请求方式，根据实际业务场景需求，如不涉及复杂业务返回的仅是列表展示类数据，建议自行缓存数据，优化数据交互逻辑。

2. 数据本地化

少量数据可以使用 $api.setStorage 或 api.setPrefs 方式进行本地数据缓存。

$api.setStorage 可以执行保存 JSON 对象，api.setPrefs 则不能，必须将 JSON 对象序列化为 JSON 字符串后方可保存。

api.setPrefs 缓存的数据，在 iOS 通过数据线进行应用备份时，数据会同步备份，而 $api.setStorage 则不会。

大容量数据可以使用写文件的方式或使用 db 模块，以数据库方式保存数据；文件读写可使用 api.readFile/api.writeFile 或使用 fs 模块方法。

3. 页面间的跨域数据传值

根据业务场景逻辑，选择合适的方式进行数据传输，具体如下：

- 在 api.openWin 或 api.openFrame 时，使用 api.pageParam 参数进行传值，将数据本地化后，在其他页面直接进行缓存读取，获取数据值；
- 使用 api.addEventListener 监听事件，同时使用 api.sendEvent 方法发送事件通知，并携带传值的参数；
- 使用 api.execScript 通过函数形参进行传值。

要优先考虑使用 api.pageParam，但要避免使用过大的 pageParam。尽可能地减少监听方法的使用以降低手机 cpu 的线程、性能消耗；也要避免问号传参，问号传参会有找不到资源的兼容风险。

同时，不要使用使用 URL+? 的形式进行参数的传递，此方式在 Android 上存在兼容问题。

页面间逻辑交互，优先使用 api.execScript，必要时再使用监听方法。当使用 JSON 对象作为 api.execScript 方法的形参时，须将 JSON 对象序列化为字符串后再作为形参传递。

A2.6　编码优化

1. 弹出键盘优化处理

输入框位于设备屏幕下半部份的应用场景，config.xml 中的键盘弹出模式参数 softInputMode 务必设置为 resize 模式，或者使用 UIInput 相关模块。

为了让应用看起来更接近原生，尽量配置 config.xml 中的 softInputBarEnabled 参数来隐藏 iOS 键盘上面的工具条。也可以在 openWin 或 openFrame 的时候通过 softInputBarEnabled 参数来单独指定。

2. 项目字体优化处理

可以根据项目的需要引入外部字体，但是要控制外部字体文件的大小，字体文件不宜过大。

Android 上默认有 3 种字体：sans、serif 和 monospace，在开发人员不指定的情况下默认为 sans，这 3 种字体在开发过程中都是通过字体名进行引用，系统会自动对应到内置字体文件。但是对于外部的字体文件，Android 上无法实现通过引擎配置后成为内置的字体文件，只能通过 @font-face 的方式在每个页面中重复加载，每一个要使用外部字体的 Window 或 Frame 都要引入一遍。如果字体体积过大会占用大量内存，影响页面的加载速度。

iOS 可以在 config.xml 文件中进行外部字体文件的配置，配置完成后就可以像系统内置字体一样在页面中指定了，无需在每个 Window 或 Frame 中通过 @font-face 的方式引入。

3. 同步 / 异步逻辑优化处理

对于文件、数据库、偏好设置等操作推荐使用同步接口（方法名增加 Sync 后缀）来简化代码的实现，以解决异步 callback 层次过深的问题。

4．日志打印优化处理

正式版本应关闭或删除测试联调时使用的 console.log 控制台打印显示方法，严禁正式版本出现供测试联调使用的 alert 信息。

可考虑封装统一的日志打印显示方法在测试联调时使用，方便控制日志打印功能的开启和关闭。测试联调优先使用控制台打印命令 console.log，避免或减少使用 alert 方法进行测试联调，防止正式版本有遗漏，弹出测试数据信息。

5．用户体验优化处理

对于内容数据存在动态更新情况的页面，应实现页面下拉刷新功能以保证用户可以手动刷新页面数据。

根据业务场景优化用户体验，考虑实现对 App 进入后台和回复前台的事件监听和逻辑处理。在异常处理逻辑需要显示异常信息时，根据异常的重要程序选择使用 alert 或 toast 方式进行提示。要注意 api.alert 会阻塞线程，强制用户点击后程序才能继续执行，适合在需要用户明确确认的场景内使用。

窗口关闭处理是在开发过程中根据需要处理 Android 的 keyback 事件和 iOS 的回滑手势。

- Android 上要在 Window 中才能监听到 keyback 事件，Frame 中无法监听到 keyback 事件；
- 在 iOS7 以上的系统上可以在 openWin 的时候通过设置 slidBackEnabled 参数来实现是否支持回滑手势关闭窗口的功能。
- 在后台关闭非当前显示页面时，应设置 animation:{type:"none"}，关闭动画效果方式，以免页面关闭动画影响当前显示页面的渲染，从而降低用户体验。

6．性能优化处理

尽量不对 Object 和 Array 拓展原型方法，有可能导致 iOS 系统的 App 闪退。同时避免不必要的 DOM 操作，浏览器遍历 DOM 元素的代价是昂贵的。当一个元素出现多次时，将它保存在一个变量中。

避免使用如 jQuery、jQuery Mobile、SenchaTouch、Bootstrap 等“重型框架”。jQuery 和 SenchaTouch 等框架的事件流设计思想及其内部文档模型会严重拖慢 UI 响应速度。同时，框架内部 Timer 不断刷新页面，频繁占用 CPU/GPU 资源，会拉低页面响应速度，严重影响用户体验。

也要尽量减少使用第三方样式、脚本库或框架。摆脱对 $ 函数的依赖，转变思想，养成自己动手的习惯。移动端对 HTML5、CSS3 和 ECMAScript5 的支持较好。如某些需求不得不使用一些第三方脚本时，应使用对移动端支持良好且目标性强、功能单一的框架。如 :api.js、zepto.

js、swipe.js、doT.js 等。

默认样式设置、DOM 操作和字符串处理推荐使用 APICloud 前端框架（api.js 和 api.css）。

7．窗口切换优化处理

避免出现任何卡顿、闪屏、白屏等情况；要保证动画效果流畅，不能出现丢帧的情况

要理解并控制窗口好切与界面渲染之间的关系，要适时更新 UI，如果 Window 或 Frame 中所加载的静态页面内容过多，建议等动画执行完毕再进行页面的加载和渲染。无论是 Android 还是 iOS 系统，在进行窗口切换的时候，如果窗体本身正在进行渲染（Window 或 Frame 所加载的网页没有渲染完毕），则会影响切换动画运行的流畅性，出现卡顿或丢帧的情况。

建议在打开 Window 或 Frame 的时候，如果所加载的静态网页不能快速的渲染完毕。为了不影响窗体切换动画的执行，可以在切换动画执行完毕后再进行动态数据的加载和界面的刷新。

8．保证页面加载速度

将样式、业务逻辑代码写在 html 页面中，公用 css、js 库应尽量小，不要加载无用的 css、js。

浏览器内部是解释执行，只要页面中引入了就会加载和解析。所以应减少使用 <link/>、<script/> 标签，每一个 <link/> 或 <script/> 标签都将让浏览器引擎进行一次同步 i/o 读写。

一段脚本放置在内，其加载会影响或阻塞 DOM 解析，这会造成页面显示的延迟，影响用户体验。如无特殊需要，应将引用的 JavaScript 文件和页面内编写的 JavaScript 代码放置于结束标签之后。

同时，应利用 CSS3 及 HTML5 的特性，尽量使用 CSS3 动画、圆角处理、渐变处理、边框、新的 input 类型等。

9．编译的正式版本禁止包含项目未使用模块

编译正式版本前，应检查一下控制台选定的模块是否都在实际代码中被使用到。一些开发者在开发过程中会不断引入一些“预计使用”或“测试使用”的模块，但是在最终的代码中并没有使用。这些模块要在云编译的时候去掉，无用的模块不仅会增大安装包的体积，还可能引起和其他模块的冲突，造成编译失败。

config.xml 文件中配置的模块在控制台无法删除，因为 config 中 feature 配置项的 forceBind 属性默认为 true，是强制绑定的。可以通过修改 config.xml 配置中 forceBind 属性来解除模块的强制绑定。

附录 B

开发工具 APICloud Studio 2 使用详解

B.1 概述

APICloud Studio 2（以下简称为 Studio2）是 APICloud 推出的一款更适合前端工程师的移动 App 集成开发工具。它基于前端工程师偏爱的开源 Atom 编辑器深度定制，与 APICloud 平台的各种云端移动开发服务紧密结合，是名副其实的新一代“云端一体”移动 App 快速开发工具。

B.2 特性和功能简介

B.2.1 同时支持 MacOS/Windows/Linux 3 个操作系统

Studio2 同时支持 MacOS/Windows/Linux 3 个操作系统。在各个操作系统上 Studio2 的功能都是同样的完整和强大。Studio2 发布伊始，即同时支持 3 个操作系统，这得益于 APICloud 多年以来在开发者服务领域的技术沉淀，更表明了 APICloud 始终坚持以开发者为本、多开发工具支持策略，坚决不影响开发者使用习惯的产品理念。

B.2.2 与 APICloud 各种云服务打通

Studio2 更贴近 APICloud“云端一体”的 App 开发理念。在保留 Atom 强大编码功能的基础上，如何更优雅地与 APICloud 现有的各种云服务相结合，切实提高开发者的开发效率，一直是 Studio2 着重思考与努力优化的方向，并将其应用于 Studio2 的开发过程中，努力打磨云端业务与基础编码功能的结合点，实现 Studio2 和 APICloud 云端的互联互通。开发者可直接通过

Studio2 中的各项操作菜单，快速对某 App 进行云端操作，几乎不需要单独打开浏览器就可以完整使用 APICloud 的各种云服务。

B.2.3 代码使用Git管理，无网络提交代码

APICloud 云端代码管理主要以 SVN 的方式提供服务，开发者可以使用小乌龟等工具进行代码管理操作。为满足更多开发者管理代码的操作习惯，在 Studio2 中，我们使用 Git 作为主要的代码管理工具。Studio2 内置 git-svn 技术，以 Git 的操作方式兼容 SVN，使广大 APICloud 开发者可以通过 Git 常用的操作来管理自己的代码。比如创建本地代码分支、无网络时代码提交本地仓库、云端同步等。

B.2.4 兼容Atom的插件和主题扩展机制

Studio2 继承了 Atom 的插件和主题扩展机制，尽可能地保证了工具的灵活性，以满足开发者更多的个性化需求。用户可以在 Studio2 中安装任何自己喜欢的 Atom 主题或者插件，Studio2 的插件设置和 Atom 编辑器是互相独立的，不会互相干扰。

B.2.5 同时支持iOS和Android设备远程调试

Studio2 支持 iOS 和 Android 设备的远程调试，开发过程中可以直接在 Studio2 中对 APICloud 应用进行断点调试。相比于使用 Chrome 浏览器进行断点调试，Studio2 更加方便，并且还支持 iOS 设备。

B.2.6 支持Chrome浏览器的页面预览功能

Studio2 使用源于 Chromium 的 devtool 工具，开发者不仅可以在 Studio2 中预览页面效果，还可以像使用 Chrome 浏览器的开发者工具一样，动态修改样式、打断点等。在 App 开发过程中，无需单独打开浏览器窗口进行预览与调试。

B.2.7 默认集成HTML5开发常用插件

不同的开发场景往往需要组合使用不同的插件，才能将开发效率最大化。APICloud 根据自身实践经验，总结了许多 HTML5 开发中常用的插件，并将其集成到了 Studio2 中，方便用户直接使用。比如“minimap”插件，可以帮助快速定位代码；“file-icons”插件，可以提高不同类型文件的辨识度；“emmet”插件，可以帮助快速布局和加速编码等。

B.3　使用详解

B.3.1　下载安装

进入 APICloud 官网开发工具页面（devtools 部分），选择自身操作系统对应的版本，并将其下载到计算机里。

（1）在 Mac 上安装 Studio2

下载完成后解压到本地，并将解压目录下的“APICloud Studio 2”文件手动复制或移动到系统“应用程序”目录。要注意如果不将“APICloud Studio 2”文件放置到系统“应用程序”目录，可能导致 Studio2 无法进行“增量更新”。

启动过程中，如果系统提示“未信任的开发者，无法打开”之类的信息，请到“系统→偏好设置→安全性与隐私”中，选择继续打开 Studio2 即可。

（2）在 Windows 上安装 Studio2

下载完成后，解压即可使用，类似名为“apicloud-studio-2.exe”的文件，即为 Studio2 的启动程序。

（3）在 Linux 上安装 Studio2

下载完成后，解压即可使用，类似名为“apicloud-studio-2”的文件，即为 Studio2 的启动程序。

B.3.2　基础操作

1．登录，注销与切换账户

启动 Studio2，直接使用已在 APICloud 官网注册的账号登录即可。可通过顶部菜单 → APICloud → 登录 / 注销完成退出登录操作。

2．新建应用、页面框架和模板文件

通过“顶部菜单 → 文件 → 新建”，完成新建应用、页面框架和模板文件的操作，如图 B-1 所示。

图 B-1

应用模板和页面框架模板会不定期更新。建议开发者收到 Studio2 更新提示时，选择立即更新，以便及时体验 APICloud 提供的最新模板。

3．检查更新

每次启动时 Studio2 会自动检查更新，也可以在必要时手动检查更新。通过“顶部菜单 → APICloud → 检查更新”进行操作。

Studio2 使用 bsdiff 算法来减小增量更新包的体积，一般增量更新体积不超过 100 KB，更新时间不超过 30 秒。建议开发者经常升级 Studio2。

B.3.3　代码管理

Studio2 将 git-svn 技术深度应用于代码管理功能中。Git 客户端的分布式和可离线提交的特性，可以更方便开发者代码管理的需要。借助于 git-svn 技术，开发者只需用 Studio2 重新检出自己的项目，就可以立即使用 Git 来管理了。

快捷键“`cmd+ Shift + P`”（MacOS）或“`Ctrl+ Shift + P`”（Windows/Linux）可以唤醒命令输入框。当熟悉 Studio2 一段时间后，可能更喜欢直接使用命令来执行各种操作。

1．检出 APICloud 应用

可使用 checkout 命令或通过“顶部菜单 → 代码管理 → 代码检出 → APICloud 云端应用”来进行操作。

Git 默认检出全部历史提交记录，也可手动输入 HEAD 命令指定只检出最新版；同时，支持检出第三方 Git/SVN 仓库。

2．代码更新与提交

和 SVN 不同的是，Git 的提交和同步操作是两个独立的操作。在与云端同步之前，需要先在本地执行一次 commit 操作；每次本地 commit 之后，不需要立即提交到云端。即使在没有网络的情况下，依然可以进行本地提交；联网后只需要提交向服务器提交一次，就可以保留离线时的所有代码记录。

3．查看当前文件变更

当文件内容有更新时，对应位置和代码小地图上会有相应的不同颜色的标记，可以很直观地查看到代码的编辑情况。如图 B-2 所示。

图 B-2

4．查看项目历史修改记录

可以通过 log 命令，来显示项目的代码提交记录。本地代码提交记录只含有代码检出时指

定的版本区间的代码，所以当发现本地代码记录可能不够用时，可以尝试重新完整检出项目。

在日志区域按住 `cmd`（MacOS）或 `Ctrl`（Windows/Linux）键并点击变更细节的 `index` 部分，可以使用左右分屏对比的方式查看文件变更。

5．合并代码冲突

Studio2 有完善且智能的机制来解决代码冲突问题。绝大多数情况下，根据 Studio2 的帮助提示信息，即可解决代码冲突问题。也可以通过“顶部菜单 → 扩展 → MergeConflicts → Detect”的操作进行手动检测，以解决代码冲突问题。

B.3.4　本地项目管理

1．添加本地项目

Studio2 除了满足 APICloud App 开发外，还可以作为常规的文本工具使用，所以完全可以将其作为日常开发的常备工具。Studio2 内置了绝大多数编程语言的语法支持，不仅只是一款 HTML5 开发工具。

2．移除本地项目

通过在项目上右键，在弹出菜单中选择“移除项目文件夹”来进行操作。如图 B-3 所示。

图 B-3

此处的移除，只是从开发工具中移除，并不会真正删除项目。

B.3.5　代码编辑

1．语法提示

输入 `api.require` 可以模糊提示平台已有模块；可以根据上下文，推断出变量的真实模块类型。

也可以根据模块类型，模糊提示对应的模块方法；使用 Tab 键，可在默认参数间快速切换。如图 B-4 所示。

图 B-4

2．自定义安装主题与插件

通过“顶部菜单 → APICloud → 偏好设置”来进行操作。

Atom 插件足够丰富，但国内安装可能会失败。此时可选择手动安装插件，操作过程如下。

进入插件的 Github 主页的 `releases` 区，找到合适版本的插件并下载；下载后将其解压放到 `~/.apicloud/packages/`（MacOS/Linux）或 `C:\Users\用户名.apicloud\packages\`（Windows）目录中。使用 `cd` 命令进入插件目录，并执行 `npm i` 命令进行插件安装，安装完成后重启 Studio2 即可。

3．格式化代码

通过“代码编辑区域右键 → 格式化代码”来进行操作。如图 B-5 所示。

因为代码格式化会产生许多冗余的代码记录，所以对于已经使用 Git/SVN 管理的项目，不建议频繁、大范围地使用代码格式化功能。

4．使用 Emmet 快速编码

Emmet 有其特定的书写规则，更多详细信息可登录其官网进行查看，并在开发中应用。

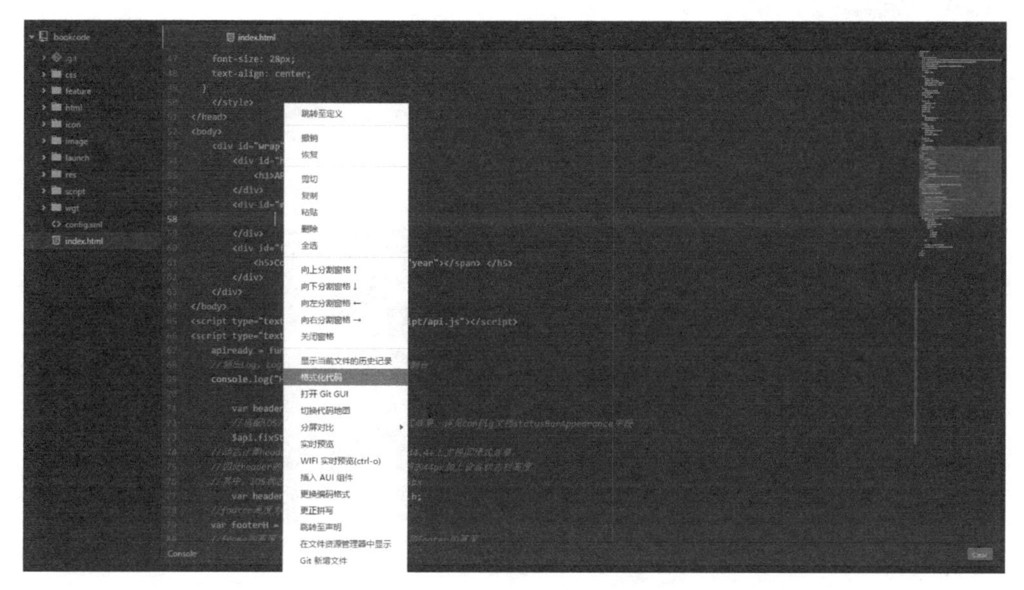

图 B-5

5．使用 AUI 快速布局

AUI 是 APICloud 官方推荐使用的 CSS 框架，具体文档可登录 Github 查看。通过“代码编辑区域右键 → 插入 AUI 组件”来进行操作。如图 B-6 所示。

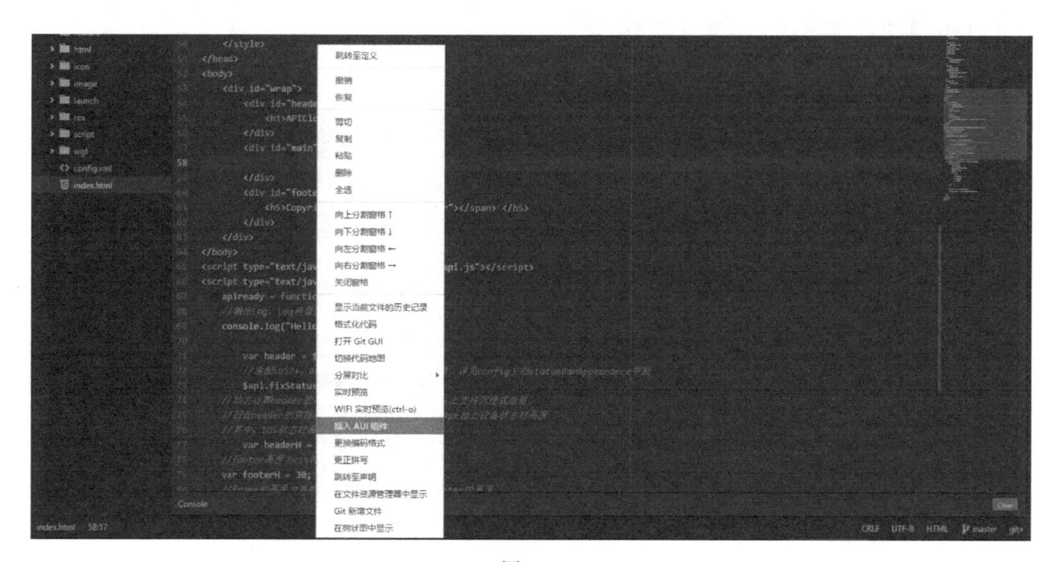

图 B-6

B.3.6　编译与调试

1. Wi-Fi 真机同步

通过“顶部菜单 → 帮助 → WIFI 真机同步 IP 和端口”来查看本开发工具的调试服务 IP 及端口。如图 B-7 所示。

图 B-7

开发者需要自行在手机上下载并安装 AppLoader 或使用自定义 AppLoader，正确填写 Studio2 中显示的 IP 和端口，即可通过 Wi-Fi 调试应用。

2. 自定义 Wi-Fi 调试端口

通过“顶部菜单 → APICloud → 偏好设置 → Packages → apicloud 2.0.0 → Setting”来设置 Wi-Fi 真机同步调试端口。如图 B-8 所示。

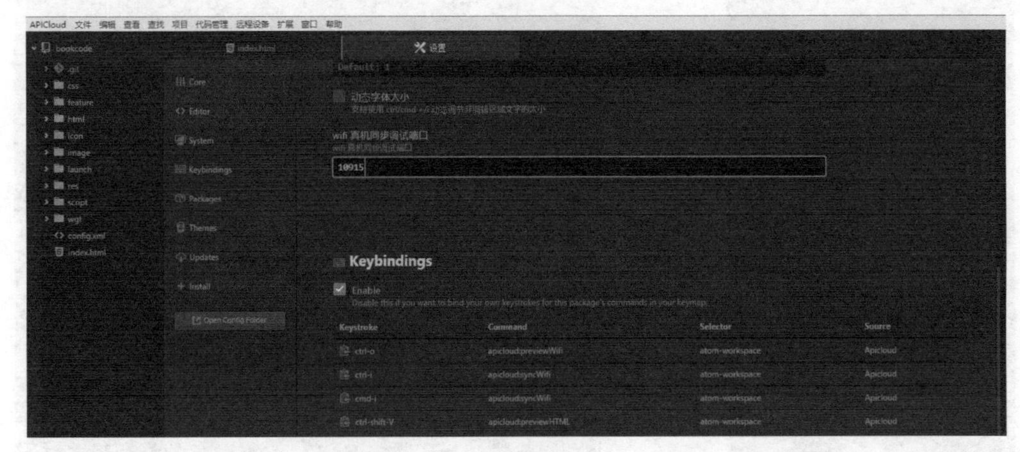

图 B-8

Studio2 允许同时打开多个窗口，窗口会优先使用自定义的 Wi-Fi 调试端口。当遇到端口冲实时，会使用某个随机端口。因此对于 Andorid 设备，建议使用 Android6.0 及以上版本的手机进行远程调试，并需要在系统设置中开启 USB 调试；对于 iOS 设备，因为 Apple 本身的安全限制，需要开发者上传自己的 develop 模式证书，并确认系统设置中开启了 Web 检查器以便调试。

3．云编译、模块管理、编译自定义 AppLoader

Studio2 可直接打开 APICloud 官网控制台进行相关操作，这里的任何操作都和网站控制台实时同步。通过在项目上右键，在弹出菜单中选择“模块管理”“云编译”等来操作。如图 B-9 所示。

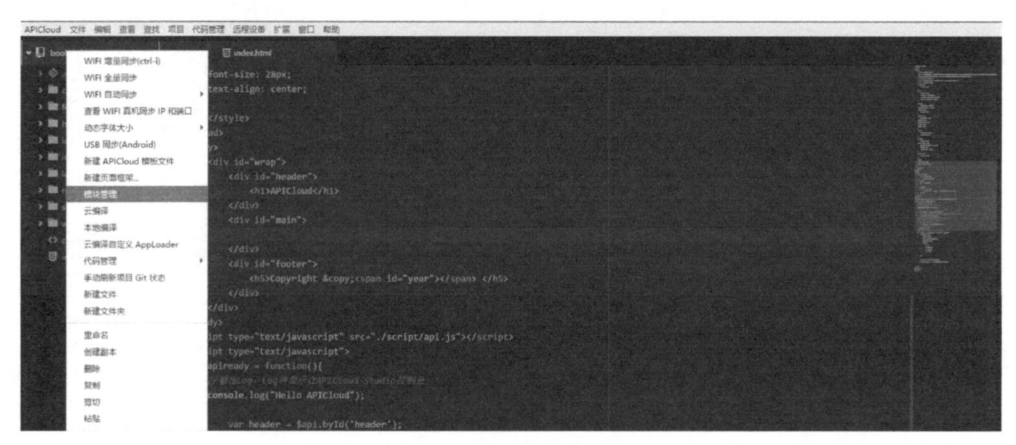

图 B-9

4．远程设备调试

使用设备远程调试功能需要一根可以用于数据传输的 USB 数据线。

Android 调试需要在手机上开启 USB 调试功能（设置→更多设置→开发者选项→ USB 调试），手机上需要安装 AppLoader 或自定义 AppLoader。

iOS 调试需要在手机上开启 Web 检查器（设置→ Safari →高级→ Web 检查器），同时需要保证安装的 App 是使用 develop 证书编译的。

具体操作过程步骤较多，这里不做过多叙述，开发者可以登录 APICloud 网站参考相关文档进行使用。

5．预览 HTML 文件

Studio2 支持直接在编码区域实时预览 HTML 页面效果。通过“代码编辑区域右键 → 实时预览”进行操作。预览效果如图 B-10 所示。

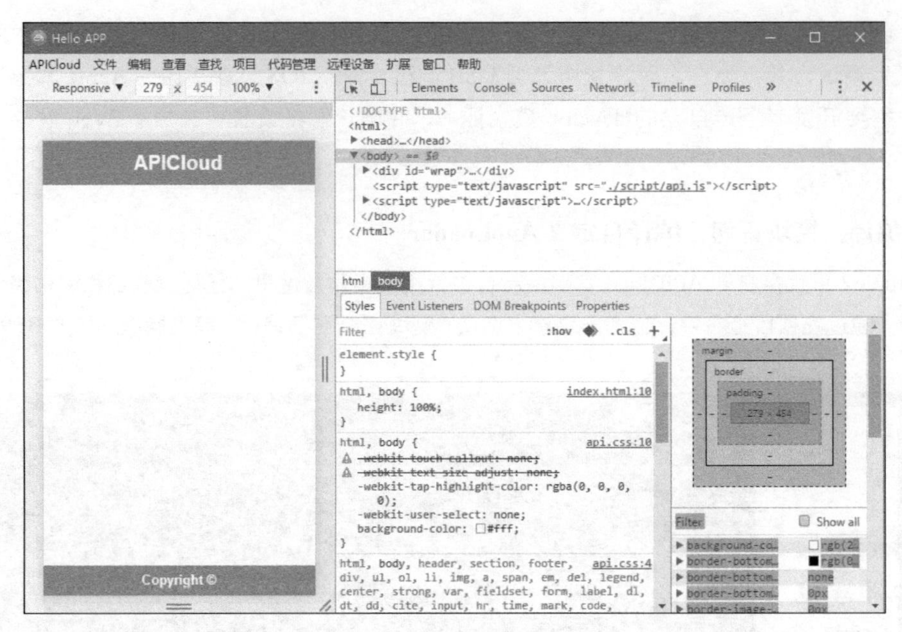

图 B-10

6．定义忽略的文件或目录

Studio2 支持在项目根目录中添加 `.syncignore` 文件，以自定义在真机同步时需要忽略的文件。不同于 SVN/Git 等的 `.ignore` 文件方式，Studio2 真机同步的 Ignore 功能基于 node-glob 开发，支持标准的 Glob 表达式。

B.4　常用格式示例

- 忽略某一类型的文件，如 .js .map 文件：`**/*.js.map`。
- 忽略项目中所有某一名称的文件夹及其子文件（夹），如 node_modules 目录：`**/node_modules/**`。
- 忽略根目录中某一目录下的所有文件（夹），如 src 目录：`src/**`。
- 基于 Webpack 等自动化构建工具的常用表达式：`{**/*.js.map，**/node_modules/**，src/**}`。

B.5　常用快捷键汇总

- 打开命令输入框：`cmd + Shift + P`（MacOS）或 `Ctrl + Shift + P`（Windows/Linux）。

- 按文件名快速查找文件：`cmd + P`（MacOS）或 `Ctrl + P`（Windows/Linux）。
- 查看当前文件定义的方法：`cmd + R`（MacOS）或 `Ctrl + R`（Windows/Linux）。
- 文件内查找：`cmd + F`（MacOS）或 `Ctrl + F`（Windows/Linux）。
- 全局查找：`cmd + Shift + F`（MacOS）或 `Ctrl + Shift + F`（Windows/Linux）。
- 刷新视图：`Ctrl + Alt + cmd + L`（MacOS）或 `Ctrl + Alt + R`。
- Wi-Fi 增量同步：`Ctrl/cmd + I`（MacOS）或 `Ctrl + I`（Windows/Linux）。
- 插入 AUI 组件：`Ctrl + Alt + A`。
- 在电脑上预览页面：`Ctrl + Shift + V`。
- 代码格式化：`Ctrl + Alt + B`。

B.6　常见问题

B.6.1　如何将已有项目或源码导入到Studio2中

已有项目或源码通常分为 3 种：已经在 APICloud 控制台创建的项目，本地的项目源码文件以及使用第三方 Git 托管的源码。

1．在 APICloud 控制台创建的项目

解决方法：

- 打开 Studio2；
- 选择“顶部菜单 → 代码管理 → 代码检出 → APICloud 云端应用”；
- 选择本地保存位置，注意一定要选择一个空目录；
- 选择代码版本，回车确认，默认检出全部版本的代码；
- 等待代码检出完成。

2．本地的项目源码文件

解决方法：

- 在 APICloud 网站控制台创建应用，在概览页查看并记录其 AppId ；
- 参考 4.1.1 小节步骤，将新创建的 App 检出到计算机中；
- 在 Studio2 项目中右键鼠标，在弹出菜单中选择“在 Finder 中显示”（MacOS）或“在资源管理器中显示”（Windows），找到应用代码的真实存放位置；
- 将本地的项目源码文件，拷贝覆盖到新检出的应用源码目录中；
- 将 config.xml 中 widget 节点的 `id` 属性值，替换为第 1 步中所创建应用的 AppId ；

- 使用代码管理功能，将代码同步到 APICloud 云端。

3. 使用第三方 Git 托管的源码

解决方法：

- 假设源码本地目录为 `myapp/widget/`；
- 打开 Studio2，选择“顶部菜单 → 文件 → 打开”；
- 在弹出的文件选择框里，选中 `widget` 目录即可。

B.6.2　MacOS 无法检出代码，提示“Can't locate SVN/Core.pm”怎么办

该问题的产生存在以下两种可能。

1. 未安装过 Xcode 或 Xcode 命令行开发工具

解决方法：

- 在 AppStore 下载最新版 Xcode，或者只下载 Xcode 的命令行开发工具；
- 下载 Xcode 命令行工具，需要在 Mac 自带终端执行以下命令。

```
sh //会弹窗提示，是否安装xcode命令行工具，选择只安装命令行工具，等待安装完成
xcode-select --install
//等待命令行安装成功后，在执行下面的命令，以重置开发工具。可能需要输入管理员密码，即Mac的开机密码。
sudo xcode-select -r
```

2. 已安装 Xcode 或 Xcode 命令行开发工具

一般是由某些动态库链接不正确引起的，可使用以下命令修复：

```
sh
sudo ln -s /Applications/Xcode.app/Contents/Developer/Library/Perl/5.18/darwin-thread-multi-2level/SVN/ /Library/Perl/5.18/SVN
sudo mkdir /Library/Perl/5.18/auto
sudo ln -s /Applications/Xcode.app/Contents/Developer/Library/Perl/5.18/darwin-thread-multi-2level/auto/SVN/ /Library/Perl/5.18/auto/SVN
```

提示

如果以上指令执行时，总是提示类似“Operation not permitted”的错误，可尝试以下方式。

- 重启电脑，按住 `Command + R`，进入恢复模式，打开终端（Terminal），输入指令：

```
csrutil disable
```

正常打开电脑，执行本问题（1）和（2）中需要执行的指令。

重启按住 `Command + R`，进入恢复模式，打开终端（Terminal），输入指令：

```
csrutil enable
```

B.6.3　Windows无法检出代码，提示“ 'git' could not be spawned”如何处理

解决方法：

- 在 Windows 自带命令行，输入 `git` 命令，如果有反应，重启 Studio2 即可解决；
- 如果已经安装过 Git，请先卸载；
- 重启 Studio2，如果有提示安装 Git，可以选择“自动免下载安装”（Studio2 内置的是 32 位 Git，适用于 32 位或 64 位系统）。安装过程中，最好关闭杀毒软件（因为 Git 安装时需要修改环境变量，会被误拦截），建议安装到 C 盘；
- 64 位 Windows 系统，推荐手动下载安装 64 位版本的 Git，以提高性能。Git 下载地址见 git-scm 网站。
- 极少数 64 系统的用户，在安装 64 位 Git 后依然报错，可尝试升级电脑系统，或重新安装 2.10.x 版本的 Git，下载地址见 GitHub 中“git-for-windows”部分。

B.6.4　进行云端操作时，提示“当前账户没有权限访问此应用的云端数据，请切换账号后重试！”怎么办

- 请确保项目源码 config.xml 中的 `id` 和此应用在 APICloud 网站控制台概览中显示的 `appId` 一致；
- 如果计算机曾经登录过其他账户，可尝试退出后重新登录；
- 如果是代码管理相关的操作有问题，可尝试在重新登录后，重新检出此应用来重建部分代码管理的 SVN/Git 权限认证信息；新检出的应用，在重建 SVN/Git 认证信息后，可直接删除，继续用原来检出的项目管理代码。

B.6.5　Wi-Fi同步，手机和计算机无法连接，为什么

- 检查系统防火墙，是否禁用了 Studio2 的网络连接；
- 检查手机和计算机，是否连接在同一个路由（Wi-Fi）上；
- 如果电脑上安装有其他的 APICloud 插件或工具，可尝试修改 Stuido2 的默认 Wi-Fi 调试端口，修改完成需要重启 Studio2 位置为“顶部菜单 → APICloud → 偏好设置 → packages → apicloud → 设置 → Wi-Fi 真机同步调试端口 → 修改”。

B.6.6　本地代码时光机，如何使用

本地代码时光机，仅对未提交到 APICloud 云端仓库的代码生效。在云端同步时，如果未做本地提交的代码，会尝试自动备份。默认最新的备份，总是在最上面，即索引为 0。当尝试从备

份中获取代码时，可按以下操作执行。

- 假设目名称为 repoA。在电脑文件夹中，将 repoA 复制一份，记为 repoCopy0。
- 在 Studio2 中，选择“顶部菜单 → 文件 → 打开 → repoCopy0”，此时可以看到左侧树状图新添加项目 repoCopy0。
- 将 repoCopy0 中，除 `.git` 目录以外的文件都删除。
- 在 Studio2 中，右键点击 repoCopy0 根目录，在弹出的菜单中依次选择“代码管理 → 本地代码时光机 → 查看所有备份 → 点击某个希望恢复的备份 → 应用备份”即可。
- 可以手动对比 repoCopy0 和 repoA 中文件的差异，根据需要把 repoCopy0 中的文件复制到 repoA 中。
- 如果想尝试在多个备份中恢复，重复以上步骤即可。

B.6.7　如何检出指定版本的代码

历史版本代码，仅供对比或找回历史代码使用。获取方式如下：

- 在 APICloud 网站控制台代码管理界面，获取该应用的 SVN 地址和密码；
- 使用 TortoiseSvn（适用于 Windows）或 smartSvn（适用于 Mac）工具，检出代码，并查看所有版本的版本号，SVN 的版本号是一个数字，例如 42；
- 在 Studio2 中，选择“顶部菜单 → 代码检出 → 检出 APICloud 云端应用 → 选中 App → 选择本地保存位置 → 输入在步骤 2 中查看到的版本号”，回车确认，等待检出完成即可。

B.6.8　如何下载完整版本的 Studio2

- Studio2 的安装包，分为基础安装包，比如 2.1.0 版本；更新补丁包，包含补丁包和基础包的全量包。
- 以 2.1.2 为例，2.1.2 全量包由 2.1.0 基础包、2.1.1 补丁包和 2.1.2 补丁包组成。
- 基础安装包和全量包体积较大，一般在 100 MB 以上，适合初次时使用安装。补丁包体积极小，一般在 100 KB 左右，每次升级 Studio2 会自动检测更新。
- 基础包可以在 APICloud 官网工具页面下载。
- 全量包，可以在 APICloud 官网版本页面下载。